同济博士论丛
TONGJI Dissertation Series

总主编 伍 江 副总主编 雷星晖

罗兰 黄一如 著

自然遗产型景区及其周边农村居住环境研究
——以武陵源为例

Research on the Rural Residential Environment around Natural
Heritage Scenic Area—A Case Study of Wulingyuan

同济大学 出版社
TONGJI UNIVERSITY PRESS

内 容 提 要

本书借鉴人居环境科学"融贯综合"思想,基于自然遗产型景区及其周边农村居住环境"生态—经济—社会"整体和谐发展建设理念的指导,选取湖南省张家界市武陵源风景区为案例进行研究,指出武陵源及其周边农村居住环境的主要矛盾在于自然遗产资源的保护和利用,从宏观、中观、微观三个层面将主要矛盾分解为城市化现象严重、村镇建设无序、农民生存发展三大关键问题。全书以问题为导向,确定了村镇空间结构演变、村庄景观风貌建设、农村居住功能空间设计三个方面的研究内容,为我国自然遗产型景区及其周边农村居住环境建设和谐发展提供现实依据。本书可供高校建筑规划专业师生及相关研究人员阅读。

图书在版编目(CIP)数据

自然遗产型景区及其周边农村居住环境研究:以武陵源为例 / 罗兰,黄一如著. —上海:同济大学出版社,2020.1

(同济博士论丛 / 伍江总主编)

ISBN 978 - 7 - 5608 - 9117 - 0

Ⅰ. ①自… Ⅱ. ①罗… ②黄… Ⅲ. ①乡村规划—研究—张家界市 Ⅳ. ①TU982.296.43

中国版本图书馆 CIP 数据核字(2020)第 021082 号

自然遗产型景区及其周边农村居住环境研究
——以武陵源为例

罗 兰 黄一如 著

出 品 人 华春荣 责任编辑 熊磊丽 特约编辑 于鲁宁
责任校对 徐春莲 封面设计 陈益平

出版发行 同济大学出版社 www.tongjipress.com.cn
(地址:上海市四平路 1239 号 邮编:200092 电话:021 - 65985622)

经 销 全国各地新华书店
排版制作 南京展望文化发展有限公司
印 刷 浙江广育爱多印务有限公司
开 本 787 mm×1092 mm 1/16
印 张 22
字 数 440 000
版 次 2020 年 1 月第 1 版 2020 年 1 月第 1 次印刷
书 号 ISBN 978 - 7 - 5608 - 9117 - 0

定 价 98.00 元

"同济博士论丛"编写领导小组

袁万城　莫天伟　夏四清　顾　明　顾祥林　钱梦騄

徐　政　徐　鉴　徐立鸿　徐亚伟　凌建明　高乃云

郭忠印　唐子来　阎耀保　黄一如　黄宏伟　黄茂松

戚正武　彭正龙　葛耀君　董德存　蒋昌俊　韩传峰

童小华　曾国荪　楼梦麟　路秉杰　蔡永洁　蔡克峰

薛　雷　霍佳震

秘书组成员：谢永生　赵泽毓　熊磊丽　胡晗欣　卢元姗　蒋卓文

总 序

在同济大学110周年华诞之际,喜闻"同济博士论丛"将正式出版发行,倍感欣慰。记得在100周年校庆时,我曾以《百年同济,大学对社会的承诺》为题作了演讲,如今看到付梓的"同济博士论丛",我想这就是大学对社会承诺的一种体现。这110部学术著作不仅包含了同济大学近10年100多位优秀博士研究生的学术科研成果,也展现了同济大学围绕国家战略开展学科建设、发展自我特色,向建设世界一流大学的目标迈出的坚实步伐。

坐落于东海之滨的同济大学,历经110年历史风云,承古续今、汇聚东西,秉持"与祖国同行、以科教济世"的理念,发扬自强不息、追求卓越的精神,在复兴中华的征程中同舟共济、砥砺前行,谱写了一幅幅辉煌壮美的篇章。创校至今,同济大学培养了数十万工作在祖国各条战线上的人才,包括人们常提到的贝时璋、李国豪、裘法祖、吴孟超等一批著名教授。正是这些专家学者培养了一代又一代的博士研究生,薪火相传,将同济大学的科学研究和学科建设一步步推向高峰。

大学有其社会责任,她的社会责任就是融入国家的创新体系之中,成为国家创新战略的实践者。党的十八大以来,以习近平同志为核心的党中央高度重视科技创新,对实施创新驱动发展战略作出一系列重大决策部署。党的十八届五中全会把创新发展作为五大发展理念之首,强调创新是引领发展的第一动力,要求充分发挥科技创新在全面创新中的引领作用。要把创新驱动发展作为国家的优先战略,以科技创新为核心带动全面创新,以体制机制改革激发创新活力,以高效率的创新体系支撑高水平的创新型国家建设。作为人才培养和科技创新的重要平台,大学是国家创新体系的重要组成部分。同济大学理当围绕国家战略目标的实现,作出更大的贡献。

大学的根本任务是培养人才,同济大学走出了一条特色鲜明的道路。无论是本科教育、研究生教育,还是这些年摸索总结出的导师制、人才培养特区,"卓越人才培养"的做法取得了很好的成绩。聚焦创新驱动转型发展战略,同济大学推进科研管理体系改革和重大科研基地平台建设。以贯穿人才培养全过程的一流创新创业教育助力创新驱动发展战略,实现创新创业教育的全覆盖,培养具有一流创新力、组织力和行动力的卓越人才。"同济博士论丛"的出版不仅是对同济大学人才培养成果的集中展示,更将进一步推动同济大学围绕国家战略开展学科建设、发展自我特色、明确大学定位、培养创新人才。

面对新形势、新任务、新挑战,我们必须增强忧患意识,扎根中国大地,朝着建设世界一流大学的目标,深化改革,勠力前行!

万　钢

2017 年 5 月

论丛前言

　　承古续今，汇聚东西，百年同济秉持"与祖国同行、以科教济世"的理念，注重人才培养、科学研究、社会服务、文化传承创新和国际合作交流，自强不息，追求卓越。特别是近20年来，同济大学坚持把论文写在祖国的大地上，各学科都培养了一大批博士优秀人才，发表了数以千计的学术研究论文。这些论文不但反映了同济大学培养人才能力和学术研究的水平，而且也促进了学科的发展和国家的建设。多年来，我一直希望能有机会将我们同济大学的优秀博士论文集中整理，分类出版，让更多的读者获得分享。值此同济大学110周年校庆之际，在学校的支持下，"同济博士论丛"得以顺利出版。

　　"同济博士论丛"的出版组织工作启动于2016年9月，计划在同济大学110周年校庆之际出版110部同济大学的优秀博士论文。我们在数千篇博士论文中，聚焦于2005—2016年十多年间的优秀博士学位论文430余篇，经各院系征询，导师和博士积极响应并同意，遴选出近170篇，涵盖了同济的大部分学科：土木工程、城乡规划学（含建筑、风景园林）、海洋科学、交通运输工程、车辆工程、环境科学与工程、数学、材料工程、测绘科学与工程、机械工程、计算机科学与技术、医学、工程管理、哲学等。作为"同济博士论丛"出版工程的开端，在校庆之际首批集中出版110余部，其余也将陆续出版。

　　博士学位论文是反映博士研究生培养质量的重要方面。同济大学一直将立德树人作为根本任务，把培养高素质人才摆在首位，认真探索全面提高博士研究生质量的有效途径和机制。因此，"同济博士论丛"的出版集中展示同济大学博士研究生培养与科研成果,体现对同济大学学术文化的传承。

"同济博士论丛"作为重要的科研文献资源,系统、全面、具体地反映了同济大学各学科专业前沿领域的科研成果和发展状况。它的出版是扩大传播同济科研成果和学术影响力的重要途径。博士论文的研究对象中不少是"国家自然科学基金"等科研基金资助的项目,具有明确的创新性和学术性,具有极高的学术价值,对我国的经济、文化、社会发展具有一定的理论和实践指导意义。

"同济博士论丛"的出版,将会调动同济广大科研人员的积极性,促进多学科学术交流、加速人才的发掘和人才的成长,有助于提高同济在国内外的竞争力,为实现同济大学扎根中国大地,建设世界一流大学的目标愿景做好基础性工作。

虽然同济已经发展成为一所特色鲜明、具有国际影响力的综合性、研究型大学,但与世界一流大学之间仍然存在着一定差距。"同济博士论丛"所反映的学术水平需要不断提高,同时在很短的时间内编辑出版110余部著作,必然存在一些不足之处,恳请广大学者,特别是有关专家提出批评,为提高同济人才培养质量和同济的学科建设提供宝贵意见。

最后感谢研究生院、出版社以及各院系的协作与支持。希望"同济博士论丛"能持续出版,并借助新媒体以电子书、知识库等多种方式呈现,以期成为展现同济学术成果、服务社会的一个可持续的出版品牌。为继续扎根中国大地,培育卓越英才,建设世界一流大学服务。

伍 江

2017 年 5 月

前　言

　　在我国自然遗产型景区四周,分布着大大小小的自然村落。多年来,自然遗产型景区的开发与建设正是依托周边农村地区而实现的,而风景区的旅游发展也给周边农村地区的经济发展、生活方式和社会文化带来了变化,最后导致这些地区居住环境也发生了改变。一些景区与周边农村在社会、经济、生态环境之间产生了严重矛盾,主要表现在城市化现象严重、村镇建设无序、旅游设施泛滥等方面。随着旅游经济的进一步发展,这些问题日益加剧。

　　本书分为两部分。

　　第一部分,借鉴了人居环境科学"融贯综合"理念,运用文献综合分析法和归纳演绎法,在对国内外相关概念、相关理论及发展实践的梳理基础上,对我国自然遗产型景区及其周边农村居住环境的发展现状进行了分析,提出了自然遗产型景区与周边农村居住环境和谐发展的设计理念,建立了"生态—经济—社会"整体和谐发展机制,以此引导和规范当前快速发展的自然遗产型景区及其周边农村居住环境建设。

　　第二部分,基于自然遗产型景区及其周边农村居住环境"生态—经济—社会"整体和谐发展建设理念的指导下,选取湖南省张家界市武陵源风景区为研究案例,运用实地调研法,从生态、经济和社会三个方面对武陵源及其周边农村居住环境现状进行了详细的分析,指出武陵源及其周边农村居住环境的主要矛盾在于自然遗产资源的保护与利用,并从宏观、中观、微观三个层面上将主要矛盾分解为"城市化现象严重"、"村镇建设无序"以及"农民生存发展问题"三大关键问题。最后以问题为导向,采用"社会问题—空间形态"的研究方法,确定了武陵源及其周边的"村镇空间结构演变"、"村庄景观风貌建设"以及"农村居住功能空间设计"三个方面的研究内容,为我国自然遗产型景区及其周边农村居住环境建设和谐发展提供现实依据。

宏观层面上:针对核心景区"城镇化现象严重"等问题,从景区层面上分析了在旅游经济的影响下,武陵源及其周边村镇空间结构发展演变的过程与特征,进而揭示自然遗产型景区及其周边村镇空间结构发展演变的内在机制。然后通过实地调研,分析了武陵源及其周边村镇发展的类型和影响因素,并对武陵源及其周边村镇发展更新的类型进行系统分类,最后针对不同类型的村镇提出了相应的发展更新策略。

中观层面上:针对武陵源及其周边"村镇建设无序",与自然环境不协调等问题,从村落层面上探讨自然遗产型景区及其周边村落的景观风貌建设策略。首先分析了武陵源景观风貌的构成要素和感知。然后根据对景观风貌的影响程度,将武陵源及其周边村落分为干扰型、无关型和促进型三种类型。接着从物质空间形态上探讨了自然遗产型景区及其周边村庄景观风貌的建设方法及策略。最后结合实例,分析了四种不同村庄景观风貌的建设模式。

微观层面上:针对武陵源及其周边农村住宅"居住功能空间配置不合理",难以适应"以旅游经济"为导向的农村经济转变等问题,从建筑层面上探讨自然遗产型景区及其周边农村居住功能空间设计。首先结合住居学分析了不同时期的居住行为特征,总结出武陵源及其周边农村居住功能空间具有"生活性+旅游服务经营性"。然后通过实地调研,归纳总结了武陵源及其周边农村六种居住模式及特点。最后根据其用途及性质,将旅游经营户型功能空间分为基本功能空间、旅游服务空间和公共交通空间三大部分,并对各个功能空间的平面尺寸、功能布局和流线设计进行了分析。

本书得到了科技部"十一五"国家科技支撑计划重大项目:2008BAJ08B04,"不同地域特色村镇住宅建筑设计模式研究"的资助。

目 录

第 *1* 章

引　言

1.1　研　究　背　景

1.1.1　旅游业的朝阳产业性质

1.1.1.1　世界旅游经济的发展

世界旅游业开始于 19 世纪中叶的英国,在当时,旅游只是贵族阶级的生活奢侈品,几乎与平民百姓无缘。二战以后,随着世界经济的快速发展和交通工具的日趋完善,旅游业在全球迅速发展,目前在全球有 170 多个国家和地区已经形成了独立产业[①]。据联合国世界旅游组织(WTO)统计,1950 年全世界出国旅游的人数总共只有 0.25 亿人次,旅游总收入也只有 21 亿美元。而到 2012 年,全球旅游人数突破了 10 亿人次,旅游业总收入为 6.6 万亿美元,约占全球经济总量的 9%。这意味着从 1950 年到 2012 年的 62 年期间,国际旅游人数增长了 40 倍,国际旅游总收入则增长了 3 000 多倍。

自 1950 年以来,世界旅游业以年平均 7.1% 的速度增长,其增长速度不仅超过了世界工业平均增长率,也超过了世界经济的平均增长速度(图 1 - 1)。1992 年,国际旅游收入在世界出口收入中所占比重达到 8.25%,超过石油出口收入的 6.5%、汽车出口收入的 5.6% 和机电出口收入的 4.6%,旅游业首次超过汽车、石油等产业,成为世界第一大产业的地位并保持至今[②]。旅游业作为发展前景光明的朝阳产业,主要表现在以下几个方面。

首先,具有投资少、见效快、无污染、效益长久的特点,其所产生的附加值较

---

① 江民锦. 旅游业对井冈山区发展的影响及模式研究[D]. 北京:北京林业大学,2007.
② 江民锦. 旅游业对井冈山区发展的影响及模式研究[D]. 北京:北京林业大学,2007.

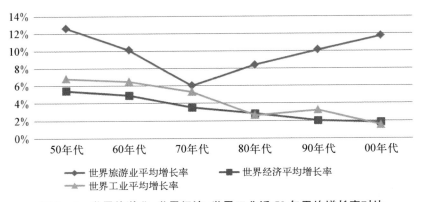

图 1-1 世界旅游业、世界经济、世界工业近 50 年平均增长率对比
（根据《International Tourism Quarterly》、《世界经济年鉴》数据整理）

其他主要产业高得多。作为一项朝阳产业，在国际金融危机尚未根本好转的背景下，全球旅游业仍保持强劲的增长势头。据世界旅游协会预测，从 2010 年到 2020 年，世界旅游经济年增长率预期可以达到 4.4%，国际旅游收入将以年均 6.7% 的速度增长，从事旅游行业的人数以年均 4.3% 的速度增长，远远高于全球财富年均 3% 的增长率；到 2020 年，世界旅游业将提供 3 亿个工作岗位，占全世界就业总量的 9.2%，预期可以创造 2 万亿美元的旅游收入，相当于全世界 GDP 总量的 10%[1]，确立了旅游业成为世界第一大产业的地位。

其次，旅游产业属于劳动密集型的服务性产业，在相同投资数量的状况下，旅游产业较其他产业可以容纳更多的就业者，旅游产业安排就业的平均成本要比其他产业低 36.3%。旅游经济又是产业关联度很强的产业，旅游产业的业务链长，它的发展带动了旅馆业、餐饮业、交通运输业，以及农业、建筑业、食品加工业、制造业、娱乐业、环保业等产业的发展[2]。据世界旅游组织报告，旅游业每收入 1 元，可带动相关产业增加 4 元收入；旅游从业者每增加 1 人，可增加相关行业 4.2 人，旅游业收入乘数和就业乘数分别为 4.3 和 5.0[3]。

第三，旅游业作为绿色产业，是以一定的自然景观与人文条件为基础，资源消耗少，被称为"无烟工业"、低碳产业、民生产业，对环境保护和陶冶人们的情操具有积极意义。发展旅游产业，不仅培育国民经济新的增长点，也顺应了人民群

---

① 数据来源：2010 年 5 月 25 日，世界旅游业理事会总裁兼首席执行官让·克劳德·鲍姆加藤在北京第十届世界旅游旅行大会上的致辞。
② 在世界旅游组织的"旅游活动国际标准分类"中，大约有 70 个与提供旅游服务有关的特定活动，以及 70 个与旅游活动部分相关的活动。
③ 江民锦. 旅游业对井冈山区发展的影响及模式研究[D]. 北京：北京林业大学,2007.

众对文明富裕生活的追求,具有推动产业上层次和生活上档次的双重作用,是世界各国实现可持续发展的必然选择。

1.1.1.2　我国旅游业的快速发展

在新中国建设初期,旅游业是一项具有极强政治色彩的接待型事业。1978年后,旅游业开始成为独立发展的产业。改革开放30多年来,中国旅游业保持了年均近20%的增速,国内旅游业不仅促进了区域经济开发、带动大批相关产业发展,扩大内需,提供就业机会,成为我国经济发展的支柱性产业之一①。

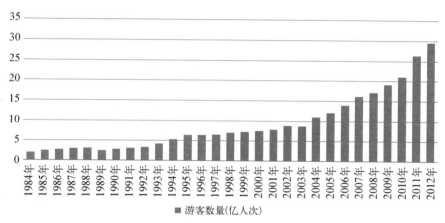

图1-2　国内旅游人数历年情况
(根据1984—2012年《中国旅游业统计公报》公布的数据绘制)

2009年11月12日,国家旅游局副局长王志发在浙江省义乌举行的2009中国旅游投资座谈会时明确表示,我国已进入大众旅游时代②。根据国际上规律,当人均GDP达到1 000美元时,旅游需求开始产生;突破2 000美元时,大众旅游消费开始形成;达到3 000美元以上,旅游需求就会出现爆发式增长。我国旅游业发展的情况基本符合这一规律:2003年我国人均GDP突破1 000美元,2006年突破2 000美元③,2012年,我国人均GDP已达到4 500美元④。我国在2006年正式进入了大众旅游时代,2008年进入旅游需求爆发期。旅游业正式融入国家发展战略体系,中国旅游业进入新一轮快速发展阶段(图1-2,图1-3)。

---

① 2010年5月26日,国家旅游局局长邵奇伟在北京第十届世界旅游旅行大会上的主题发言。
② 中国旅游新闻网.www.ctnews.com.cn,2009年11月13日。
③ 数据来源:国务院总理温家宝在十一届全国人大二次会议所作的政府工作报告,2009。
④ 数据来源:中华人民共和国国家统计局,2013年。

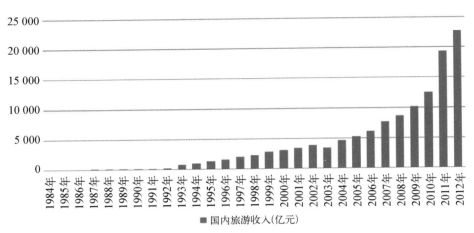

图1-3 国内旅游业旅游收入历年情况

（根据1984—2012年《中国旅游业统计公报》公布的数据绘制）

　　自然遗产是大自然馈赠给人类最珍贵的自然财富，也是人类实现自然游憩的主要场域。我国自然遗产型景区包括了风景名胜区、森林公园、湿地公园、自然保护区等以自然景观为吸引力的各类景区。在全国2万多处旅游景区中，以自然景观为主要开发依托的大约占了70%①。作为我国旅游经济的重要资源，自然遗产型景区以其独特的自然风景资源成为人们主要旅游目的地，为培育国民经济新的增长点，陶冶人民的情操，改善人们的生活，作出了重要的贡献。

　　根据国家旅游局公布的数据，2010年，仅国务院审定公布的208处国家级风景名胜区接待游客就达到了4.96亿人次，比上年增长10%，占全国旅游接待人数的23%，直接旅游收入397亿元，增长11%。风景名胜区还通过带动旅游产业和区域服务业的发展，为37万人提供了就业机会，间接为地方创造经济价值1 096.7亿元②，自然遗产型景区已经成为我国旅游业发展的主要载体。

　　截至2012年，我国旅游总收入占GDP的份额升至8%，国内旅游人数为29.57亿人次，旅游收入2.27万亿元，比上年增长18.6%③。仅2012年的春节、"十一"两个"黄金周"中，全国共接待国内游客6.01亿人次，实现了旅游收入3 119.00亿元④。据世界旅游组织预测，到2020年，中国旅游业总收入将超过

---

① 江民锦.旅游业对井冈山区发展的影响及模式研究[D].北京：北京林业大学，2007.
② 数据来源：住房和城乡建设部.中国风景名胜区事业发展公报(1982—2012)，2012.
③ 数据来源：国家旅游局统计处，中国旅游研究院产业处.2012国内旅游市场发展综述，2013.
④ 数据来源：《2012年中国旅游业统计公报》。

3.3 万亿元,占全国 GDP 的 8%,中国可能超过目前排名第一的法国,成为世界上最大的旅游目的地国,实现由旅游大国到旅游强国的历史性跨越。

1.1.2 旅游业成为农村经济发展的新型产业

经济扩散理论认为,发展旅游经济可以有效地根除一个地区的落后局面,形成地区的"增长点(growth point)"。德国地理学家克里斯塔勒(W. Christller)是最早将旅游业作为"增长点"的学者之一,他认为:"旅游给予了经济落后地区自我发展的机会。"美国经济学家米尔顿·弗里德曼(M. Friedman)也提出旅游产业作为地区发展的一种选择,并认为这种选择对发展机会较少的地区更是如此,也就是说,旅游业可以成为拉动欠发达地区经济增长的"工具"①。

为了帮助开发落后地区,许多国家和地区将旅游产业作为刺激欠发达地区经济发展的途径。比如,墨西哥著名的度假区坎昆岛,就是由一个荒岛因为开发旅游而成为世界闻名的旅游胜地,如今每年旅游收入高达 30 多亿美元。拉斯维加斯 100 多年前是美国西南部一个默默无名的小城市,因博彩旅游业多元化地发展,如今成为繁华的国际化不夜城。1963 年,日本政府公布的《旅游基本法》第六项,提出"在低开发区进行旅游开发",2003 年又提出了"旅游立国"的目标,希望通过旅游业的发展来实现全国国土旅游资源化、所有旅游设施国际标准化。意大利在 20 世纪 80 年代大力推动"乡村旅游",在风景优美的农村地区,通过发展旅游业来拉动其他产业的发展。法国在国土整治规划时就明确提出,山林和沿海地区的环境治理应当与旅游地建设结合起来,在全国大力推广乡村旅游,法国如今已有 1.6 万多户农家建立了家庭旅馆,观光农业每年给农民带来 700 亿法郎的收益,相当于全国旅游业收入的 1/4。

我国自然遗产型景区大多数地处偏僻的山区,交通闭塞,农业生产条件差,加之生产技术落后,科技信息不发达,许多景区处在贫困与环境问题的夹击之中。据国家有关数据统计,2008 年,在全国 2 万多个旅游景区里,大约 50% 分布在农村地区,而在全国 225 处国家级风景名胜区、308 处国家级自然保护区里,有近 3/4 分布在贫困地区②。

1991 年,我国提出了"旅游扶贫"的口号,一些老少边穷地区通过发展旅游业而脱贫致富。到 1998 年末,政府从社会经济发展新阶段的特点出发,将旅游

---

① 操建华.旅游业对中国农村和农民的影响的研究[D].北京:中国社会科学研究院,2002.
② 操建华.旅游业对中国农村和农民的影响的研究[D].北京:中国社会科学研究院,2002.

业列为新经济的重要增长点,在全国大力推动旅游业的发展,旅游业也由一般产业提升为重点产业。2005 年十六届五中全会提出建设"社会主义新农村",为了贯彻落实全会精神和中央经济工作会议精神,国家旅游局将 2006 年旅游主题定为"中国乡村游",宣传口号为"新农村、新旅游、新体验、新风尚",大力推进乡村旅游的发展。截至 2006 年底,全国约有 2 200 万人通过旅游摆脱了贫穷①,一些老少边穷地区通过发展旅游业而很快脱贫致富,如湘西山区、云贵高原、赣南山区和川东山区等。新农村建设与国土资源旅游开发相结合,是我国农村乡镇建设发展新形势下的一项切实可行的措施,也为当前新农村发展建设寻找到新的增长点,为推动农村经济发展起到了积极的作用。

1.1.3 我国自然遗产型景区及其周边农村居住环境问题

旅游业的快速发展给自然遗产型景区及其周边农村的生态环境、经济发展和社会文化带来了很多变化。由于自然资源的保护与利用、经济利益发展不平衡等因素,当地居民与其他部门之间,居民和游人之间存在着多种矛盾,不同程度给景区带来负面影响。目前,我国自然遗产型景区及其周边农村居住环境存在的问题,可以概括为以下几个方面:

(1) 过多的居民点分布,致使景区环境恶化

自然遗产型景区大多位于我国的东部、南部和中西部,这些地区山清水秀、气候宜人,农业发展历史悠久,逐渐形成具有一定规模的居民社会。据 2004 年统计,武陵源常住居民就有 54 434 人②,黄山的常住居民大约为 4 000 余人,衡山 3 000 余人,云南石林 6 000 余人。2001 年,有关专家对全国 55 个国家级风景名胜区进行调查,调查结果是居住在风景区的居民人口平均密度为 268 人/km^2,而同时期我国 30 个省、自治区、直辖市人口平均密度仅为 118 人/km^2,风景区平均人口密度是当时大陆 30 个省市平均人口密度的 2.27 倍③。

随着我国旅游业的快速发展,自然遗产型景区及其周边地区的居民人口增加迅速,居民点规模迅猛扩大,成为我国人口增长的高峰区域。过多的人口、过密的生活服务设施,造成自然遗产型景区自然资源严重超载利用的现象,致使生态环境恶化,比如:自然景区的地表和动植物种群结构发生了改变,水质明显恶

---

① 《旅游调研》2001 年第 9 期。
② 《武陵源风景名胜区总体规划设计说明(2005—2020)》(2004 年北京大学景观设计研究院编制)。
③ 蔡立力.我国自然遗产型景区规划和管理的问题与对策.中国城市规划设计研究院 50 周年院庆专版,2004.

化,大气环境质量逐年减低,生物多样性受到威胁等。

(2) 景区城镇化现象严重,破坏自然景观美学价值

在旅游经济的刺激下,景区内"自然"特征愈来愈少,"城镇"特征却越来越明显,出现城市化、商业化、人工化"三化"泛滥的现象。核心景区内新的集镇街区不断形成,甚至出现了"宾馆接待镇""家庭旅馆村""购物天街"等(图1-4),这些人工景观极大地破坏了自然遗产型景区环境空间的整体性,影响了视觉景观效果,降低自然景观美学境界。

武陵源核心景区金鞭溪

雁荡山核心景区响水岭

黄山核心景区寨西村

武夷山核心景区玉女峰路

武陵源索溪峪镇

武陵源袁家寨的"天街"

图 1-4 我国自然遗产型景区城市化现象严重

(图片来源:自拍)

(3) 建设无序,失去地域文化特征

我国农村住宅规划设计水平长期比较低下,农村居住建设缺乏有效管理,主要表现在:① 村民建设用地扩张无序、土地利用效率低,村落规模失控,布局不合理。② 建筑式样单一,缺少地域特色,无论从造型、风格、色调、体量等各方面,都与自然环境不协调。③ 随着城市文化和外来文化的侵入,出现了"现代化风格"的建设风潮,对风景区传统地域文化造成极大冲击,从而导致景区传统文脉断裂与遗失,失去了地方特色。

(4) 村民不当的生产生活,破坏了自然生态环境

村民不当的生产生活可以分为三种:① 不当的生产活动。如居民在景区内毁林开荒、开山取石等活动带来的山体和森林毁坏,周边村镇企业的工业污染严

重污染环境资源等。② 不当的建设活动。村镇随意扩张建设用地,侵占了景区内的土地资源,乱搭乱建、违章建设等行为严重破坏风景区景观风貌。③ 不当的生活方式。村民日常的生活污水、生活垃圾、乱拉电线等生活行为,对景区环境造成一定程度的破坏。④ 不当的经营活动。部分村民在旅游服务经营活动中恶性竞争,降低产品和服务的质量标准,以次充好,拉客宰客,甚至发生威胁游客人身安全的事件,这些不当的经营活动影响了风景区的声誉和形象。

(5) 限制了农民生存发展空间

由于我国自然遗产型景区大多处于欠发达的农村地区,当地政府和农民迫切希望通过利用风景资源来获取经济利益,具有强烈的开发诉求。在旅游开发之前,当地农民世代代居住于此并依靠周边的自然资源生产和生活,然而,随着风景区的划定和建设,政府严格限制了景区及其周边地区的发展空间,使这些地区失去了发展第一产业、第二产业的机会。当地经济发展的强烈诉求与自然遗产型景区在土地利用、资源保护之间的矛盾,随着旅游经济的发展和风景资源的潜在商业价值的提高而日益显化。

1.2 研究对象与范围

1.2.1 自然遗产型景区

1.2.1.1 定义

把"自然遗产型景区"作为关键词在 Google、Baidu 和中国知网(CNKI)搜索,能给予确定定义的文献很少。我国目前对"自然遗产型景区"并没有明确的定义。《国家文化和自然遗产地保护"十一五"规划纲要》①中将"国家文化和自然遗产地"定义为"在科学研究、自然多样性保护、历史、艺术和审美角度具有国家意义的文化、自然或文化和自然混合型保护地。根据我国现行管理体制,国家遗产地主要包括国家级风景名胜区、全国重点文物保护单位、国家历史文化名城(镇、村)、国家级自然保护区、国家森林公园、国家地质公园、世界遗产等"。

在上述定义的基础上,本书尝试对自然遗产型景区的定义作出如下表述:

---

① 2007 年 6 月 11 日,国务院批准了《国家文化和自然遗产地保护"十一五"规划纲要》,该规划由国家发改委、财政部、国土资源部、建设部、环保总局、国家林业局、国家旅游局、国家文物局等八部委共同编制完成,这是建国以来首个国家层面的以遗产地为对象的专项保护规划纲要。

"自然遗产型景区是指以大自然的遗存物为吸引力本源,通过适度开发,以游憩和自然保护为主要功能,由专门机构实施经营管理的景区。"[①]自然遗产型景区大致相当于国外以国家公园为主的开展了生态旅游活动的保护地形式,在我国主要由各级风景名胜区、森林公园、湿地公园、地质公园以及开发了生态旅游项目的自然保护区等构成(图1-5)。

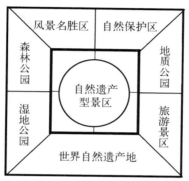

图 1-5 我国自然遗产型景区的构成

(图片来源:自绘)

1.2.1.2 研究范畴

自然遗产型景区,顾名思义,应突出两个特征,即"自然遗产"和"景区"。所以,自然遗产型景区应该具有如下几个特点。

(1)从风景资源上

自然遗产型景区是以大自然的遗存物为吸引力本源,自然资源具有极高的生态价值、科学价值和美学价值。而诸如城市文博院馆、主题游乐公园、历史文化名城、旅游度假区以及一些农业、工业、经贸、科教、军事、体育、文化艺术等人工景观作为旅游开发依托和主要旅游吸引物的活动场所,都不属于自然遗产型景区范畴。

(2)不可再生的国土资源

作为具有代表性和典型性的自然景观资源,自然遗产型景区常常成为一个国家象征,对培育国家认同感、提升民族凝聚力有着不可忽视的作用。

(3)具有法定定位和区划界定

自然遗产型景区具有国家法定的区域概念,由相应级别的政府批准,并有明

---

① 田世政,杨桂华.社区参与的自然遗产型景区旅游发展模式——以九寨沟为案例的研究及建议[J].经济管理,2012.

确详细的界限,立桩以标明区界。自然遗产型景区的空间范围是完整连续的,一旦划定后,就具有其法定地位以及明确的地理区划界限。

(4)具有游憩功能

自然遗产型景区作为一种自然类保护地,除了具有自然遗产资源与生态环境保护的功能外,同时具有旅游与游憩、科研教育、文化活动等服务功能,在风景区内发展旅游业和提供科研服务是为了更好地实现保护目标。

因此,自然遗产型景区是"由政府划定和管理的各类自然类保护地,以保存和展示具有国家或国际意义的自然资源及其景观,兼有科学、教育和游憩等功能,实现资源有效保护和合理利用的特定区域"。在我国,主要由各级风景名胜区、森林公园、湿地公园、地质公园以及开发了生态旅游项目的自然保护区等构成。

在现行的行政体制下,我国文化与自然遗产是根据遗产资源的性质进行分类保护和管理的,分别由环境保护部、住房和城乡建设部、国土资源部、旅游局、文化部等机构分割管理,形成了多部门参与的管理架构。不同主管部门给各自的资源管理对象贴上标签,产生了不同的标签地,如自然保护区、风景名胜区、森林公园、地质公园、湿地公园、旅游景区等,其中不乏多种重复的标签地[1]。

2002年,建设部对全国57个国家级风景名胜区进行了调查,其中与国家级自然保护区划设范围交叉的有20处,完全重叠的2处,而自然保护区包含在风景名胜区范围的有11处,反之为7处;国家级风景名胜区与国家森林公园划设范围交叉的30处,其中完全重叠3处,森林公园包含在风景名胜区范围的为25处,反之有2处;与国家地质公园划设范围相交叉的15处,其中完全重叠的有9处,地质公园包含在风景名胜区范围内的为1处[2]。根据2006年的相关情况统计,同时属于风景名胜区名录和自然保护区名录的共有63个[3]。2006年国务院颁布的《风景名胜区条例》[4]第七条中规定:"新设立的风景名胜区与自然保护区不得重合或者交叉;已设立的风景名胜区与自然保护区重合或者交叉的,风景名胜区规划与自然保护区规划应当相协调。"

① 国家级标签地泛指由国家各个行业主管部门设置的国家级保护地或遗产地,这些标签地有些是以生态环境保护为名,有些是以自然和文化遗产的保护与传承为名,有些是以景观保护与开发为名。它囊括了保护地和遗产地,又比两者之和的范围更广。

② 张哲. 面向竞争的规制——转型期我国风景资源保护与利用实效管理模式研究[D]. 南京:东南大学,2006.

③ 依据中国风景名胜区名录和中国自然保护区名录的对比统计得出。具体名录参见王早生,王志方,朱家骐,张红梅主编. 中国风景名胜区[M]. 北京:中国建筑工业出版社,2006;环境保护部自然生态保护司编. 全国自然保护区[M]. 北京:中国环境科学出版社,2009.

④ 国务院. 风景名胜区条例,2006.

目前,我国自然遗产型景区与自然保护区、风景名胜区、森林公园在空间关系上主要有几种可能情况(图 1-6)。

图 1-6 自然遗产型景区范畴

(图片来源:自绘)

1. 自然遗产型景区就是风景名胜区(或者自然保护区、森林公园等);
2. 自然遗产型景区包含风景名胜区(或者自然保护区、森林公园等);
3. 自然遗产型景区、自然保护区、森林公园与风景名胜区相互独立。

因此,"自然遗产型景区"不等于"风景名胜区",也不等于"自然保护区"、"森林公园",更不等于国外的"国家公园"。大致相当于国外以国家公园为主的开展了生态旅游活动的保护地形式,兼具了自然保护和公园游憩的性质,对自然生态系统资源的非消耗性利用,集保护与发展为一身。简单地将自然遗产型景区视为与一般的旅游景区或者视为绝对保护区,任意降低或者提高自然遗产型景区的"设防标准",都会导致认识和政策的偏差,容易触发各个利益相关主体的矛盾,不利于自然遗产型景区环境资源的保护和可持续发展。表 1-1 为我国自然遗产型景区范畴的举例。

表 1-1 我国自然遗产型景区范畴举例

名 称	风景名胜区	自然保护区	森林公园	地质公园	世界遗产	旅游景区	自然遗产型景区
山东泰山	国家级	省级	国家级	否	自然文化双遗产	5A 景区	是
安徽黄山	国家级	否	国家级	世界级	自然文化双遗产	5A 景区	是
江西井冈山	国家级	国家级	否	否	否	5A 景区	是
湖南武陵源	国家级	国家级	国家级	世界级	自然遗产	5A 景区	是
四川九寨沟	国家级	国家级	国家级	国家级	自然遗产	5A 景区	是

名 称	风景名胜区	自然保护区	森林公园	地质公园	世界遗产	旅游景区	自然遗产型景区
四川黄龙	国家级	国家级	省级	世界级	自然遗产	5A 景区	是
海南亚龙湾	国家级	市级	否	否	否	4A 景区	是
江西庐山	国家级	国家级	国家级	世界级	文化景观	5A 景区	是
福建武夷山	国家级	国家级	国家级	否	自然文化双遗产	5A 景区	是
江西鄱阳湖	否	国家级	否	否	否	3A 景区	是
新疆天山	国家级	国家级	国家级	否	自然遗产	5A 景区	是
杭州西湖①	国家级	否	否	否	文化景观遗产	5A 景区	否
安徽宏村②	否	否	否	否	文化遗产	5A 景区	否
北京八达岭—十三陵③	国家级	否	否	否	文化遗产	5A 景区	否
青海可可西里④	否	国家级	否	否	否	否	否
上海东方明珠广播电视塔⑤	否	否	否	否	否	5A 景区	否
深圳华侨城旅游度假区⑥	否	否	否	否	否	5A 景区	否

1.2.2 周边地区

（1）周边

周：环绕，指圆形的外围，物体的四周；边：边缘，旁边，附近。周边：通常是指围绕某个对象周围的边缘、附近的地方。

---

① 2011 年 6 月 24 日"中国杭州西湖文化景观"被列入《世界遗产名录》，杭州西湖属于城市型风景名胜区。
② 安徽宏村是以其保存良好的古村落风貌作为主要旅游吸引物的旅游景区。
③ 北京八达岭—十三陵属于以人文景观作为旅游开发依托和主要旅游吸引物的旅游景区。
④ 青海可可西里由于其生态系统十分脆弱敏感，再生恢复力差，游客进入的安全性也难以保证，自 1997 年成为国家级自然保护区，就受到国家的严格保护，旅游开发仍在申报中，在国内受到十分激烈的争议。
⑤ 东方明珠广播电视塔作为上海的标志性文化景观，是国家首批 5A 级旅游景区，属于城市旅游景点。
⑥ 深圳华侨城旅游度假区是以锦绣中华、中国民俗文化村、世界之窗、欢乐谷四大主题公园为核心，形成一个集旅游、文化、购物、娱乐、体育和休闲于一体的文化旅游度假区。

（2）自然遗产型景区及其周边

我国自然遗产型景区大多地处贫困偏僻的广大农村,主要以农业人口或村镇形式聚居。自然遗产型景区风景秀丽、气候宜人、物产丰富,具有良好的人居环境,在风景区划定设立之前,就存在着一定规模的居民社会。在景区边界的划定时,不可能将原先居住在此的村民全部划在范围以外,这就形成了自然遗产型景区与社区共存的局面。由于我国自然遗产型景区与毗邻区域的村镇的界线模糊,而景区边界与行政边界并不吻合,加上管理体制的复杂性、保护资源的强制性以及旅游发展带来的影响,导致了边界内外、边界内部之间的社会、经济、环境和资源等发展不平衡,由此而产生的矛盾在我国自然遗产型景区中比比皆是。

本书研究的自然遗产型景区及其周边,是指在自然遗产型景区规划范围内的自然村、行政村、乡镇等形式的农村,具有国家法定以及明确的区域划分界线。一般来说,自然遗产型景区及其周边地区的村镇大多位于核心景区边缘或者外围,少数位于核心景区内。

1.2.3 农村居住环境

（1）环境

环境的定义和范畴繁杂,有泛指,也有特指;有大的含义,也有小的含义。环境的概念是指围绕着某一中心事物(主体)并对该中心事物产生影响的所有外界事物(客体)①。环境一般相对于某个中心事物(主体)而言,中心事物有所不同,环境的大小和内容也就不同。

（2）居住环境

居住环境,又称为人居环境,是人类最为重要的生存空间。居住环境是指围绕人类居住生活的空间及其可以直接或间接影响人类生活和发展的各种自然因素和社会因素的总称。

人居环境可分为人居硬环境和人居软环境。人居硬环境是指一切服务于居民并为居民所利用,以居民行为活动为载体的各种物质设施的总和,包括居住条件、生态环境以及基础设施和公共服务设施等物质内容。人居软环境是指人居社会环境,包括以观念、制度、行为准则等为内容的非物质因素。吴良镛则将人居环境分为生态绿地系统与人工建筑系统两部分②。

---

① 百度百科 http://baike.baidu.com.
② 吴良镛. 人居环境科学导论[M]. 北京:中国建筑工业出版社,2001.

（3）农村居住环境

农村居住环境是人居环境的一个有机的组成部分，是人居环境建设的重要目标之一。农村居住环境是指一定区域范围内农民生活、劳动和栖息的空间群落，是由有共同地缘的农村文化、习俗、信仰、价值观念、消费习惯、基本生活设施、经济社会生活所构成的地域空间。

农村居住环境概念可分为广义和狭义两个方面。广义的农村居住环境就是指农村居民生存聚居的环境的总和，包括自然条件、经济发展和社会环境等。狭义的农村人居环境是指当地农村居民聚居活动的实体环境，是自然环境与人工建造环境的总和，是与农村居民生存活动密切相关的地理空间。农村居住环境和城市居住环境的区别在于前者一般将生活与生产紧密地交织在一起，故必须同时有利于生活和生产，而后者更多关注于生活。

（4）自然遗产型景区及其周边农村居住环境

本书以自然遗产型景区及其周边农村居住环境作为研究对象，具有以下两个方面的限定。首先，本书所研究的农村居住环境是一种区域环境，作为自然遗产型景区这种特定区域范围，自有其固有的背景要求。其次，本书研究的主体是农村居住环境，它具有两个方面的含义：① 可供农民居住生活直接使用的、有形的实体环境；② 不仅仅是有形的实体环境，也包含了农民及其活动所构成的社会和经济环境。

本书采取了"社会问题—空间形态"的研究方法，在综合分析我国自然遗产型景区及其周边农村居住环境建设中存在的社会问题的基础上，对自然遗产型景区及其周边农村居住环境的物质空间部分进行了研究。本书依据其范围和规模，将自然遗产型景区及其周边农村居住环境分为宏观、中观和微观三个层面。

宏观层面的农村居住环境，从景区层面上研究了自然遗产型景区及其周边农村居民点的空间位置、规模大小、分布形态及其聚散组合等地域空间变化情况。它的范围较广，与景区的空间尺度和地域背景相符合。

中观层面的农村居住环境，从村落层面上研究了自然遗产型景区及其周边村落群体环境、村落边界、形态布局、建筑尺度、外观色彩及其门窗细部等空间。它的范围中等，与村落的空间尺度一致。

微观层面的农村居住环境，从住宅建筑单体层面上探讨了自然遗产型景区及其周边农村住宅各个功能空间的平面设计、功能布局和空间尺度，这是农民直接生活和活动的地方，也是农民较多接触的层面的场所。

三个层面研究的内容不同，体现的角度也不一样。宏观层面所反映的是在旅游经济的作用下,自然遗产型景区及其周边农村居住点空间结构的发展演变规律与特征。中观层面所反映的是自然遗产型景区及其周边村落景观风貌的保护与建设问题。微观层面作为细微层次而直接关联着农村住宅功能空间的转化及布局。任何一个居住环境都是从整体到局部的综合与统一,因此,要对自然遗产型景区及其周边农村居住环境有一个系统全面的认识,就应当从宏观到微观有一个综合整体的考虑。

1.3 研 究 方 法

1.3.1 文献分析法

文献分析法是根据研究目的和研究思路,搜集并整理相关文献,了解所研究的问题,形成对客观事物较为全面、科学和系统认识的方法。通过对相关文献的研究,有助于帮助我们了解与本书研究有关的研究现状与进展,以寻找理论上的支持。

文献分析的基础是文献的收集和整理。随着网络技术的进步,计算机检索在研究的过程中发挥了重要的作用。本书研究文献收集主要集中在以下几个方面:"国内外自然遗产型景区相关概念""国内外国家公园发展状况""旅游发展对周边农村社区在经济、环境和文化的影响""村民参与旅游发展""村庄景观风貌建设""新农村住宅设计"等。通过资料的收集、整理与分析,了解自然遗产型景区及其周边农村居住环境的现状和发展情况,并从中发现问题并归纳总结其规律,进行有针对性的进一步的研究。

1.3.2 实地调研法

实地调研法是通过实地考察并了解客观情况,直接获取相关材料,并对这些材料进行科学分析的研究方法。实地调研是本书研究中采用的主要方法,作者通过对调查对象的实地考察,对事物形成客观认识,并从中发现问题,以寻找解决问题的方法。

2009年9月以来,笔者实地调研了湖南、安徽、四川、江西、浙江、福建等地的风景名胜区及其周边农村居住环境情况,前后五次前往湖南省张家界市武陵源进行详细的调研,通过对当地政府管理部门、建筑规划设计部门、当地住户的访谈和问卷调查,以及摄影、测绘等方法,获取了大量包括文献、政府工作报告、图纸和数据等大量第一手资料,对我国当前自然遗产型景区及其周边的农村居住环境现状有了较为全面的认识,为本书的写作打下了较为扎实的基础。表1-2为笔者实地调研时间和路线。

表1-2　实地调研时间及路线表

序号	调研时间	调 研 地 点	备 注
1	2009年9月	湖南吉首市的竹寨村、马鞍村等;猛洞河;武陵源风景区双峰村、河口村等	确定了"以旅游为导向的农村住宅"为研究对象
2	2010年1月	湖南长沙市的光明村、关山村;岳阳市的张谷英村;武陵源风景区的高云小区、吴家峪、喻家嘴村等	参与"十一五"国家科技项目"不同地域特色村镇住宅建筑设计模式研究"课题调研工作
3	2010年2月	安徽黄山风景区的汤口镇、翡翠谷、寨西村等;江西婺源延村、汪口村等	
4	2010年4—5月	湖南武陵源风景区的泗南峪镇、向家台村、黄河村、协合村、杨家坪村、李家岗村、宝月村、青龙垭村、鱼泉峪村、印家山村、车家山村、夜火村、三家峪村、檀木岗村、石家峪村等	调研持续近二十天,走访相关部门及景区周边二十个村落,包括问卷调查、深度访谈、实地观测,收集了大量第一手资料,为写作打下了扎实的基础
5	2011年2月	浙江省雁荡山风景区	
6	2011年7月	湖南衡山风景区	
7	2011年8月	湖南武陵源风景区	补充调研资料
8	2012年3月	福建武夷山风景区的星村、黄柏村、下梅村、南岭村、公馆、角亭等	
9	2012年8月	四川九寨沟风景区的则渣洼寨、树正沟寨、荷花寨、漳扎乡、白石寨等	
10	2015年1月	湖南武陵源风景区	回访

1.3.3　归纳演绎法

归纳法,又叫归纳逻辑或归纳推理,是指从个别性知识,引出一般性结论的认识方法,由已知真的前提,引出可能真的结论。演绎法则与归纳法相反,是从一般性的前提推导出个别性结论的认识方法[①]。在实际的研究过程中,归纳和

---

① 李洁明,何宝昌主编.社会经济调查研究与写作[M].上海:复旦大学出版社,1997.

演绎并不是绝对分离的,往往是既有归纳又有演绎,两者相互连结、相互转化、相互渗透。

本书在分析了自然遗产型景区的特点及其资源保护与利用辩证关系的基础上,对国内外自然遗产型景区及其周边农村居住环境的相关概念、相关理论及发展实践进行了梳理,建构了自然遗产型景区及其周边农村居住环境和谐发展的建设理念,并在此理念指导下对个案做进一步的研究。这个过程就是归纳和演绎的研究过程。

1.3.4 问题解决法

问题解决方法就是首先提出问题,然后以问题为导向将复杂的事物分解为若干有限的方面,寻找解决问题的理论与方法,并化为具体行动的途径与措施;最后再将事物整合,形成切实的工作纲领,随时根据变化中的情况不断地调节①。

本书以武陵源为案例,在充分调查案例的农村居住环境发展现状的基础上,指出武陵源及其周边农村居住环境的主要矛盾在于自然遗产资源的开发与保护,这对矛盾始终贯穿于武陵源现代旅游发展的整个过程中。然后从宏观、中观、微观三个层面上将"主要矛盾"分解为"城市化现象严重""村镇建设无序"以及"农民生存问题"三大关键问题。最后以问题为导向,采用"社会问题—空间形态"的研究方法,确定了景区及其周边农村居住环境的"村镇空间结构演变""村庄景观风貌建设"以及"农民居住功能空间设计"三个方面的研究内容,归纳总结出相应的设计方法和策略,进而探讨了自然遗产型景区及其周边农村居住环境和谐建设发展模式的策略。

1.4 相关研究综述

20 世纪 80 年代初,我国参照了国外国家公园体系建立了风景名胜区②,经过 30 多年的发展,在现行体制下逐渐形成了以自然保护区、风景名胜区、森林公园、地质公园、湿地公园和自然遗产地为主体的自然遗产型景区体系。在最初的

---

① 吴良镛. 人居环境科学导论[M]. 北京:中国建筑工业出版社,2001.
② 建设部(建城[1994]50 号).《中国风景名胜区形势与展望》绿皮书,1994.

10 多年内,国内学者对自然遗产型景区的研究主要集中在自然风景资源的调查评价和旅游开发利用上。1998 年,国内学者对自然遗产型景区及其周边的居民社会问题的关注开始增加①。根据中国知网(CNKI)学术趋势工具分析,2000—2006 年自然遗产型景区的相关研究达到高峰,主要关注的是自然遗产型景区的开发建设对周边农村地区的环境、经济和文化的影响等问题的研究。2007 年,在社会主义新农村建设的背景下,在解决景区与周边社区居民冲突问题、提高农村社区能力建设、探索自然遗产型景区可持续发展途径等方面做了更多的理论研究和实践探索。

1.4.1 国家相关法规

1982 年,我国开始评定风景名胜区,国家制定了一系列相关法规,比如《宪法》(1982)、《森林法》(1984)、《风景名胜区暂行条例》(1985)、《村庄和集镇规划建设管理条例》(1993)、《中华人民共和国自然保护区条例》(1994)、《风景名胜区条例》(2006)、《风景名胜区规划规范》(GB 50298—1999)、《中华人民共和国城乡规划法》(2008)等,这些法规条例对我国自然遗产型景区内的所有建设项目,包含农村居民住宅和村庄产业,都提出了相关的控制,为我国 30 多年的自然遗产型景区保护和建设作出了重要贡献,对协调自然遗产型景区和其周边的村庄景观风貌建设关系提供了法律保障。

涉及自然遗产型景区周边村庄建设内容的相关规范和条例有:(1)对村庄产业提出相关限制。禁止居民在风景区内进行开荒、砍伐、放牧、狩猎、捕捞、采药、采石、挖沙等破坏景观、植被和地形地貌的活动;(2)对村庄布局的要求。景区内及周边的村庄、集镇规划建设管理,应当坚持合理布局、节约用地的原则。农村居民点应划分为搬迁型、缩小型、控制型和聚居型等四种类型,并因此控制其规模布局和建设管理措施;(3)对建筑物风貌的要求。风景区内的建设项目应当服从风景环境的整体需求,与景观相协调,不得与大自然争高低,在人工与自然协调融合的基础上,创造建筑景观和景点,并对风景区内各类建筑的性质与功能、内容与规模、位置与高度、体量与体形、色彩与风格等,都有明确的分区分级控制措施;(4)对村庄非物质建设的要求。重点保护传统民族文化,保护地域特色的民居、村寨和乡土建筑及其风貌。

---

① 1998 年 8 月、9 月,联合国文教科组织先后考察了四川九寨沟、湖南武陵源世界自然遗产地,对两地核心景区过于城市化现象进行了提出尖锐的批评,引起国内学者对自然遗产型景区的环境保护问题的关注。

1.4.2 从旅游经济影响的角度

我国在贫困地区开展旅游业是从 20 世纪 80 年代开始的,"旅游扶贫"的口号是在 1991 年提出的,从 20 世纪 90 年代初,各个地方的乡村旅游、农家乐陆续兴起。在 1996—1997 年期间,我国大约有 300 万人口通过发展乡村旅游走上脱贫致富的道路。1996 年,国家旅游局召开全国旅游扶贫开发工作座谈会推广"旅游扶贫"经验,一些老少边穷地区通过发展旅游业而脱贫致富。我国学者从 90 年代起末,开始关注旅游开发对中西部贫困山区经济的影响研究,操建华(2002)从宏观和微观的角度,分析了旅游业对农村发展和对农民增收就业的影响,探讨了旅游业如何促进农村地区发展的公共政策;丰志美(2004)以四川成都市三圣乡红砂村的旅游开发为例,通过实地调查对其开发模式以及旅游扶贫效应进行研究分析;漆明亮(2006)在梳理国内外旅游扶贫理论和特点的基础上,提出了社区参与旅游扶贫模式是风景区可持续发展的动力;江民锦(2007)以旅游业对井冈山区发展影响为主要内容,探讨了以旅游业为主导,将区域发展、产业发展和弱势群体的发展整合一起的山区发展模式;胡钧清(2007)以广西桂林恭城县红岩村的旅游开发为例,从经济学的角度对其旅游扶贫开发模式以及开发效应进行研究分析,从中总结出一些可值得借鉴的理论依据。

1.4.3 从生态环境保护的角度

1.4.3.1 自然生态环境承载力研究

国内关于自然遗产型景区自然生态环境承载力的研究开始于 80 年代。赵红红(1983)对苏州的旅游环境容量进行了研究;保继纲(1987)对北京颐和园旅游环境容量进行了研究;骆培聪(1997)以武夷山国家风景名胜区为研究区域,对该区的旅游环境容量进行定量分析,找出存在的问题,并提出解决这些问题的对策;石一强、贺庆棠、吴章文(2002)对张家界国家森林公园大气污染物浓度变化进行了分析和评价,指出了旅游开发对森林公园空气质量的影响;谢璐(2010)以青海湖国家级自然保护区为研究区域,结合其目前的开发与发展现状,对该区的旅游环境容量包括旅游资源空间容量、生态环境容量、旅游经济发展容量、心理容量分别进行量测与分析;姚金星,徐娜子等(2013)对武陵源生物多样性监测工作和成果进行了分析和总结,并针对性地提出了景区可持续旅游发展的建议。

1.4.3.2　核心景区城市化现象的研究

1999 年后,国内学者开始对我国自然遗产型景区的城市化现象①进行关注。王若冰(2003)分析了我国风景区出现人工化和城市化现象的成因和弊端,提出了风景区资源可持续发展的方法和途径;张朝枝(2004)借鉴了经济学的"公地悲剧"理论,分析了武陵源核心景区城市化现象的过程,认为其症结在于"公地"性质,"公地悲剧"带来了多部门支配分割世界自然遗产资源,造成武陵源"管理规制失灵",而解决这一问题,必须加强资源的处置权来改变自然遗产型景区的发展机制;周年兴、俞孔坚(2004)分析了武陵源核心景区城市化现象和城市化过程,指出风景区城市化带来的危害,并提出协调好各个利益相关体的关系,合理布局旅游接待设施、改善交通联系、妥善安置居民生产生活以及政府加大管理等建议。陶一舟、严国泰(2008)对我国风景区城市化现象的特征、利弊得失及动力机制进行了分析,探讨了在区域协调和可持续发展的基础上建立应对风景区城市化的对策体系。

1.4.4　从居民社会问题的角度

1.4.4.1　旅游目的地居民的感知与态度

自然遗产型景区及其周边居民社会问题的研究在我国起步很晚。20 世纪90 年代,国内开始关注旅游发展对旅游目的地的文化影响,研究主要集中在旅游地居民对旅游影响的感知与态度。如张丹丹(2003)选择云南石林风景区附近的五棵树村和小箐村作为研究案例,通过当地居民态度的问卷调查来分析旅游发展对当地社区所造成的社会、经济和环境的影响;王莉(2004)以黄山风景区附近的西递和宏村古村落为例,分析两地居民对旅游业发展现状感知和态度,找出两地旅游发展面临的主要问题,进而提出一些有益的对策和建议;王萌(2004)以黄山谭家桥镇为例,对旅游给当地居民所带来的社会文化和经济影响进行了研究;尹华光、费建杰、谢莎(2011)对武陵源风景区居民进行问卷调查,采用因子分析法,对该区域居民的利益感知状况进行了分析,提出应当保护景区居民利益的建议。

1.4.4.2　利益相关者理论研究

2000 年,在由中山大学旅游发展与规划研究中心主持的《桂林市旅游发展

---

①　所谓景区城市化现象,是指在旅游经济的吸引下,自然遗产型景区内人口不断增长,生活和旅游服务设施日益扩展,最终导致风景区内人口密度过高、自然资源开发强度过大等不合理现象。

总体规划(2001～2020)》中,首次引入"利益相关者"概念。在此规划中,确认游客、政府管理部门、商业部门、当地居民、旅行社为桂林旅游发展中的主要利益相关者,剖析了桂林市旅游业发展的内部结构和深层制约机制,明确指出:当地居民是桂林旅游发展的主体,只有当地居民参与旅游开发和决策过程,体现了居民对旅游发展责任的分担及成果的分享,才能根除风景区的居民社会问题;石美玉(2004)运用利益相关者理论对我国旅游规划失灵的原因以及具体的改进措施进行了分析,认为没有解决好利益相关者间的利益冲突是政府治理失灵的根本原因,并提出了强化公众参与意识、多重决策权利平衡、增加当地居民发展机会和组织创新四个对策和建议;周年兴、俞孔坚、李迪华(2005)确认联合国教科文组织、各级政府部门、开发商、当地居民为武陵源自然遗产型景区规划所涉及的相关利益主体,运用相关关系矩阵分析了他们之间利益关系,并以此为依据进行了规划和行动决策;陈勇、吴人韦(2005)认为风景区风景资源保护与开发之间的矛盾,实际上体现了主管部门、相关事业单位、开发企业和当地居民等各方利益关系的冲突,需要构建合理的利益机制。

1.4.4.3 社区参与旅游发展的研究

1985 年,墨菲(P. E. Muprhy)其著作《旅游:社区方法》(*Tursim:A Community Approach*)①一书中,首度把"社区参与"的概念引入旅游业,尝试从社区的角度来研究旅游发展。而在《关于旅游业 21 世纪议程》②中,也将"社区参与"旅游发展视为一种民主化的决策过程。孔绍祥(2000)针对风景区周边社区规划和管理上存在的问题,提出应遵循居民社会的发展规律,重视风景区居民社区系统规划,才能实现风景区保护与开发的可持续发展;刘纬华(2000)认为社区参与旅游发展是旅游可持续发展宏观系统中不可或缺的机制;王安庆(2001)对自然遗产型景区的社会系统构成、功能、特征及影响因素进行了分析,认为风景区是由旅游者、旅游从业者和当地居民共同组成的一个特殊社区,具备了经济生活、社会协调和社会保障服务的功能;文彤(2001)从人类旅游学的角度对广西桂林龙脊梯田风景区平安寨进行了实证研究,对社区参与模式进行了初步探讨;万绪才、朱应皋、丁敏(2002)介绍了国外社区居民参与生态旅游开发的研究和例证,认为只有社区居民全方位参与,才能分享旅游带来的各种利益,有助于生态

① Tursim:A Community Approach. Methuen. New York and London,1985.
② 张广瑞译. 关于旅游业的 21 世纪议程——实现与环境相适应的可持续发展[J]. 旅游学刊,1998.

旅游的成功;罗婷婷(2004)用社会学调查的方法,收集了大量有关黄山自然遗产型景区周边社区的资料,并在此基础上归纳了社区发展存在的问题及其根源,提出了建立有效管理体系,完善公众参与机制,实现生态环境保护与社区发展的共赢;王淑芳(2009)分析了风景区居民社会现状,解析了自然遗产型景区与原居民之间存在的类型关系,在此基础上提出自然遗产型景区与原居民协调发展模式;吴娟(2009)详细总结并分析了山东崂山风景区与当地社区居民之间矛盾冲突,从社区发展、资源保护和旅游发展三者之间的相互关系角度,提出了强化景区—社区和谐发展观。

1.4.5 从农村住宅设计的角度

19世纪初,在英国、奥地利、瑞士等国家的著名风景区及其周边地区出现了一种农家住宿接待设施,当地居民利用自家房屋为游客提供住宿和餐饮服务等。由于规模、类型和服务主体不同,这类农家接待设施有众多称谓,在英国称为"B&B"①,瑞士称为乡村民宿(rural lodging),德国称为乡村旅馆(gasthäuser),在匈牙利称村舍(village house),美国称为农庄旅馆(rural inn),在日本则称为民宿等。欧美发达国家认为乡村旅馆是一种融旅游环境为一体的旅游产品,政府鼓励农民把农舍改建为农家旅舍发展旅游事业,风景区及其周边农村的农家住宿接待业逐渐成为当地传统农业的后续产业或替代产业。

2007年,针对我国新时期条件下或者是某一特定区域的农村住宅设计的研究逐渐增多,如骆中钊(2008)从农户的使用和生产功能的角度出发,总结了经商专业户、制茶专业户、养花专业户、食用菌专业户四种专业户住宅;郎凌云(2007)、李威(2008)从旅游的角度分析了旅游型村镇的住宅设计类型——商店经营户型住宅、旅馆经营户型住宅、非经营户型住宅,并结合实例对三种住宅类型进行详细的阐述,为旅游型农村住居模式设计提供参考方法与策略;靳阳洋(2011)、罗赛(2012)分析了当前我国农村住宅功能空间的构成和布局方式,总结和归纳其居住和生产空间可能的关联模式,并提出其可能的发展趋势和发展模式;欧阳高奇(2008)、钟乐(2011)从景观风貌保护的角度提出了自然遗产型景区村庄在整体布局、建筑外观和基础设施等方面的风貌控制和建设要求。

---

① "B&B",即"Bed and Breakfast"的英文缩写,意思是"住宿加早餐"。

1.5 研究思路及研究结构

1.5.1 研究思路

全书共由八个章节组成:

第 1 章引言:首先简要阐述了研究背景及意义,指出我国自然遗产型景区及其周边农村居住环境目前存在的主要问题。其次,确定研究对象,通过相关概念的比较,进一步确定了研究的对象和研究的范畴。在此基础上,提出了技术研究路线以及研究方法,并对国内外的相关研究进行了总结和分析。最后对全书的框架内容进行了简要的介绍。

第 2 章:分析了国内外自然遗产型景区的发展历程及其周边农村居住环境发展实践现状。首先,根据人地关系、土地利用以及社会经济发展特点,把国外国家公园及其周边社区发展分为北美模式、日本模式以及非洲模式,并对三种模式形成的原因、发展目标以及管理规制进行了比较分析,并结合案例进一步分析国外国家公园及其周边社区的发展模式。然后,分析了我国自然遗产型景区的发展历程,把自然遗产型景区与周边住民的关系分为共生关系、共存关系和冲突关系,并结合案例进一步分析了我国自然遗产型景区及其周边农村居住环境协调发展建设的模式。

第 3 章:首先通过对系统的构成及特征分析,确定自然遗产型景区是由风景生态系统、旅游服务系统和居民社会系统三部分构成。然后,分析了系统的整体性、综合性、历时性、共时性、结构性和层次性等特征,总结出自然遗产型景区及其周边农村要实现可持续发展,应该"多元并存、利益共生,整体和谐"。接着,分析了自然遗产型景区与周边村镇在空间位置和功能上的辩证关系。最后,在以上分析的基础上,提出构建"生态—经济—社会"整体和谐发展机制的自然遗产型景区及其周边农村居住环境设计理念。

第 4 章:以湖南省张家界市武陵源风景名胜区为案例,在充分调查武陵源及其周边农村居住环境发展现状的基础上,分析了村民参与武陵源现代旅游开发的历程,研究了旅游开发对武陵源的经济环境、生态环境、社会环境的影响,指出了武陵源及其周边农村居住环境问题的主要矛盾在于自然遗产资源的保护与利用,并从宏观、中观、微观三个层面上将主要矛盾分解为"城市化现象严重""村镇建设无序"以及"农民生存发展问题"三大关键社会问题。最后以问题为导向,采用"社会问题—空间形态"的研究方法,确定了武陵源及其周边农村居住环境的"村镇空间结构演变"、"村庄景观风貌建设"以及"农村居住功能空间设计"三个方面的研究内容。

第 5 章:主要针对武陵源核心景区人口增多,城镇化现象严重等问题,在宏观物质空间形态上,表现为农村居民点的集聚与分散变化的情况,从景区层面上分析武陵源及其周边村镇空间结构发展演变的特征及其机制,进而探讨了自然遗产型景区及其周边村镇发展更新的策略。首先,通过实地调研,分析在旅游开发 30 多年里,武陵源及其周边村镇的空间位置、规模大小及其聚散组合等地域空间的发展变化,指出由"粗放、无序、分散"转向"整合、有序、集中"是其空间结构发展演变的主要特征。然后,分析了武陵源及其周边村镇发展更新的类型及影响因素,根据武陵源的三大类景观保护分区:核心区、缓冲区和建设区,再结合村镇的三大发展类型:搬迁型、控制型(萎缩型)和发展型,三三交互,将武陵源及其周边村镇的发展更新类型分为九种,并针对这九种类型村镇给出了相应的发展更新策略。

第 6 章:主要针对武陵源及其周边地区村镇建设无序,建筑尺度过大,与自然环境不协调等问题,从村落层面上探讨自然遗产型景区及其周边村落的景观风貌建设策略。首先,分析了武陵源的景观风貌构成要素和感知。然后,分析了武陵源及其周边村落景观风貌的影响因素,并根据对景观风貌的影响程度,将武陵源及其周边的村落分为干扰型、无关型和促进型三种类型。接着,从物质空间形态上探讨了武陵源及其周边村落的景观风貌的建设方法及策略。最后,结合实例分析了四种村落景观风貌建设的模式。

第 7 章:主要针对武陵源及其周边地区农村住宅建筑功能配置不合理、平面布局混乱,难以适应旅游地区农民生产生活方式的变化等问题,从建筑层面上探讨自然遗产型景区及其周边农村住宅的住功能空间设计。首先,结合住居学分析了不同时期的居住行为特征,总结出自然遗产型景区及其周边农村的居住功能具有"生活性+旅游服务经营性"的特点。然后,分析了在旅游经济的影响下,武陵源及其周边地区农民产生了新的居住模式——旅游经营户型住宅,并归纳总结了六种旅游经营户型的居住模式及特点。最后,根据其用途和性质,将武陵源及其周边农村住宅功能空间分为基本功能空间、旅游服务空间和公共交通空间三部分,并对各个功能空间的平面设计、功能布局和尺度进行了分析。

第 8 章:研究总结与展望。

1.5.2 研究框架

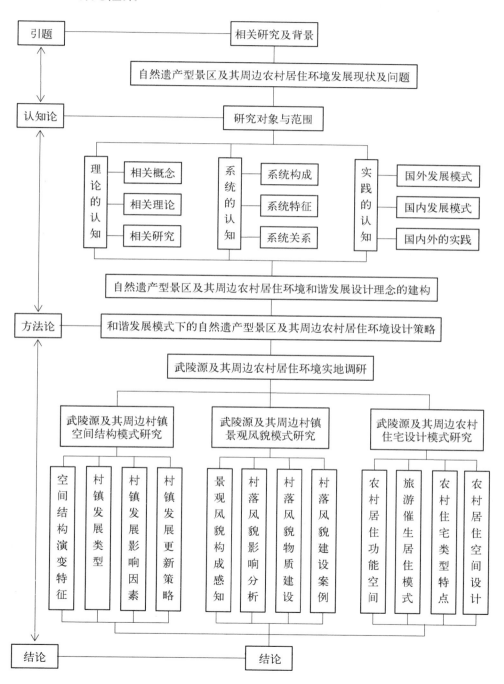

第2章
国内外自然遗产型景区及其周边农村居住环境发展

2.1 国外国家公园及其周边社区发展

国外没有与我国自然遗产型景区完全对应的概念和场所。20 世纪 80 年代初,我国参照了国外的国家公园体系建立了风景名胜区①,经过 30 多年的发展,逐渐形成了以自然保护区、风景名胜区、森林公园、地质公园以及湿地公园等为主要内容的自然遗产型景区体系。因此,国外的国家公园从性质和功能上来讲,类似于我国的自然遗产型景区体系。

2.1.1 国外国家公园发展历程及特点

2.1.1.1 萌芽期(1870—1900)

国家公园(National Park)最早出现于美国。1832 年,美国艺术家乔治·卡特林(G. Catlin)在前往达科他州(Dakotas)旅行的路上,对美国西部大开发对印第安文明、野生动植物和荒野的破坏深表忧虑。他写道:"它们可以被保护起来,只要政府通过一些保护政策设立一个大公园……其中有人也有野兽。所有的一切都处于原生状态,体现着自然之美。"②1872 年,在许多艺术家、探险家的努力下,美国国会将位于现怀俄明州(Wyoming)西北部的黄石地区辟为自然资源保护地,由联邦政府直接管理,这就是世界上第一个国家公园——黄石公园(Yellowstone Park)。

---

① 住房和城乡建设部.《中国风景名胜区形势与展望》绿皮书,1994.
② 杨锐.土地资源保护——国家公园运动的缘起与发展[J].土地保持研究,2003.

　　紧随美国之后,加拿大于 1885 年建立了班夫国家公园(Banff National Park),澳大利亚于 1879 年建立了皇家国家公园(Royal National Park),新西兰于 1887 年建立了汤加丽罗国家公园(Tongariro National Park)。而美国在 1890 年又建立了红杉国家公园(Sequoia National Park)和优胜美地国家公园(Yosemite National Park),在 1899 年建立了雷尼尔山国家公园(Mount Rainer National Park)①。在这个时期,国家公园的成立速度比较缓慢,基本上出现在北美、澳大利亚以及新西兰等一些新大陆国家。

2.1.1.2　发展期(1900—二战)

　　随着西方"公民游憩权"思想②的出现,西欧一些发达国家开始接受国家公园的发展理念。1909 年在瑞典诞生了欧洲第一家国家公园——阿比斯库国家公园(Abisko Park),之后,荷兰、瑞士、西班牙、芬兰等国家纷纷响应。在一些发达国家的海外殖民地也出现了国家公园,比如南非、智利、印度等国,而这些殖民地的国家公园服务对象这时期主要是某些特权阶级。20 世纪 20 年代中期,国家公园开始在一些人口密集、人类活动频繁的国家出现,如古巴于 1930 年、日本于 1931 年相继成立了第一个国家公园③。此时,新大陆国家的国家公园的数量逐步增加,国家公园的管理经验也日渐成熟,1916 年美国成立了专门的国家公园管理机构——国家公园管理局。在这一阶段,国家公园逐步扩展到大部分西方发达国家及其殖民地,自然保护运动在全球展开(表 2-1)。

表 2-1　国家公园的全球蔓延④

阶段类型(时间)	发展区域	主要国家与地区(初创年份)
萌芽期(1870—1900)	新大陆国家	美国(1872);加拿大(1885);澳大利亚(1887);新西兰(1887);墨西哥(1898)
发展期(1900—二战)	西欧发达国家及其殖民地	瑞典(1909);荷兰(1909);瑞士(1914);西班牙(1915);意大利(1922);刚果(1925);南非(1926);津巴布韦(1926);智利(1926);古巴(1930);日本(1931);印度(1935);罗马尼亚(1935);巴西(1937);委内瑞拉(1937);芬兰(1938)

①　张海霞.国家公园的旅游规制研究[D].上海:华东师范大学,2010.
②　"公民游憩权"思想认为:休闲游憩应当是社会公民权的一部分,国家有责任保障公民的基本休闲需求。
③　张海霞.国家公园的旅游规制研究[D].上海:华东师范大学,2010.
④　资料参考:张海霞,汪宇明.可持续自然旅游发展的国家公园模式及启示,2010.

阶段类型（时间）	发展区域	主要国家与地区（初创年份）
繁荣期（二战—1990）	亚非拉欠发达地区及少数欧洲国家	肯尼亚（1946）；赞比亚（1950）；坦桑尼亚（1951）；乌干达（1952）；中国台湾（1961）；泰国（1962）；越南（1962）；挪威（1962）；马来西亚（1964）；韩国（1967）；德国（1970）；俄罗斯（1983）
反思期（1990—至今）		截至2003年，世界上共有225个国家和地区建立了国家公园与保护区体系，全世界国家公园与保护区共102 102个，总面积1 880万平方米，占全球地域面积的13.6%

2.1.1.3　繁荣期（二战后—1990）

世界国家公园的大规模建设是在二次世界大战以后。从20世纪50年代开始，随着战后经济的复兴和人们生活水平的提高，人们对游憩的需求日益增大，旅游业开始蓬勃发展。在这种情况下，国家公园运动开始大规模发展，一方面，欧洲和北美等发达国家受到"福利主义游憩观"①和环境保护主义思潮影响，出现了新一轮国家公园的建设高潮②；另一方面，一些独立后的南美洲、亚洲和非洲国家也相继建立自己的国家公园体系，如肯尼亚1946年成立了内罗毕国家公园（Nairobi National Park）、赞比亚1950年建立卡富埃国家公园（Kafue Yai National Park）、泰国1962年成立了考艾国家公园（Khao Yai National Park）等③。国家公园和自然保护地的建设进入快速发展的阶段。根据国际自然保护联盟（IUCN）④发布的数据，到2003年，世界上共有225个国家和地区建立了国家公园与保护区体系，全世界国家公园与保护区共102 102个，总面积1 880万公顷，占全球地域面积的13.6%，为我国国土面积近两倍（若不计算海洋保护区，则总面积为1 710万公顷，占全球地域面积的11.5%）⑤。其中68 066个保护区被纳入到国际自然保护联盟（IUCN）的管理分类体系；此外，尚有34 036个保护区尚未纳入到IUCN的管理分类体系，其面积达到了360万公顷（表2-2、图

---

① "福利主义游憩观"关注公共游憩供给与社会政策的关联关系。它以公共游憩供给为根本价值追求与逻辑出发点，主张为保证公民基本游憩权，应不断增加和保障对公众的公共休闲游憩供给。

② 张海霞. 国家公园的旅游规制研究[D]. 上海：华东师范大学，2010.

③ 张海霞. 国家公园的旅游规制研究[D]. 上海：华东师范大学，2010.

④ 国际自然与自然资源保护同盟，又称国际自然保护联盟。英文 International Union for the Conservation of Natural and Natural Resources 简称 IUCN。

⑤ 根据第五次世界国家公园大会公布的保护区数量与面积。

2-1和图2-2)。

表 2-2　历次世界国家公园大会①当年的保护区数量与面积②

名　　　称	年　份	数量(个)	面积(万公顷)
第一次世界国家公园大会公布的保护区数量与面积	1962	9 214	240
第二次世界国家公园大会公布的保护区数量与面积	1972	16 394	420
第三次世界国家公园大会公布的保护区数量与面积	1982	27 794	880
第四次世界国家公园大会公布的保护区数量与面积	1992	48 388	1 230
第五次世界国家公园大会公布的保护区数量与面积	2003	102 102	1 880

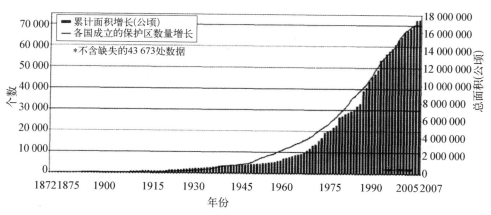

图 2-1　国家公园及相关保护区的发展情况

(数据来源：World Database on Protected Areas)

随着国家公园与自然保护地理论与实践的不断发展，1872 年以来的 140 多年间，从单一的国家公园概念衍生出"国家公园与保护区体系""世界遗产地""生物圈保护区""自然保护区""科学保护区"等 40 多个相关概念。由于世界各国的

---

① 　世界国家公园大会由国际自然保护联盟(IUCN)与及其下属专家组织世界保护区委员会(WCPA)共同组织的世界公园大会，自 1962 年在美国西雅图举行第一届后，基本上每隔 10 年举办一次。

② 　根据 IUCN 发布的 *The 2003 United Nations List of Protected Areas* 数据。

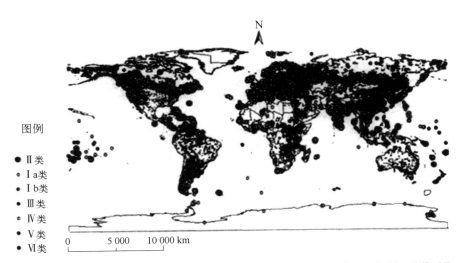

图例
- Ⅱ类
- Ⅰa类
- Ⅰb类
- Ⅲ类
- Ⅳ类
- Ⅴ类
- Ⅵ类

根据 WDPA 提供的. shP 文件,数据截至 2007 年。其中国家公园的数据共 570 处,样本总数不及 WDPA 总数库的 17%,澳大利亚等国数据缺失。

图 2 - 2　2007 年国家公园及相关保护区的全球分布示意图
(图片来源:张海霞. 国家公园的旅游规制研究,2010)

经济发展程度、土地利用状态、历史背景以及行政体制方面的不同,20 世纪 60 年代以前关于国家公园及自然保护区的认识与概念十分混乱。为此,1969 年国际自然保护联盟(IUCN)在印度新德里大会上初步统一了国家公园概念:"一个国家公园是这样一片比较广大的区域:(1) 它有一个或多个生态系统,通常没有或很少受到人类占据及开发的影响,这里的物种具有科学的教育的或游憩的特定作用,或者这里存在着具有高度美学价值的自然景观;(2) 国家最高管理机构一旦有可能,就采取措施在整个范围内阻止或取缔人类的占据和开发,并切实尊重这里的生态、地貌或美学实体,以此证明国家公园的设立;(3) 到此观光须以游憩、教育及文化陶冶为目的,并得到批准。"①

2.1.1.4　反思期(1990—至今)

随着国家公园和自然保护地数量和面积增加,国家公园和周边社区的矛盾变得复杂。特别是一些农业发展历史悠久、人地关系较紧张的地区和国家,由于原住民的生产和生活方式,如狩猎、采矿、伐木、放牧等威胁,使得国家公园和自然保护地实施起来并不容易。据联合国统计,目前在全世界 10 万多个国家公园

---

① 张海霞. 国家公园的旅游规制研究[D]. 上海:华东师范大学,2010.

与其他类型保护区的周边地区,大约生活着近 5 亿原住民①。这些地区大多地处偏远,自然生态环境脆弱,原居民的生产生活行为给自然资源的保护带来破坏。长期以来,国家公园的保护利用与原住民的生存发展之间一直存在着矛盾,而在各利益主体中,原住民一直是弱势群体。

随着社会的进步,越来越多的学者意识到国家公园和周边社区原住民协调相处的重要性。1992 年 2 月,由世界自然保护同盟(IUCN)主持的第四届国家公园与保护区世界大会在委内瑞拉隆重召开,大会议题为"保护区如何满足社会需要"。会议首次把"社区受益"放在重要位置,关注保护地原住民传统的资源生产活动和土地利用方式,呼吁保护原住民的利益,并期待各国政府、组织、学者以及公众给予更多的关注②。2003 年 9 月,在南非德班举行的第五届国家公园与保护区世界大会的主题为"边界受益(benefits beyond boundaries)",号召国家公园的保护管理要与原居民及当地社区利益共享,建立好原住民利益与保护自然生态系统之间的平衡,并将社区治理型保护地纳入合法的保护地类型。保护地必须与原住民达成协议,确保他们充足、平等地享受保护区的收益,融入保护区的管理和决策③。

目前,许多国家建立了法律体系来解决国家公园周边社区的居民社会问题。对于国家公园及其周边社区的原住民,与他们利益相关的议题一般涉及原住民生产生活方式、传统信仰及庆典活动、国家公园与原住民间的法律协议以及土地所有权的法律约定等方面。有的国家公园给予原住民适当的经济补偿,使原住民能够正常生存发展;或者给予他们更多的就业机会,使他们在失去原有的生产生活资源时,能够有替代的生活经济来源;或者通过教育培训,使原住民能够得到更高级的技能,从而获得更多的就业机会。这些措施的实施对国家公园资源的有效保护是极其有利的。

20 世纪七八十年代,经济快速发展成为全球趋势,为了帮助国家公园及其周边社区居民发展的需求,旅游业成为欠发达地区的"成长点"。1985 年,墨菲(P. E. Murphy)出版了《旅游:社区方法》(Tourism:A Community Approach)一书,引入了社区参与(community involvement)概念,开始尝试从社区的角度分析旅游业发展对接待地的影响。他强调社区居民参与规划和决策制定过程,

①　黄丽玲,朱强,陈田. 国外自然保护地分区模式比较及启示[J].旅游学刊,2007.

②　罗杨,王双玲,马建章. 从历届世界公园大会议题看国际保护地建设与发展趋势[J]. 野生动物杂志,2007.

③　李如生,厉色.保护全球化跨国界受益——来自第五届世界公园大会的报告[J].中国园林,2003.

目的在于通过当地居民的参与,使当地居民的想法和态度反映在规划中,以减少居民对旅游的反感情绪和冲突,以便规划有效实施①。

原住民较早地介入自然遗产地的管理决策,可以培育社区居民对国家公园的认同感,提高国家公园管理效率,降低维护成本。事实证明,社区居民参与程度越高,其矛盾冲突越少。目前全球已有上千处社区治理型保护地,譬如马来西亚的 Tinangol 国家公园、玻利维亚的 Isidoro-Secure 国家公园、印度的 Safety Forests 国家公园等。

2.1.2　国外国家公园及其周边社区发展模式

由于历史背景、经济发展程度、土地利用状况以及行政体制等方面的不同,世界各国国家公园及其周边社区的发展情况也各不相同。美国、加拿大、澳大利亚的国土面积与我国相似,而英国、奥地利、日本和韩国与我国同样面临着人口密度大、人地关系紧张等问题,非洲、东南亚等发展中国家则需要经济发展。因此,本书选取了有代表性国家的国家公园与周边社区发展模式进行比较分析,以期为我国自然遗产型景区与周边农村居住环境的建设发展提供有益的参考。

2.1.2.1　以美国、加拿大为代表的中央集权型发展模式

（1）人地关系

美国、加拿大、澳大利亚和新西兰的自然保护运动一直走在世界的前列。由于这些国家地广人稀,农业和畜牧业发展较晚,有大片的原始自然景观存在,国家公园在建设初期就强调对荒野地（wildness）的保护,对原始性的保护占据了重要地位。

由于这些国家建立国家公园和自然保护地的思想发源较早,原有土著文化并不发达,仅有极少量的土著社区,因此,国家公园与周边社区的权属问题相对较少。加上 19 世纪末以公众利益为最终出发点的民主思想的盛行,使得其较早地保留下大量大面积的自然地域,免受了人类文明进程的破坏。而国家公园在建立时一般并不关注原住民利益,多数国家公园通过私人捐赠方式或是政府购买即可成立,这种相对单一的产权结构有利于加快国家公园的建立,也便于采取统一的中央集权式治理模式。

---

① 孙九霞,保继刚. 从缺失到凸显:社区参与旅游发展研究脉络[J]. 旅游学刊,2006.

（2）发展目标

在国家公园发展目标上，美国、加拿大制定了完整的国家公园系统规划。公园以保护国家陆地和海域中具有代表性的景观为基本原则，将全国划分为若干个自然区域，根据每个自然区域的环境、地质地貌特征，选择具有景观代表性的国家公园予以保护。由于周边社区的权属问题较少，美国国家公园的边界主要依据生态系统的完整性等因素进行划定。保护生态系统的完整性、满足公众的游憩需求是美国、加拿大为代表的国家公园主要发展目标。

（3）规划管理模式

发展目标反映在国家公园的规划管理上，美国是最早将分区规划管理应用于国家公园的实践中，国家公园被分为自然保护区与游憩区两部分，公园辟出严格保护区和重要保护区作为公园的主体部分，并设立提供不同游憩体验的功能区域（图 2 - 3）。

图 2 - 3　美国黄石国家公园的栈道系统
（图片来源：杨锐.试论世界国家公园运动的发展趋势，2003）

国家公园分为自然与游憩两大区进行管理的"二分法"，是将自然资源的保护和利用作为一对对立物。随着国家公园范围的不断扩大，设施种类的不断增多，"二分法"分区管理已无法满足国家公园的管理要求。于是，在周边游憩区与核心自然保护区之间，设置一条带状缓冲区，即"三分法"管理模式。这种模式以美国、加拿大国家公园为代表，包含有保护区（严格保护区、重要保护区）、限制性利用区和利用区。严格保护区和重要保护区严格限制公众进入，考虑到保护与公众享用和教育的需求,不同利用区将不同公众需求细化,有利于满足多样化的游憩体验①。

以美国、加拿大为代表的国家公园采取的是自上而下、中央集权制的管理模式。美国国家公园由联邦政府内务部下属的国家公园管理局直接管辖,国家公园管理局将全国 50 个州划分为七个大区,分别管理全国 379 处国家公园,每个国家公园为独立的管理机构,管理人员由管理局直接任命、统一调配,不受各州行政权力的干涉②。因此,美国国家公园管理体系为典型的国家所有、管理单一、目标明确的中央集权式的垂直管理系统。

美国的国家公园管理体系表明,中央集权型的垂直管理体系能够有效地对国家公园的自然资源进行管理,但并不能有效地协调周边社区关系,原本生活在国家公园周边的居民往往因国家公园的设立而不得不面临移居、改变生计方式、文化延续受阻等困境。随着美国国家公园的数量和面积的增加,原住民和社区居民利益的觉醒,美国国家公园周边矛盾变得复杂化,使得扩大国家公园数量和面积实施起来并不容易。而游客的激增和国家公园体系的日益壮大加大了联邦政府的财政压力,当前国家公园管理局面临着公园维护及保护经费的短缺。近些年,美国也开始考虑国家公园的保护与发展的问题。1987 年美国的国家公园署颁布了"原住民事务管理政策"并将此纳入国家公园经营管理政策当中。

2.1.2.2　以日本、韩国为代表的混合型发展模式

（1）人地关系

1931 年,日本首批国家公园诞生。截至 2008 年 3 月底,日本已经建立 85 处国立公园,其中 29 处国家公园,总面积 2.09 百万公顷,占国土面积的 5.52%;56 个准国家公园,总面积 1.36 百万公顷,占国土面积 3.6%;309 个州自然公园,总面积 5.41 百万公顷。整个国家公园体系覆盖国土面积的 14.31%③。

日本、韩国由于地少人多,农业和畜牧业发展历史悠久,许多区域已经出现不同程度的开发,很难保存大面积的原始自然景观,因此,将一些风景优美的自

---

① 1982 年,美国国家公园局规定,按照资源保护程度和可开发利用强度,国家公园应划分为自然区、史迹区、公园发展区和特殊使用区四大区域,并就每个分区再划分为若干次区。这种分区制是适合美国国家公园种类多样,资源丰富,土地广阔的特点。1998 年,美国国家公园局又对它的分区体系做了进一步调整。

② 张朝枝. 美国与日本世界遗产地管理案例比较与启示[J]. 世界地理研究,2005.

③ 张海霞. 国家公园的旅游规制研究[D]. 上海:华东师范大学,2010.

然地区及农业、牧业用地划为"国家公园"。从某种角度看,以日本、韩国为代表的国家公园并不是国际自然保护联盟(IUCN)严格意义上的自然保护地,而是受保护的"景观资源"①。这些国家公园的区域里不仅有大面积的农业和林业,也存在居住区、旅游区,甚至有少量的工业区。

（2）发展目标

以日本、韩国为代表的国家公园的发展目标为保护自然风景资源,同时协调周边地区发展。一方面,由于日本、韩国国土面积小,农业发展历史悠久,不少区域内还有农业和林业等产业。另一方面,日本保留了多种土地所有制,国家公园土地存在国有土地、公有土地、民有土地等多种形式,比如在伊势志摩国家公园里,私有用地就占了96％。从全国来看,日本国家公园中的国有用地仅为12％,地方政府用地为7.2％②。土地所有制的多样性使国家公园的治理受到更多土地所有者利益的影响,使日本国家公园的管理目标更加复杂,不仅要维护国家公园的生态系统保护,还需要平衡原住居民的生存和发展权利,发展产业,提供宜居环境。

图 2-4　日本吉野熊野国立公园

(http://en.wikipedia.org/wiki/Yoshino-Kumano_National_Park)

（3）规划管理模式

1931 年《国立公园法》制定标志着日本国家公园制度的创立,1957 年在《国

---

① "景观资源"就是风景旅游资源,是指能引起人们进行审美与游览活动的自然资源。
② 张海霞.国家公园的旅游规制研究[D].上海:华东师范大学,2010.

立公园法》的基础上制定了《自然公园法》,确立了由国家公园、国定公园及都道府县立公园构成的自然公园体系①。国家公园代表了日本最优秀自然风景的地域,并由国家来指定和管理的自然公园;国定公园的自然风景比国立公园稍差一点,由国家指定、由都道府县进行管理的自然公园;都道府县立公园是由都道府县指定、都道府县管理的自然公园。

由于日本很多土地属私人所有,因此无法保证某一区域划为国家公园时其土地所有权全部归政府所有,这就形成了国家公园 UNESCO②的三分区规划管理模式。对于少量少有人类活动痕迹的地方,日本设立《自然保护法》来保护荒野地和自然保护区,禁止除科研外的人类活动,而将限制性利用区作为公园的主体部分,体现出为公众提供享用自然的原则;此外,设有专门的居住区,以满足当地居民生产、生活需要。韩国也是如此,除国立公园外,设有自然生态系统保护区、自然纪念碑保护区、鸟类和哺乳动物保护区等,自然保护区界限分明,分为旅游区、核心区和实验区等。而核心区和实验区用栅栏封闭,严禁游人进入。

2.1.2.3 非洲、东南亚等发展中国家的发展模式

非洲、东南亚等发展中国家的国家公园则是另一种发展模式。由于这些国家有着原始丰富的自然森林和珍贵的野生动物等资源,则更容易发展成为 IUCN 的第 Ⅱ 类自然保护地。这些国家将大面积的野生动物保护区开放供游人观光旅游,称为"国家公园"。面积广袤、原始狂野、管理粗放是非洲、东南亚等国家的国家公园的特点。目前,仅南非就已经建立了 20 多处国家公园,总面积约 375 万公顷,这些公园在南非的野生动物和生态环境保护、科学研究和旅游观光上取得了卓著的成就③。

与北美、欧洲等发达国家相比,非洲、东南亚等发展中国家普遍面临着地方经济发展与环境保护的"选择"困境。对于生态环境保护,这些国家更愿意借助国家公园的"标签"提高旅游地的吸引力,以此来带动地方旅游经济的发展。但是,由于保护制度的不健全、保护经费不够、保护设施不完善等问题,在实施的过

---

① 张海霞.国家公园的旅游规制研究[D].上海:华东师范大学,2010.
② 联合国教育、科学及文化组织(United Nations Educational, Scientific and Cultural Organization)是联合国(UN)专门机构之一,简称联合国教科文组织(UNESCO)。该组织 1946 年 11 月 4 日成立,总部设在法国巴黎,其宗旨促进教育、科学及文化组织国际合作,以利于各国人民之间的相互了解。
③ 张海霞.国家公园的旅游规制研究[D].上海:华东师范大学,2010.

程中容易出现与设置初衷相悖的后果,比如尼泊尔的朗塘国家公园(Lantang National Park)就出现了由于当地社区居民参与程度过高而失去了控制,导致动物死亡率提高的现象(图 2-5)。

图 2-5　尼泊尔的奇特旺国家公园
(http://www.china.com.cn/photochina/world/2011/content)

　　对于非洲、东南亚等发展中国家而言,国家公园的建立不仅提高了政府和公众对自然资源和野生动物保护的认知水平,也带动了地方经济的发展。但是由于政府财力不足,公民的文化水平和环境意识比较落后,这些国家更愿意关注国家公园经济价值的利用,这一点情况同我国相似。国家公园具有带动周边社区经济发展的职责,因此,非洲、东南亚等发展中国家的自然生态保护与地方经济发展存在着较大矛盾。

　　目前,国际援助等非政府组织参与了非洲野生动物保护工作,国际援助组织作为第三方力量,并非利益相关者,不参与收益分配。而国际援助等非政府组织发育较为成熟,能与政府相抗衡,制约政府的行为。因此,它能在政府和社区间起到很好的利益协调作用。

2.1.2.4　几种发展模式的比较分析

　　由于美国、加拿大、日本、韩国和非洲等国家的土地利用状况、历史发展背景、社会文化及其经济发展不同,不同国家的国家公园及其周边社区的发展模式则表现出不同的特征。国家公园及其周边社区发展模式差异的原因可归结为几个方面：人地关系、法律体系、经济水平和设立目标。人地关系的紧张程度、地方经济发展水平在一定程度上影响了国家公园的选取标准，进而影响国家公园的设立目标，而法律体系的完善保证了其目标的实现。这几个因素相互关联、相互影响，它们共同作用决定了国家公园及其周边社区的发展模式。通过国外国家公园及其周边社区发展模式的比较分析，可以为我国自然遗产型景区及其周边农村居住环境的发展建设提供一定启示。

表 2-3　各个国家公园功能分区管理要求比较①

国家	主要功能分区			
	严格保护区	重要保护区	限制性利用区	利用区
美国	Ⅰ原始自然保护区 严禁开发,禁止人和车进入	Ⅱ特殊自然保护区/文化遗址区 允许少量公众进入,有自行车道、步行道和露营地,无其他接待设施		Ⅲ公园发展区 有简易的接待、餐饮和休闲设施,公共交通和游客中心。 Ⅳ特别使用区 单独开辟区域采矿或伐木
加拿大	Ⅰ特别保护区 不允许公众进入;严格控制下允许非机动交通进入	Ⅱ荒野区 允许非机动交通工具的进入,允许对资源保护有利的少量分散的体验性活动	Ⅲ自然环境区 允许非机动以及严格控制下机动交通进入;允许低密度游憩活动和简易住宿设施、半原始的露营	Ⅳ户外娱乐区 户外游憩体验的集中区,允许有设施和少量对大自然景观的改变。可使用露营设备以及小型分散的住宿设施。 Ⅴ区:公园服务区 允许机动交通工具进入。设有游客服务中心和管理机构
日本		Ⅱ特别地区(Ⅰ类) 尽可能维持风景完整性,有步行道和居民	Ⅲ特别地区(Ⅱ类) 有较多游憩活动,调整农业产业结构的地区,有机动车道	Ⅳ特别地区(Ⅲ类) 对风景资源基本无影响的区域,集中建设游憩接待设施。 Ⅴ普通区 为当地居民居住区
韩国		Ⅱ自然环境区 不集中建设公园设施、以不改变原有土地类型为原则,允许公众进入		Ⅳ公园服务区 集中公共设施、商业和住宿区域。 Ⅴ居住区 分自然居住区和密集居住区

---

① 资料参考:黄丽玲,朱强,陈田.国外自然保护地分区模式比较及启示[J].旅游学刊,2007.

表 2-4 三种国家公园及其周边社区发展模式比较

发展模式	美国加拿大发展模式	日本韩国发展模式	非洲东南亚发展模式
国土面积	国土面积大,地广人稀	国土面积小,人口密度大	—
传统文明发达程度	原有土著文化并不发达	当地传统人类文明发达	原有土著文化较发达
人地关系	缓和	紧张	紧张
经济水平	发达	发达	欠发达
发展目标	自然保护第一,满足众人游憩需求	自然保护第一,协调周边地区发展	野生动物保护,同时需要带动周边社区经济发展
管理模式	中央集权型管理模式	国家、地方混合管理模式	国家、地方、国际援助等第三方组织合作管理模式
效绩影响	资源处置权专一,忽视周边社区居民的利益	资源处置权排他性不强,分区管理	出现社区居民参与程度过高,导致动物死亡率提高

2.1.3 国外国家公园及其周边社区居住环境发展实践

2.1.3.1 英国南澎布鲁克

威尔士半岛位于英国不列颠群岛上的英格兰西部,围绕着爱尔兰海,共有 1 207 公里长的海岸线。威尔士半岛上有 3 个国家公园:位于西北角的 Snowdonia 国家公园、南部的 Brecon Beacons 国家公园以及位于西南半岛的彭布鲁克海岸(Pembrokeshire Coast)国家公园(图2-6)。南澎布鲁克位于彭布鲁克海岸国家公园的周边,是一个由 40 个村庄和城镇组成的农村地区,面积大约 400 公顷。威尔士半岛地形复杂多样、风景秀丽,蔓延了 186 英里的海岸线上,壮丽的海湾和海岬闻名遐迩,无论是整天的跋涉,还是随意漫步,美丽的景色让徒步旅行成为一种

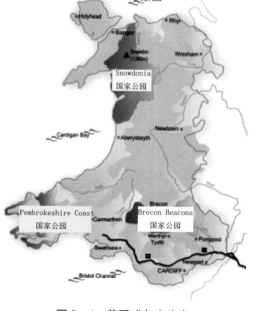

图 2-6 英国威尔士半岛
(http://zh.wikipedia.org/wiki:Map_of_Wales)

享受,很适合发展乡村旅游。

（1）实践发展模式

1992 年,南澎布鲁克与农村社区联合行动委员会(简称"行委会")在欧盟的资助下,进行一项南澎布鲁克农村地区旅游规划,目的是通过这个规划来提高当地人的经济和文化生活水平,同时改善当地的环境质量。"行委会"希望充分调动社区各方面的参与积极性,鼓励社区最大限度地参与规划的各个发展阶段:包括规划初始阶段、推进阶段和监督阶段,形成了一套社区参与的旅游发展模式,促进了社区旅游的发展。

① 社区居民参与制定旅游发展的整个规划

1994 年,"行委会"建立了社区旅游发展规划委员会,鼓动社区居民积极参加。共有 37 个村庄参与了制定发展规划。他们对目前遇到的困难和机会进行评估,做出基于评估的"行动规划"。多数村庄的"行动规划"都把发展旅游作为地方经济增长点,但希望是"非侵入式"的发展,即:一种基于当地的自然景观资源、遗产和文化特点的旅游开发方式。

② 社区居民全面参与旅游发展规划的实施运作

"行委会"、政府和合作伙伴将南澎布鲁克的旅游开发定位为"边界上的宝礁"。随着旅游发展的推进,当地社区居民参与了规划的实施过程和具体运作。在专家的帮助下,社区居民用威尔士语和英语制作了关于遗产信息的小册子,如当地历史和名胜探奇,适于游客游乐的项目,如步行、骑自行车、钓鱼、观鸟、骑马和绘画等。南澎布鲁克建立了娱乐中心,设计绿色通道,开发步行和骑马旅游线路,保证以最少的汽车流量维护社区居住环境,并在不同的小册子上都标有步行和骑马路线、公路骑车路线、非公路骑车路线。在社区中心提供停车和解说服务,并且标明道路的通行性。"行委会"与投资者一起为游客提供过夜住宿,包括饭店客房、农户、自助小屋和静止的拖车等,游客把一些农村活动作为旅游经历的一部分。同时"行委会"提供了小额款项用来支持社区居民进行商业经营,社区全面参与旅游发展规划的实施运作(图 2-7)。

（2）发展模式特征及意义

① 非政府组织主导开发

英国南澎布鲁克采用了"非政府组织＋社区居民＋合作伙伴"发展模式。农村社区联合行动委员会(行委会)作为非政府组织,在社区旅游发展规划的组织和管理中起到了举足轻重的作用,协调了政府与社区的关系,调动社区居民的参与积极性,让社区广泛参与到发展规划的制定、实施与监督管理中,使规划真正

彭布鲁克海岸线

彭布鲁克郡

彭布鲁克郡郊外

村庄里的教堂

徒步旅行

指示牌

图 2-7　彭布鲁克海岸线美丽的自然风景

（图片来源：http://bizhitest.quanjing.com/topic/sps）

反映社区共同的愿望,提高了社区居民对规划的支持度。而广泛寻求合作伙伴使社区获得了旅游发展所需的资金和技术资源。"行委会"代表社区的利益,保证了旅游发展得到的经济利益最大限度地保留在社区内。

② 有共同的社区旅游发展目标

"行委会"通过征询社区各方面的意见,将南澎布鲁克的旅游发展目标设定为"非侵入式",即一种基于当地的自然景观资源、遗产和文化特色的生态旅游社区。社区旅游开发的各个参与主体,从社区居民到合作伙伴都围绕着这个目标进行实施,共同保护当地的旅游生态环境。

③ 利益分享机制的建立

"行委会"建立了社区旅游发展规划委员会,带领社区居民从事旅游服务工作,并提供小额款项给小业主进行商业经营,社区居民通过多方位参与旅游项目开发而提高了生活质量。合理的利益分享机制使居民的利益得以实现,有助于社区的稳定,生态环境的保护和旅游的可持续发展。

2.1.3.2　法国阿让蒂耶内·拉贝塞小镇

阿尔卑斯山是法国最受欢迎的旅游地之一,法国境内的埃克林斯国家公园(Eernis National Park)是著名的风景区。适宜的海拔高度和大陆性气候,有利于冰雪堆积。从 20 世纪 50 年代开始,该地区的大众旅游发展迅速,主要的旅游活动是高山滑雪。普罗旺斯阿尔卑斯县(Haute Alps Departement)作为埃克林斯国家公园的接待地之一,在其周围地区开发了各种形式的旅游活动。

阿让蒂耶内·拉贝塞小镇(L'Argentiere la Bessee)位于法国普罗旺斯阿尔卑斯县(Haute Alpes Departement)内,地理区位十分优越。阿让蒂耶内小镇采矿的历史悠久,20世纪初,小镇的主导产业从原先的采矿业转为水电和金属冶炼业,20世纪70年代开始的经济衰退导致小镇的失业率逐年增加。虽然阿让蒂耶内位于一个大众旅游蓬勃发展的地区,但是多年来没有发展旅游业。经过多年的规划和公众咨询,1990年,阿让蒂耶内·拉贝塞地区的旅游发展规划正式公布(图2-8)。

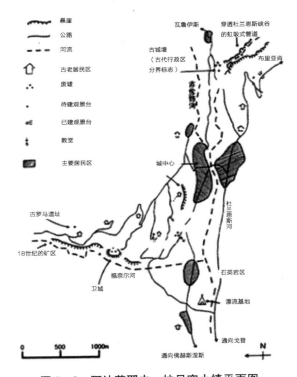

图2-8 阿让蒂耶内·拉贝塞小镇平面图

(http://travel. sina. com. cn/world/2009 - 05 - 13)

(1) 规划发展模式

由于阿尔卑斯山周边地区的旅游活动基本上都以滑雪和登山运动为主,为了避免竞争,作为低纬度地区的村庄,阿让蒂耶内小镇利用工业遗产旅游资源优势,定位了三个目标市场。

①　利用地理区位和自然环境的优势,提供多样旅游探险活动(如攀岩运动项目)。攀岩运动在法国日渐流行,每年大约有 30 多万人参与此项运动。阿让蒂耶内小镇坐落在一个狭窄而且多山的山谷之中,周围环绕着悬崖和高山,这里的岩石品质优良,许多山坡的日照充足,一年中有 10 个月没有冰雪覆盖,适合开展海拔高度和难度的攀岩运动。

②　利用当地历史背景发展工业遗产旅游。1960 年起,法国重新开发许多古老和以前被遗忘的矿区,1986 年这些矿区被正式确定为法国工业遗产的一部分,由当地政府对其进行保护。阿让蒂耶内小镇先后发现了 12 世纪、14 世纪和 19 世纪的矿区遗址,在矿区遗产旅游中占有特殊的位置。当地政府制定了大量的遗产旅游发展规划方案,把它塑造成为一个具有较高历史价值的名胜古迹。1992 年,阿让蒂耶内小镇建立一个展示矿区历史的博物馆,于同年向公众开放。

③　阿让蒂耶内小镇位于通往埃克林斯国家公园的通道——瓦鲁伊斯山谷的底部,阿让蒂耶内小镇可以凭借其优越的地理区位,成为埃克林斯国家公园游客的重要服务中心。游客在前往国家公园的途中,小镇内的许多旅游服务设施可以吸引他们驻足,比如,旧厂房改建而成的体育设施、室外演奏台、中心商业步行区等(图 2-9)。

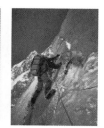

图 2-9　法国阿让蒂耶内·拉贝塞小镇(L'Argentiere la Bessee)

(图片来源:http://travel.sina.com.cn/world/2009-05-13)

规划实施初期,当地村民对参与旅游发展却没有多少兴趣,他们既不愿意承包投资项目,也对旅游相关工作不感兴趣。当地政府通过各种方式来培养社区村民参与意识,如举办节日和集会,举办面向当地儿童的各类比赛,为遗址工业区设计标识等,越来越多的村民意识到阿让蒂耶内镇具有发展旅游的潜力,逐渐增加参与当地旅游的热情。

（2）发展模式特征及意义

① 目标市场定位准确。当地政府充分利用位于国家公园周边的地理优势、自然资源和历史工业遗产,避免与周边地区的大众滑雪旅游的竞争,为阿让蒂耶内小镇塑造一个独特的个性,开发更丰富旅游活动供旅游者选择。

② 重视社区居民参与。规划者充分意识到对于旅游发展规划的有效实施,社区居民的参与非常关键。虽然在规划实施初期,当地村民没有多大的兴趣,但是通过政府的努力,使他们意识到旅游在增加经济收益和提供就业机会方面的作用。而在未来的社区旅游发展中,居民的参与必将起到积极的推动作用。

2.2　国内自然遗产型景区农村居住环境发展

2.2.1　我国自然遗产型景区发展历程及特点

2.2.1.1　我国古代风景区

我国风景资源的利用最早见于周文王,"文王之囿,方七十里,刍荛者往之,雉兔者往焉,与民同之"①。苑囿依托大自然美景,放养百兽鸟鱼,供帝王缯猎行乐之用。而汉武帝渭水之南修复秦上林苑,在"广长三百里"帝苑里,筑"离宫七十所"供其求仙游赏狩猎之乐②。

帝王利用人对大自然的崇拜开展祭山活动,从秦皇汉武到明清帝王,封禅或祭祀给中国的名山大川留下君王朝圣的历史文化遗存。在我国古代名山,特别是"五岳四渎",逐渐形成由所在地奉养祭祀的惯例,即山上从事祭拜、封禅等精神文化活动,山下则是祭祀者和游览者的食宿服务基地。"靠山吃山、靠水吃水",我国五岳的山岳下一般都有一个城镇,如泰山的麓泰安镇、华山的华麓镇等,山下的"城"围绕"山"繁华起来,"山"与"城"之间在漫长历史发展中逐步形成一种和谐的"以城奉山"的功能关系。这种"山城一体",以城奉山,以城养山的管理与服务体系,不仅有效地为山上的旅行者供给了食宿等服务设施,更重要的是

---

① 见《孟子·梁惠王》。
② 中国古代建筑史[M].3版.中国建筑工业出版社,1993.

小型住宅

中型住宅

大型住宅

图 2－10　宋代王希猛的画中体现了古代风景区中的村庄

"城"作为接待和服务基地很好地保护了"山"的自然环境原貌。"以城奉山"成为了我国古代名山极有特色的一部分(图 2－10)。

到了魏晋南北朝时期,一些文人雅士崇尚自然的哲学观,主张从自然中领悟"道"的意境。为了逃避尘嚣,他们或隐于山林,或游历名山大川,在游历名山大川时留下的名人轶事、诗词题咏和摩崖石刻,构成了我国风景区中重要的历史文化遗产。

游山玩水的习俗不仅在帝王贵族中开展,在民间也时有发生。西汉长安近郊的灞水、浐水之滨,东汉洛阳近郊的伊水、洛水之滨,每年暮春三月,风和日丽,杨柳依依,官僚与平民来此行修禊之礼,展开郊游活动,而春秋令节市民的踏青登高活动在我国古代成为一时风尚,这些活动都促进了我国古代风景区的发展。

在自然山水的认识理念下,我国古代风景区在规划营建过程中极为注意保护自然生态,维护自然环境原貌。建筑布局强调聚气藏风,保护自然山水,在不破坏山体自然格局下,讲究与周围环境和谐,注重以小见大,以少胜多。这种尊重自然的建设方式对其他国家,如日本、韩国及东南亚的风景区建设都产生了重大影响,这也是我国古代风景区值得借鉴的亮点所在。

2.2.1.2 停滞期(民国时期—1978)

民国时期到"文革"后期,我国自然遗产型景区的建设基本上处于停滞阶段。在民国时期,虽然有一些风景区(如武夷山)先后成立了公园、公墓管理委员会或胜迹管理委员会,由于长期战乱,基本流于虚设。

1956 年由 5 位生物学家倡议建立国家自然保护区。同年,我国第一个国家自然保护区——广东鼎湖山自然保护区建立,截至"文革"前的十年间,全国共建立了自然保护区 19 处①。这一阶段的自然保护区建设,主要是通过封山育林抢救了一批自然状态的森林以开展科学研究。在十年"文革"中,不仅没有建立新的自然保护区,就连一些已经划定和建立的自然保护区也遭破坏或撤销。一些著名风景区,如庐山、武夷山、黄山等则隶属于各省级政府管理,主要用作接待外宾,成为国际社会了解中国的一个重要桥梁。新中国成立到 1978 年这一阶段,我国自然遗产型景区的建设基本停止。

2.2.1.3 探索期(1978—2006)

(1) 以景观资源评价为导向的起步阶段(1978—1985)

1978 年国务院召开第三次工作会议,当时的国家建委提出建立国家风景名胜区。1982 年初,各省、自治区、直辖市在对各自的风景名胜资源进行调查和评估后,共提出 55 处风景名胜区。经过全国政协和有关景观、建筑、规划、地理、美学、文物、旅游、宣传等方面专家学者的评审,1982 年 11 月,国务院审定批准并发布了首批 44 处国家重点风景名胜区。1982 年 9 月,我国第一处森林公园——湖南张家界国家森林公园批准建立。

1985 年,国务院颁布了《风景名胜区管理暂行条例》,从法规层面上对自然遗产型景区的保护、利用、规划和管理提出了政策与法规的要求。为了与国际接轨,1985 年,我国加入联合国教科文组织《保护世界文化和自然遗产公约》。1987 年 12 月,泰山被联合国教科文组织列为世界文化与自然双遗产。

在这一阶段,我国自然遗产型景区的发展主要是结合风景名胜区、森林公园、自然保护区、地质公园和世界遗产的申报评定工作,对我国自然景观资源进行调查、评估和鉴定。截至 2011 年底,我国已建立各种类型、不同层次的保护地 7 000 余处,占国土面积 18%。其中,自然保护区 2 126 处(不含港澳台地区),总

---

① 唐芳林. 中国国家公园建设的理论与实践研究[D]. 南京:南京林业大学,2010.

面积 1.23 亿公顷,占全国国土面积的 12.78 ％[①];风景名胜区 962 处,面积 19.37 万公顷,占全国陆地国土面积的 2.02％[②];森林公园 2 067 处,国家地质公园 218 处,湿地公园 213 处,共有世界文化自然遗产 41 项,此外还有自然保护小区 4 873 处,野生植物保护地 622 处,野生动物种源基地 2 486 处[③],担负着我国生物多样性和生态环境保护的重要职责。

（2）以旅游开发为导向的发展阶段(1986—1998)

随着我国自然遗产型景区体系的初步建立,对游客的吸引力逐步形成。在旅游开发初期,由于道路、宾馆等各种基础服务设施落后,不能满足日益增长的旅游需求。为了吸引更多的投资者和客源,自然遗产型景区主要以旅游开发建设为主要导向。

地方政府大力招商引资,地方政府希望依托风景资源来带动经济,景区及其周边的居民纷纷放下锄头,投身到从事旅游服务。我国自然遗产型景区里不同程度地出现核心景区"城市化"现象严重,村镇建设无序,旅游设施泛滥等现象,使得核心景区的自然生态环境和风景美学价值受到了不同程度的破坏。随着旅游经济的进一步发展,这些矛盾日益加剧。

2.2.1.4　发展期(1999—至今)

（1）以风景资源保护为导向的发展阶段(1999—2007)

1998 年 8 月,联合国教科文组织对武陵源和九寨沟提出"黄牌警告",引起国内对世界自然遗产保护与利用的反思,各地加强了自然遗产型景区的生态环境保护措施。2001 年 1 月 1 日,武陵源正式颁布并实施了《湖南省武陵源区世界自然遗产保护条例》。随着旅游业的快速发展,居民社会规划内容逐步纳入了风景区规划设计领域。建设部于 1999 年 12 月 30 日颁布的《风景名胜区规划规范》(GB 50298—1999)第 4.6.1 条明确规定:凡含有居民点的风景区,应编制居民点调控规划;凡含有一个乡或镇以上的风景区,必须编制居民社会系统规划。"

然而,在实际规划与建设过程中,当地政府和管理部门出于保护景区资源目的,或者追求经济利益,往往把社区居民排斥在发展计划以外,将减少居民数量作为保护资源的唯一手段,甚至为了景区开发建设强行征地和拆迁,激起当地居民强烈的抵触情绪,对于自然遗产型景区的和谐发展形成负面影响。从国内一

---

① 国家林业局.全国林业系统自然保护区统计分析,2011.
② 中华人民共和国住房和城乡建设部.中国自然遗产型景区事业发展公报,2012.
③ 国家林业局.全国林业系统自然保护区统计分析,2011.

些自然遗产型景区农民外迁下山执行效果上可见一斑很多地方(见表2-5)。

表2-5 国内部分自然遗产型景区农民外迁下山情况一览表

地 点	事 件 过 程	后 期 效 果
福建 武夷山 风景区	1990年初,武夷山风景区对核心景区的居民就进行了外迁,后来以申报世界遗产为契机,于1998年和2003年投入3亿多元,外迁景区内农民1 200户,约5 300余人	外迁居民安置在景区周边的度假区和卫星村镇,核心景区的保护工作与周边旅游小城镇建设得到了协调发展
湖南 武陵源 风景区	1998年"黄牌警告"事件后,武陵源进行了核心景区生态环境大整治,除了山上124户世居户采取统一建户隐蔽安置外,共拆除天子山、袁家界和水绕四门的接待设施59户,世居户377户1 162人,拆除建设面积16.5万平方米	隐蔽安置户不能从事农业生产活动,存在"返贫"的现实窘迫,而拆迁户没有生活来源,重新回到景区从事无证经营活动,引起较大的社会问题,核心景区生态环境整治效果失控
安徽 黄山 风景区	90年代初,针对景区内的农民社会问题采取了法规的硬性手段和经济扶持的软性手段,把山上农民逐步引到山下去。昔日汤口村,发展成拥有6 000余张接待床位和经贸市场的旅游镇	核心景区约80%的农民通过旅游业走上富裕的道路。然而,随着景区范围的扩大,涉及周边更多农民利益
四川 九寨沟 风景区	当地政府从实际情况出发,实行"沟内游、沟外住"政策,原住藏民不外迁,所有经营活动必须外迁。从2003年3月起,共拆除核心景区内约10万平方米的居民经营性店面和招待用房	景区内藏民利用自己的住宅经营家庭旅馆或旅游商品服务,而不少旅客也乐于异域生活体验
湖南 衡山 风景区	为了申报世界自然与文化遗产,2002年衡山规划5年内搬迁景区内居民共440户,1 716人。由于规划确定搬迁范围过大,脱离了实际,加上对拆迁后的社会问题考虑不足,除了第一批94世居户搬迁外,其余仍未成功搬迁	自1998年,衡山禁止审批风景区内所有的建设项目,目前核心景区内村民生活在贫困线以下,440户中就有114户居住在危房里,制造了新的困难户
江西 庐山 风景区	2010年4月对核心景区牯岭镇的1.2万常住居民外迁下山,外迁居民大多选择安置到有利于生活就业的九江市,其次选择联系庐山和九江的威家镇,既方便通达九江又便于上山	大多数居民对下山后的生活表示担忧,80.4%居民关注居住地是否能提供足够的工作机会和良好的生活条件

作者根据相关资料整理。

(2) 以可持续发展为导向的发展阶段(2008—至今)

随着社会进步,人们改变了过去自然遗产型景区保护与利用相对立的观念,更多地从生态、社会、经济相协调的角度提出可持续发展的战略。自然遗产型景区的"可持续发展"是指人类通过科学、合理地规划、开发利用资源,在利用过程中保持风景资源的平衡,不断提高质量,使风景名胜资源的开发利用能够持续进行下去,以满足社会发展的需要。

2007 年 6 月,国务院批准《国家文化和自然遗产地保护"十一五"规划纲要》[①],这是建国以来首个国家层面的以遗产地为对象的专项保护规划纲要,我国自然遗产规划由各部门向多部门联合规划转变的趋势。目前,我国已拥有各类国家遗产 3 795 个,约占国土面积的十分之一[②]。在体制上,形成了与现行行政体制相对应的部门负责的管理方式,国家遗产保护开始由粗放管理向制度化、法制化、科学化管理转变。我国自然遗产型景区的保护规划、建设和管理工作进入了新的历史阶段。

2.2.2　我国自然遗产型景区及其农村居住环境发展模式

2.2.2.1　我国自然遗产型景区分布特征

我国自然遗产型景区地理分布特点比较明显,目前已被国务院审定的 225 处国家级风景名胜区的分布集中在东部和中西部地区,基本上与我国降雨带的分布、与地形的分布、与人口密度的分布、与社会经济发展水平的分布呈现出高度一致的特征(表 2 - 6 和图 2 - 11)。

表 2 - 6　我国自然遗产型景区的省域分布情况[③][④]　　　　　　(单位:处)

	NPA	NFP	NGP	NWP	NUWP	WHS	SHA	5A - TA	小计	百分比
北　京	2	15	1	1	1	5	2	7	34	2.12%
天　津	3	1	1	—	—	—	1	2	8	0.50%
山　东	7	35	6	1	—	8	3	5	73	4.55%
河　北	10	24	7	3	—	6	5	6	61	3.81%

---

①　该规划由国家发改委、财政部、国土资源部、建设部、环保总局、国家林业局、国家旅游局、国家文物局等八部委共同编制完成。

②　《国家文化和自然遗产地保护"十一五"规划纲要》,2007。

③　其中 NPA 表示国家自然保护区,NFP 表示国家森林公园,NGP 表示国家地质公园,NWP 表示国家湿地公园,NUWP 表示国家城市湿地公园,WHS 表示世界遗产,SHA 表示国家风景名胜区,5A - TA 表示国家级 5A 景区。

④　图表部分数据参考文献:张海霞、汪宇明. 旅游发展价值取向与制度变革:美国国家公园体系的启示[J]. 长江流域资源与环境,2009.

	NPA	NFP	NGP	NWP	NUWP	WHS	SHA	5A-TA	小计	百分比
河　南	11	28	11	—	2	2	10	9	73	4.55%
山　西	5	18	4	—	1	2	6	3	37	2.31%
陕　西	9	27	4	—	—	1	6	5	52	3.24%
辽　宁	12	30	4	1	—	3	9	3	62	3.87%
吉　林	12	24	1	1	—	2	4	3	47	2.93%
黑龙江	27	55	5	—	1	—	3	3	86	5.36%
上　海	2	4	1				—	3	10	0.62%
江　苏	3	13	2	1	4	2	5	16	46	2.87%
浙　江	9	33	4	1	2	1	19	10	79	4.93%
安　徽	6	29	7	1	2	2	10	6	63	3.93%
江　西	7	39	4	1	—	2	14	6	73	4.56%
湖　北	10	25	4	1	1	2	7	7	57	3.56%
湖　南	15	32	6	2	1	1	19	5	81	5.05%
重　庆	4	23	4	—	—	1	7	5	44	2.75%
四　川	22	31	12	—	—	4	14	6	89	5.55%
福　建	12	23	8			1	18	6	68	4.24%
广　东	11	22	7	1		1	8	8	58	3.62%
广　西	15	19	5	—	—	—	3	3	45	2.81%
海　南	9	8	1	1			1	4	24	1.50%
贵　州	9	21	6				18	2	56	3.49%
云　南	17	28	6	1		2	12	6	72	4.49%
青　海	5	7	4				1	2	20	1.25%
西　藏	9	7	2	—	—	2	4	1	25	1.56%
甘　肃	13	21	4			1	3	3	45	2.81%
宁　夏	6	6	1	1	1	—	2	3	20	1.25%
内蒙古	23	26	3	1		1	1	3	58	3.62%
新　疆	9	13	3	1		1	5	5	37	2.31%
合　计	306	687	138	18	26	45	225	158	1 603	100.00%

作者根据相关资料整理。

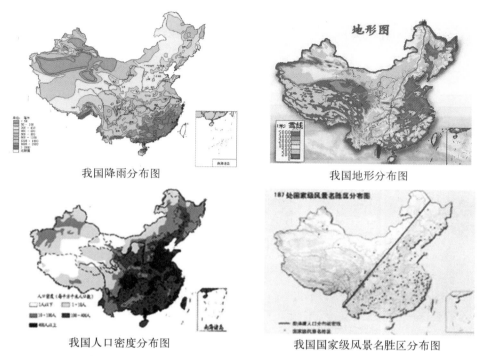

我国降雨分布图　　　　　　　　我国地形分布图

我国人口密度分布图　　　　　我国国家级风景名胜区分布图

图 2‑11　我国风景名胜分布与降雨、地形、人口的分布基本一致

(图片来源：http://image.baidu.com)

（1）我国自然遗产型景区主要集中在风景秀丽的山与湖、山与平原交界处，以山岳类、森林类、峡谷类和岩洞类等为主要景观类型；平原地区的风景区大多沿河湖水系分布，以河流类、湖泊类和湿地类景观类型突出。这些自然景观类型分布与我国降雨带的分布、地形的分布呈现高度一致的特征，在山岳、河流、岩洞、峡谷、湖泊等自然景观基质的结合处，其形成优美风景的概率明显提高。

（2）在人口居住密度大的地方，自然遗产型景区数量相对较多。在我国东部、南部和中西部地区，有许多地方风景秀丽、气候宜人、物产资源丰富，具有良好的人居环境。而这些地区农业历史发展悠久，很早就有一定数量的人口在里面生产生活，随着这些地区被划定为风景区，在旅游经济的吸引下，许多自然遗产型景区逐渐成为我国人口增长的高峰地区，复杂的居民社会构成是我国自然遗产型景区存在的客观现实。

因此，我国自然遗产资源的空间布局与我国降雨带的分布、地形的分布、人口密度的分布和社会经济发展水平的分布呈现出高度一致的特征，自然遗产型景区主要分布在长江中下游、黄河中下游、四川盆地和云贵高原等地区，近 70％

位于人口密度大的东部、南部和中西部地区,复杂的居民社会构成是我国自然遗产型景区客观存在的现实。

2.2.2.2　自然遗产型景区与原住民的关系

自然遗产型景区与周边社区居民关系是否和谐是自然遗产型景区可持续发展建设的主要条件。目前,我国自然遗产型景区与原居民的关系总体上可以分为三种①:共生关系、共存关系和冲突关系。

（1）共生关系（symbiosis）

图 2 - 12　自然遗产型景区与原住民的
共生关系
（图片来源:自绘）

共生关系是指自然遗产型景区和原住民两者共同存在并且相互促进的关系。两者是互利共生的关系,形成良性互动局面,在自然遗产型景区可持续发展的同时,原住民的生活水平也得到提高(图 2 - 12)。

原住民世代居住在风景区内,风景区内的物质资源是其生存发展的物质基础,而原住民传统而富有特色的居住生活和社会活动,自然与人文的和谐发展构成了自然遗产型景区完整的、良好的生态系统。原住民独特文化景观特征,大大增强了风景区的文化内涵和吸引,人文景观与互利共生。而风景区的发展,吸引大量旅游者前来旅游消费,使原住民生活水平得到提高。自然遗产型景区和原住民互利促进,产生正面影响,两者关系为共生关系。

（2）共存关系（coexistence）

共存关系指自然遗产型景区和原住民同时存在,但相互之间影响不大。两者虽然在某一个区域存在,而却是"各行其道,影响甚微"(图 2 - 13)。

一些位于自然遗产型景区的外围区域或隐蔽安置在缓冲区内的原住民

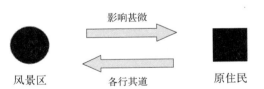

图 2 - 13　自然遗产型景区与原住民的共存关系
（图片来源:自绘）

来说,由于其存在对风景的自然景观风貌和生态环境没有产生什么不利的影响。而风景区的自然资源和后续的旅游经济发展也没有被居民充分利用,风景区的旅游发展对其影响并不大,原住民继续原有的生产生活状态,属于共存关系。

---

① 参考:王淑芳.风景名胜区与原住民协调发展模式研究[J].城市问题,2009.

（3）冲突关系（Conflict）

自然遗产型景区和原住民的冲突关系是指两者的同时存在，相互冲突并产生负面影响，造成风景区和原住民"两败俱伤"的局面，使得自然遗产型景区自然生态环境受到破坏，而原居民的生产生活无法正常进行（图 2-14）。

图 2-14　自然遗产型景区与原住民的冲突关系

（图片来源：自绘）

随着旅游经济的快速发展，自然遗产型景区与原居民之间产生了对抗冲突的关系，给双方都带来了负面影响。一方面，旅游业的发展对自然遗产型景区生态环境造成破坏。在旅游经济的驱使下，居民点规模越来越大，居民生活生产经营的不当，环境污染的加剧，出现核心景区城市化现象，降低了风景资源价值，阻碍了风景区旅游业的可持续发展。另一方面，当风景区出现社会问题时，管理者出于保护景区资源或者追求利益最大化等目的，将减少居民数量作为解决问题的唯一手段。居民搬迁下山后，由于失去了生活来源，重新回到景区内从事旅游业，甚至出现了坑蒙拐骗、强买强卖、滋事偷盗，损毁了自然遗产型景区的声誉，有悖于和谐景区的建设和发展。

2.2.2.3　自然遗产型景区与原住民协调发展类型

根据自然遗产资源保护级别，并综合考虑村落的地理位置、交通状况、自然条件和发展方向等多种因素，自然遗产型景区与原居民协调发展可分为三种类型：即外迁型、控制型和发展型（图 2-15）。

外迁型　　　　　　　控制型　　　　　　　发展型

图 2-15　自然遗产型景区与原居民协调模式示意图

（图片参考：王淑芳.风景名胜区与原住民协调发展模式研究.城市问题，2009）

（1）外迁型

外迁型适合于自然遗产型景区与原住民属于冲突关系的村落。外迁型是指位于核心景区内，居民的生产生活对风景区的生态环境造成较大的破坏，或者村镇村落景观破坏严重,生活环境恶劣,缺少基本的生活与生产设施以及便利条件,已无法适应风景区发展的村镇,可以迁移到风景区的建设区或外围区居住。外迁型发展类型又可分为一次性外迁和分期外迁两种:

——一次性外迁。采用集中拆迁,整体安置的做法。目前这种情况比较少见。

——分期外迁。目前,我国大多数风景区采用了分期外迁的方式。将核心景区原住民逐步外迁,并在景区周边地带兴建旅游小城镇。

（2）控制型

控制型适合于自然遗产型景区与原居民属于共存关系的村落。控制型是指原居民的生产生活对自然遗产型景区的生态环境影响并不大,但是如果不控制,进一步发展可能会影响到风景区的生态环境。控制型发展就要严格控制原住民的人口数量、居民点规模、建筑物的数量和风格等,同时控制居民的生产和生活活动,调整产业结构,使之向有利于世界自然遗产保护的方向发展。控制型发展又可分为规模控制、功能控制和综合控制三种类型:

——规模控制。控制风景区内原有居民点的用地规模和人口数量,将其控制在生态环境合理容量范围之内。

——功能控制。旅游经济的快速发展,导致村庄的功能结构发生了变化。根据风景区的发展规划,控制原居民所在区域的生产经营活动和产业发展方向,使之向有利于世界自然遗产保护的方向发展。

——综合控制。在一些中心旅游镇,居民点规模过大,功能复杂,具有庞杂的行政、文化、经济、娱乐和生活服务设施,应该采取综合控制方式。

（3）发展型

发展型适合于自然遗产型景区与原居民属于共生关系的村落。一般是指景区内一些旅游吸引这类居民,由于这类原居民的生活状态、风俗习惯及环境本身极具特色,自身就能形成旅游吸引物;或者是指较成型的聚居区,交通条件和建设条件良好,具有一定的经济发展基础,有适合集中居住的新区域来安置村民生产生活的村镇。自然遗产型景区与原居民协调发展型又可分为保护发展和建设发展两种类型:

——保护发展。对于一些具有较好的自然景观或人文景观价值的村落,此类村落往往视为自然遗产型景区景观的构成因素和保护对象,村落本身可以作为供游人欣赏的景观,与自然遗产型景区形成相互促进的关系,成为风景区景观资源的补充。

——建设发展。对于一些规模成型的聚居区,往往是行政、文化、经济、娱乐和生活服务中心,适宜集中建设发展。这些村镇的区位条件、交通条件和建设条件良好,具有一定的经济发展基础,也是游客的集散地和主要的游客接待地,同时又是联系其他城镇和乡村的桥梁。

2.2.2.4　自然遗产型景区与原住民协调发展模式

自然遗产型景区与原住民协调发展的总目标是从经济、社会和生态三大效益统一的原则出发,实现和谐景区的构建,促进自然遗产型景区可持续发展。遵循"分类调控、整合管理、分区规划"原则,探寻自然遗产型景区与原住民有效的协调发展模式。

根据自然遗产型景区和原住民现存的三种主要关系:共生关系、共存关系和冲突关系,再结合两者协调发展三种主要类型,即外迁型、控制型和发展型,三三交互后,将自然遗产型景区与原住民协调发展模式分为9类(表2-7)。在表格2.7中的"+"表示主要采用模式,"-"表示可以采用的模式,"×"表示基本不采用的模式。

表 2-7　自然遗产型景区与原居民协调发展主要模式

关系 ＼ 类型	外 迁 型	控 制 型	发 展 型
共生关系	×	-	+
共存关系	-	+	-
冲突关系	+	×	×

如果自然遗产型景区和原住民是共生关系,其协调发展的主要模式应该采取发展型,部分采取控制型。自然遗产型景区和原住民共生关系则意味着既能保持景区的自然生态资源,又能提高周边居民的生活水平,二者的同时存在能相互促进,形成良性互动局面。但是如果原住民在数量、规模或经营方面超过景区生态环境合理容量范围,则应采取控制型发展模式。

如果自然遗产型景区和原住民是共存关系,应该优先考虑采用控制型发展模式。由于原居民的存在对景区的自然景观风貌和生态环境影响不大,但是进一步发展可能会影响到风景区的生态环境。为了自然遗产型景区的可持续发展,应该控制原居民的人口数量、居民点规模,同时控制居民的生产和生活活动,调整产业结构。一旦超过这个影响范围,则应采取外迁型发展模式。

如果自然遗产型景区和原住民是冲突关系,基本上不考虑发展型发展模式,主要采取外迁型发展模式。对于景区自然生态环境有较大破坏和影响的,或者是景观破坏严重,生活环境恶劣,没有任何保留价值,已无法适应景区发展的村镇,应该外迁到建设区或外围区。

2.2.3 我国自然遗产型景区及其农村居住环境发展实践

2.2.3.1 四川九寨沟——核心景区中的景观村

（1）村庄概况

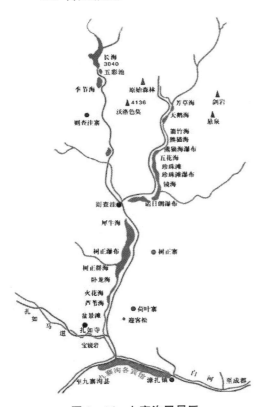

图 2 - 16 九寨沟风景区

（图片来源：http://baike.baidu.com/）

世界自然遗产九寨沟位于四川省阿坝藏族羌族自治州九寨沟县境内,历史上属于川西藏族的一个支系安多藏族居民世代生活的家园。风景区总面积 720 平方公里,因沟内有九个藏族村寨而得名。目前沟内有 3 个居委会（荷叶居委会、树正居委会和扎如居委会）、4 个村寨（荷叶寨、树正寨、则渣洼寨和扎如寨）、6 个组,共计 334 户,原住民 1 192 人。九寨沟境内有藏、羌、汉三个民族混居,以藏族居民为主,占总居住人口的 94.3%（图 2 - 16）。

（2）村庄发展模式

九寨沟在旅游发展初期,沟内原住民面对各种获利机会,自发参与到旅游经济发展中,对风景区的生态环境产生一定的破坏。旅游业带动了当地经济发展的同时,造成了核心景区城市化、商业化等现象。

1998 年 8 月受到联合国教科文组织的尖锐批评后,九寨沟管理局于 1999 年开始核心景区环境大整治。由于九寨沟居民人口少,藏族居民占了大多数,当地政府从社会稳定和民族团结的角度出发,制定了"沟内游、沟外住"政策,沟内原住藏民不外迁,风景区其他所有家庭旅馆、餐馆和旅游商品服务等经营活动陆续停止经营,分期拆除。从 2003 年 3 月起,九寨沟共拆除核心景区内约 10 万平方米的居民经营性店面和招待用房①,严格控制景区内村民数量,妥善安排村民就业,九寨沟及其周边村民可以参股的方式参与景区的建设、营运和利益分配中,通过直接或间接等途径分享风景区旅游经济发展的成果。九寨沟风景区经过资源整合,通过新的人文村落景观建设,把景区与周边社区村民两者关系由原来的冲突关系转化为共生关系,景区和村民形成良性互动关系,实现了景区与周边社区和谐发展的模式(图 2 - 17)。

图 2 - 17　九寨沟景村关系的转化
(图片来源:自绘)

(2) 村庄发展模式

九寨沟风景区及其周边农村社区发展模式有以下几个特点:

① "政府＋公司＋村民"的发展经营模式

1992 年 7 月,九寨沟管理局与周边村民联合成立了经营公司,管理局的宾馆、招待所以及村民的家庭旅馆以床位数入股,按照股份制公司的形式合作经营。除了村民自营项目外,村民的集体林权、土地承包权等同时参与景区门票收益的分配,体现了九寨沟及其周边村民在风景区内的资源权益和价值补偿,同时,公司成立了董事会、监事会和执委会,而村民代表进入了公司的决策层和管理层,形成了"政府＋公司＋村民"的发展经营模式。通过股份制模式,体现了社区居民参与利益分配,使风景区和居民形成良性互动关系。

② 通过资源整合,建立起新的人文村落景观

九寨沟以"翠海、叠瀑、藏情"等景色闻名,由于"沟"、"湖"、"瀑"、"海"等主要景观地势较低,一般位在主要游览线的一侧。2000 年九寨沟环境大整治时,管理局因势利导,以原先村寨为基础,在景区主要游览线上形成则渣洼寨、树正寨和荷花寨三个典型村寨的格局。三个村寨独自成组,规模控制在 20—30 户为一组,村寨在地理区域上没有连成一片,在广袤的空间里,山寨被包围在青山绿水

---

① 赵书彬. 风景名胜区村镇体系研究[D]. 上海:同济大学,2007.

之间,融为一体(图 2-18)。

荷花寨村庄外观　　　　　　荷花寨藏民住宅　　　　　　树正沟寨民俗风情街

则渣洼寨村庄外观　　　　　则渣洼寨农民住宅　　　　　农民住宅的商店

图 2-18　九寨沟的村庄景观风貌

(图片来源:2012 年作者自拍)

九寨沟传统建筑外观具有浓郁的"安多"藏族风格,色彩鲜艳,富有异域文化特色,与自然景观形成鲜明对比。在树正寨中,村寨依山而建,层层叠叠,寨前有一座金黄色的佛塔,是藏民拜神念经的场所。寨中木楼鳞次栉比,具有藏族特色的经幡在风中猎猎飘动,炊烟从古老的木楼上袅袅升起,一派安详平和的藏家风情。九寨沟藏族风情的建筑风格与传统形式,增加了风景区的异域文化特征,为核心景区创造了新的人文村落景观,走进藏族村寨、体会藏家风情已经构成了九寨沟游客旅游活动的有机构成部分。

2.2.3.2　安徽黄山翡翠新村——缓冲区的家庭旅馆村

(1) 村庄概况

翡翠新村位于安徽省黄山风景区始信峰下的翡翠谷景区的谷口,距离黄山南大门 5 公里,临 G205 国道,是黄山区汤口镇山岔村上张村的居住地,属于黄山风景区范围内低山景区的旅游服务型居民点。

过去,由于上张村可耕地少,当地村民主要依靠出售木材、茶叶为生,人均生活收入比较低。1985 年,当地村民自发探得一条 20 公里长大峡谷,发现峡谷内有 100 多个形态各异、大小不同的彩池,池水晶莹碧透,池底砾石艳丽,像一颗颗彩色的翡翠散满谷中,他们将峡谷命名为"翡翠谷"。1986年2月新华社发布了《黄山又添新景——翡翠谷》的报道和图片,翡翠谷从此引起外界关注①。

就在这年,上张村组织村民将承包到户的林场入股开始封山育林,并贷款3 000元,投入4 000个义务工,自主开发翡翠谷。1987年8月,他们创办了全国第一家由农民兴办的旅游开发企业——黄山翡翠谷旅游公司,公司成立的第二年就接待游客20万人次,门票收入270万元,上缴利税30万元。

随着村民生活水平的提高,2003年翡翠谷旅游公司投资4 000万,邀请上海同济大学在翡翠谷风景区的谷口处设计建造了翡翠新村。翡翠新村选址在翡翠谷景区的谷口处,占地面积8.5公顷,建筑面积约15 000平方米,项目包括了风景区入口大门、停车场、商业街、综合楼、48幢村民别墅,功能完整,环境优美。2004年,翡翠新村被安徽省建设厅列为"省级小康住宅建设示范村"。为了更好地发展旅游经济,翡翠谷旅游公司成立农家乐管理公司,对农家乐实行专项管理。村民则利用自家住宅经营家庭旅馆,村民收入得以大幅提高。2005年,被授予为全国首批"农家乐旅游示范点"。翡翠新村成为黄山市"新农村旅游农家乐"经营的标杆(图2-19)。

图2-19　黄山翡翠新村

(图片来源:2010年自拍)

(2)村庄发展模式

翡翠新村的发展模式有以下几个特点:

---

① 张立旺.翡翠谷:农民打造的"金饭碗"[J].安徽税务,2003.

① "村委＋公司＋村民"发展模式

翡翠新村采取了"村委＋公司＋村民"发展模式,村民自己组建和经营翡翠谷旅游公司,全村村民有工作安排并可以参与旅游公司的年底旅游分红。在年终分配时,公司分配方案为股份(林场)占 20%,人口占 50%,并向老人倾斜,保证了老人的收入与青壮年同等。小孩生下来上户口后,就参加人口分配,保证了儿童的健康成长。至 2006 年,翡翠谷景点累计接待游客 360 万人次,门票收入就达 7 100 多万元,上缴国家税收 1 000 多万元,农民户均收入达到 4 万元①。2002 年翡翠谷旅游公司投资 200 多万元建起了老年公寓,安排村中 60 岁以上的老人居住,吃住有人管,医疗有保障,有兴趣还可以上健身房、娱乐室,真正做到了"老有所养,老有所乐,老有所医"。目前,翡翠新村成为黄山市"新农村旅游农家乐"经营的标杆,产生了巨大的示范效应。黄山附近的九龙瀑、凤凰源两大景点相继崛起,农家乐旅游项目粗具规模。翡翠新村的发展建设模式,不仅集约利用了土地,改善了村民的生活环境,促进景区周边环境保护,而且延伸了旅游产业链,提高了村民的经济收入。翡翠新村通过资源整合,由过去的共存模式转变为共生发展模式(图 2－20)。

图 2－20　翡翠人家景村关系的转化

(图片来源: 自绘)

② 建立起新的人文村落景观

翡翠新村在建筑风格上延续了徽派建筑文化,采取扬弃式继承,很好地将现代时尚元素与传统建筑风格融合在一起,把传统徽派建筑文化发挥得淋漓尽致。建筑外观色彩淡雅,尽量融入大自然中。建筑单体虽然没有传统意义上的马墙、挑檐和小窗等,但是白墙黛瓦、细纹的墙脚和富有传统文化色彩门饰,既表现了传统徽派建筑的古典雅韵,又体现后现代主义的简练。这些建筑表现手法,容易唤起人们心理共鸣,形成神似的良好效果。而翡翠新村的 48 幢徽派农民别墅,建筑布局顺应地形,层层叠叠、错落有致,建筑掩映在绿树丛中,与周围的环境协调(图 2－21)。

---

① 数据来源: 上张农民用 20 年创造的神话. http://www. tangkou. gov. cn/1/2009/8/3/.

住宅外观　　　　　　　　　小区活动中心　　　　　　　翡翠谷景区大门

住宅入口　　　　　　　　　依山而建　　　　　　　　错落有致

图 2 - 21　黄山翡翠新村村庄景观风貌

（图片来源：2010 年作者自拍）

2.3　本 章 小 结

　　本章是从实践的角度分析了国内外自然遗产型景区的发展历程及其周边农村居住环境发展状况，共分为两部分。

　　前面部分主要介绍了国外国家公园的发展历程及其周边社区发展实践状况。首先，文章根据人地关系、土地利用以及社会经济发展状况，把国外国家公园周边社区发展分为北美模式、日本模式以及非洲模式，并对三种模式形成的原因、发展目标以及管理规制进行了比较分析，然后通过对国外国家公园周边社区发展建设案例的分析，以期对我国自然遗产型景区及其周边农村居住环境的发展建设有所启示。

　　后面部分主要是对我国自然遗产型景区的发展历程及其周边农村居住环境的发展状况进行了分析。首先，文章把我国自然遗产型景区与原住民之间的现存关系分为共生关系、共存关系和冲突关系三种。然后，把目前我国自然遗产型景区与原住民协调发展类型分为三种，即外迁型、控制型和发展型。最后，结合国内的九寨沟、黄山两处案例归纳出我国自然遗产型景区及其周边农村居住环境协调发展建设的模式。

第3章
自然遗产型景区农村居住环境和谐发展理念建构

3.1 自然遗产型景区的系统构成

3.1.1 自然遗产型景区系统的结构构成

一般系统论的创始人贝塔朗菲将系统定义为"相互作用的诸要素的综合体",认为"系统"是由相互联系和相互制约的若干要素,经过特定关系组成的具有特定层次结构和功能,并与周围环境发生联系的有机整体[①],简单地说系统就是"一群有相互关联的个体组成的集合"。

我们可以从三个方面理解系统的概念:(1)系统是由若干要素组成,这些要素可能是某些个体、元素,也可能是子系统。(2)系统具有一定的结构。系统是诸要素的集合,各要素相互联系、相互制约,具有相对稳定的层次、组织秩序和结构关系的内在表现形式。(3)系统具有特定的功能。系统的功能就是指系统与外部环境发生关系时所表现出来的特定性质、能力和功能。

图 3-1 自然遗产型景区系统的结构构成图

（图片来源：自绘）

在自然界和人类社会中,一切事物都是以系统的形式存在的,任何事物都可以看作是一个系统。自然遗产型景区也是一个系统,是一个以地域为载体,融生态、经济、社会为一体的综合性系统(图 3-1)。对于一个大型自然遗产型景区来说,其内容、主体、结构

---

① 贝朗菲.普通系统论的历史和现状.

和功能就更为复杂,具有风景景观、生态环境、社会关系、经济发展、资源保护和空间结构等功能的综合性,是一个多变量组成的多层面系统。从生态环境上、旅游经济上和社会文化上来讲,自然遗产型景区都可以构成独自的系统,它们依赖于周围的影响环境而存在,包括了风景资源保护、游客服务设施建设、当地居民社会管理等多方面问题,涉及风景区的生态环境容量、村落景观风貌建设、农民生存发展等宏观、中观、微观的不同层次空间,并受到多方面的影响因素的制约。因此,自然遗产型景区及其周边农村居住环境是一个外向的、复杂的、不断变化的巨系统,面对这样一个庞杂的、开放的研究对象,不能采取单一视角和单一学科的研究方法,应该是多角度、多学科,跨专业看待问题,运用系统性、综合性和整体性的研究方法,才能从总体上把握其内涵,进而形成完整的策略。

3.1.2　自然遗产型景区系统的功能构成

从其功能构成上说,自然遗产型景区包含了风景生态、旅游服务和居民社会三种功能系统,分别对应着生态环境、经济环境和社会环境三种不同的性质功能(图 3-2)。这三个功能系统各具有不同的性质和特点,它们之间并非孤立分散的,而是相互作用、相互制约地发展。

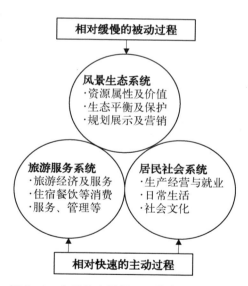

图 3-2　自然遗产型景区系统的功能构成图
(图片参考改绘:陈勇.风景名胜区发展控制区的演进与规划调控[D].)

3.1.2.1　风景生态系统

从自然环境上来讲,自然遗产型景区就是一个风景生态系统,它包含了风景景源和生态环境两个部分。优美的自然景观和典型的地质历史遗迹构成了自然遗产型景区的整体景观面貌特征,这也是自然遗产型景区景观美学价值体现的核心。同时作为一种自然环境,自然遗产型景区具备了较为完整的生态环境系统:茂密的植物、多样的生物、平衡的水土和新鲜的空气,这些都是自然遗产赖以生存的基础。

自然遗产型景区作为地球表层独特景观的一种资源,一方面具有极高的观赏价值,由此可以产生较高的经济效益和商业附加值;同时它作为商品,还需要被展示、宣传、解说和营销。另一方面,自然遗产资源作为一种不可再生的珍稀资源,意味着它的有限性和唯一性,就要对这类地域进行保护,以最大限度地保持自然遗产的原真性。如果旅游经济不加以控制,超过了其生态承载力,自然遗产地的风景生态系统就会遭到破坏。

3.1.2.2 旅游服务系统

自然遗产型景区是以具有科学和美学价值的自然景观为基础,主要用来满足人们休闲、游憩需求的地域空间综合体。自然遗产型景区作为一个旅游目的地,吸引来自各地的游客,游客来到目的地旅游,必然会产生住宿、餐饮、交通、购物和娱乐等需求,自然遗产型景区应该具备完善的基础旅游服务设施,形成了相应的旅游服务系统。

旅游消费和旅游服务产生了旅游经济,是自然遗产目的地地方经济增长的主要动力。因此,在旅游服务系统里,旅游目的地会关注旅游者的动机、旅游行为特征及需求,合理规划布置游览接待区,以满足游客的住宿、餐饮、交通、购物和娱乐等需求。而旅游消费是目的地消费,旅游经济的生产、交换决定了旅游消费和服务的时间、空间与过程的高度一致性。所以,自然遗产型景区的旅游服务系统主要是为旅游者提供全过程服务的系统。

3.1.2.3 居民社会系统

我国自然遗产型景区及其周边居民主要以农业人口或村镇方式聚居,自然遗产型景区的居民社会系统主要是指居住在核心景区及其周边的村民、村镇、政府管理者和旅游企业,以及他们之间形成的相应社会关系。

由于我国自然遗产型景区现代旅游发展的现状是建立在贫困偏僻的广大农村这块土地上,这一基本区情使多数自然遗产型景区处在贫困与环境问题的夹击之中,人口压力和强烈的经济发展需求是自然遗产型景区现代旅游发展面临的最大挑战,当地政府和村民迫切要求开发风景资源以获取经济回报,形成强烈的开发诉求。于是,自然遗产资源的保护与开发的矛盾、旅游经济利益与生态环境代价的矛盾、城市化要求与传统农业经济的矛盾等,这些矛盾始终贯穿在我国自然遗产型景区现代旅游发展的整个过程。

从自然遗产型景区的发展过程来看,风景生态系统受到了自然物理过程和社会经济过程的双重影响①,其发展是一种被动的、周期漫长而相对缓慢的过程,但是一旦发生变化,具有不可逆转性。而居民社会系统和旅游服务系统,则主要取决于社会经济的发展,是一种主动的相对快速的发展过程(见图 3 - 2)。因此,科学有效地引导和控制居民社会系统和旅游服务系统,对于自然遗产型景区可持续发展具有重要影响。

3.2　自然遗产型景区的系统特征

系统是由若干相互作用的部分组成,在一定环境中具有特定功能的有机整体。系统一般都具有整体性和综合性、历时性和共时性、结构性和层次性等特征。自然遗产型景区作为一个系统,需要从其系统特征来分析研究。

3.2.1　系统的整体性和综合性

系统最基本的特征是整体性和综合性。整体性包含两方面的含义:其一是指系统内部的不可分割性,如果把系统的各个组成部分分割开了,系统研究就没有意义了;其二是指系统的关联性,系统内部任何一个要素的改变都会引起其他要素的变化,最后影响到整个系统的功能改变。所谓综合性是指任何系统都不是单一要素、单一层次、单一结构和单一功能构成的总体,系统的综合性越强,其生命力就越强,系统的功能性就越高。

系统的整体性和综合性反对将系统简单地分成几部分,断开其相互联系来讨论系统,主张从诸组成部分间的相互关系中把握系统的整体性。因此,系统的研究必须从系统的整体出发,将诸部分(或诸子部分)及相互作用综合起来,全面加以研究。尤其在研究复杂的巨系统时,整体性和综合性更是不可缺少。因此,系统论强调整体与部分、部分与部分、系统与环境之间的相互关系,强调元素间的相互作用以及系统对元素的综合作用。

3.2.1.1　我国自然遗产型景区的分散型管理模式

在我国现行的自然遗产型景区行政管理体制中,采取了专业化的分散型

---

①　自然遗产的自然物理过程是指遗产自然力参与物质循环和能量流动的过程。自然遗产的社会经济过程是指人为作用下而导致的资源消耗,主要指为了追求经济利益而猎捕动物、砍伐树木、不合理开发、旅游超载等现象。前者不可避免,后者可以干预。

管理模式,分别由住房和城乡建设部①、环境保护部、国土资源部、水利部、文化部等国务院五个组成部门和旅游局、林业局两大国务院直属机构分割管理,形成多部门参与的管理架构。不同主管部门给各自的资源管理对象贴上不同的标签,产生大量的标签地,其中不乏复合多种标签的标签地。自然遗产型景区的进一步管理,则以部、省(市)、地方三级分类划分,使管理格局更加复杂(图3-3)。

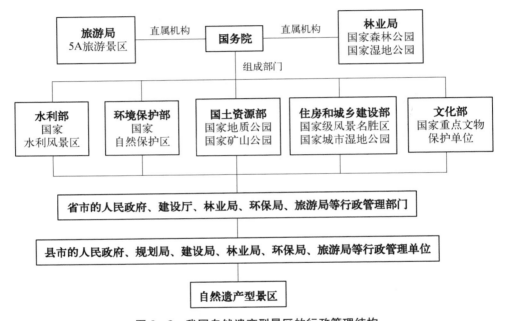

图3-3 我国自然遗产型景区的行政管理结构

(图片参考改绘:张海霞. 国家公园的旅游规制研究[D],2010)

这种由多部门分割管理和支配国家自然遗产资源的模式,容易造成属地管理格局复杂,导致公共权力部门向自利性组织的演变,自然资源处置权不强,致使自然遗产地的管理效率低下甚至失效。由于管理上的"条块分割",一方面,很多自然遗产型景区同时被国家各个部委公布为国家自然保护区、国家森林公园、国家地质公园等,而其对应的管理机构都拥有各自独立的管辖范围;另一方面,自然遗产型景区内设立的林业、宗教、公安等单位,实际上是政府各部门的派出机构,往往隶属于上级政府部门管理,并不归属风景区管委会直接领导,尤其对

---

① 原建设部,2008年更名为国家住房和城乡建设部。

于一些"多种标签"的景区,造成这一矛盾愈加激化,致使自然遗产型景区"管理规制失灵"现象。

以武陵源为例,它拥有世界自然遗产、国家级风景名胜区、国家森林公园、世界地质公园、国家地质公园、国家 5A 级景区等多种标签。从国家层面上看,国家林业局、国土资源部、住房和城乡建设部、旅游局对其拥有管理权和监督权;从地方层面上看,湖南省人民政府、省旅游管理局、省林业局、省建委、省文物保护局也是管辖主体,加上张家界市、武陵区各相关管理机构,共有 20 多处行政单位参与武陵源风景区的管理,多头审批、重叠交叉管理现象非常严重,不可避免地引发了部门问题和之间的纷争,导致管理失效。

同时,自然遗产型景区规划与景区周边村镇规划则由不同管理部门审批,风景区规划难以控制周边村镇的发展,而一些违反自然遗产型景区保护的村镇建设常常具有合法的审批手续,村镇管理与风景区管理脱节,导致景区居民社会问题日趋严重。

3.2.1.2　美国国家公园的集权型管理模式

美国地广人稀,国家公园涉及的周边居民问题相对较少,有利于采取统一的中央集权式的管理模式。1916 年 8 月,美国成立了国家公园管理局(National Park Service,简称 NPS),NPS 隶属于美国内务部,主要负责全国国家公园、国家历史遗迹等自然及历史保护遗产的管理。经过近 100 年的发展建设,如今,美国共有 379 处国家公园。

作为世界上最早建立国家公园和国家公园管理体系的国家,美国在国家公园治理上积累了丰富的经验。美国多层次的法律法规体系、强大的经费支撑和中央集权的管理模式维系了世界上最大的国家公园管理体系。迄今为止,NPS实现了对国家公园体系中各类保护地的统一管理和规划设计工作,公园所在地的地方政府无权干涉国家公园的管理。NPS 局长由参议院建议,总统直接任命。局长职位下设 2 名局长助理和 1 名外务部协理,管理局下共设有 5 个职能部门和 7 个地区分局,组成了由总局局长、副局长、职能协理以及分局局长等 16人组成的国家公园管理组织系统(图 3 - 4),具有强大的处置权,自然资源管理效率高效。在 1978 年的美国民意测验中,45% 以上的人对 NPS 给予了满意的评价[1]。

---

[1]　杨锐. 美国国家公园体系的发展历程及其经验教训[J]. 中国园林,2001.

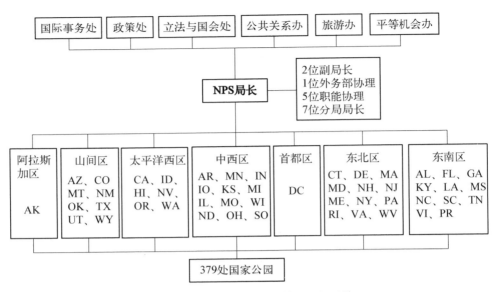

图 3-4　美国国家公园的管理组织系统

(图片来源：张海霞.国家公园的旅游规制研究[D],2010)

3.2.2　系统的共时性和历时性

3.2.2.1　历时的过程和共时的状态

1916 年,瑞士语言学家索绪尔(Saussure)在《普通语言学教程》中首次提出了语言学"共时态"和"历时态"的概念。随着在其他学科领域的运用,"共时性"和"历时性"更多作为宽泛的概念来解释事物现象。

"共时性"和"历时性"不是指系统的两类现象,而是指研究系统发展状态的两种不同情况。如果把系统比作一根树干,把树干竖着切开,呈现出一幅纵向纹理的图案(图 3-5a),把树干横着切开,横剖面则呈现出另一幅不同的图案(图 3-5b)。树干的横纵剖面反映了系统的状态和进化的阶段,纵剖面上的图形相当于系统演化的过程及趋势,即系统的"历时性";横剖面上的图形相当于系统在某个时期的状态,即系统的"共时性"(图 3-5c)。因此,"共时性"关注同一时期的人物与事件的关系,而"历时性"更强调人物与事件的发展进程。

任何事物都是不断运动的,系统的运动存在两种状态,即相对静止的状态和变动的状态。这两种状态由系统内包含的矛盾因素互相斗争而产生。"共时性"与"历时性"分别从静态与动态、横向与纵向的维度考察了系统的结构状态及其发展变化。前者侧重于以特定系统中各个组成要素间的相互关系为基础,把握

a. 树干纵剖面=系统历时性　　b. 树干横截面=系统共时性　　c. (A-B：共时　C-D：历时)

图 3 - 5　系统与树干的类比

(图片来源：徐思益. 语言研究探索，商务印书馆出版)

系统的结构状态；后者侧重于以系统的运动过程以及运动过程中的矛盾发展规律为基础，把握系统的发展方向。社会学倾向于对事物的共时性研究，历史学偏重于对事物的历时性研究。

"共时性"和"历时性"是系统客观存在的两个方面，"历时性"不否定系统的相对稳定和静止的状态，同样，"共时性"并不否定系统的变化发展的趋势。系统的静止永远只是暂时的，随着时间的推移，系统相对稳定的结构和功能会发生变化，达到一定程度时，就会发生旧系统的分解和新系统的建立。在系统的变化中把握系统的相对静止，可以把系统的相对静止看作系统运动的特殊状态。

3.2.2.2　自然遗产型景区可持续发展

系统的发展是有规律性的，在各个要素的作用下，在一定范围内的系统发展变化受到了某些条件或者途径的影响，表现出某种趋向和预先确定的状态和特性。从"历时性"的角度来分析研究自然遗产型景区系统，可以更多地发现研究对象的动态规律，预见自然遗产型景区系统的发展趋势，树立超前观念，采取积极措施，使自然遗产型景区向期望目标顺利发展。

1963 年，德国城市地理学家瓦尔特·克里斯特勒（Walter Christaller）在研究欧洲旅游发展时，观察到旅游目的地经历了相对一致的发展演进过程：发现、成长与衰落。1980 年，加拿大学者巴特勒（Butler）在此基础上借用产品生命周期模式，提出著名的旅游地生命周期理论模型[①]，将旅游目的地演进过程

---

① Butler，R. W. The Concept of Tourism Area Cycle of Evolution：Implication for Management of Resources [J]. The Canadian GeograPher，1980.

总结为六个阶段：探索期（exploration）、起步期（involvement）、发展期（development）、稳定期（consolidation）、停滞期（stagnation）、衰退期（decline）或复兴期（rejuvenation），并根据其理论模型，将旅游地生命周期描绘成一条"S"形的发展曲线（图3-6）。目前这一理论已成为西方国家旅游地发展研究的经典。

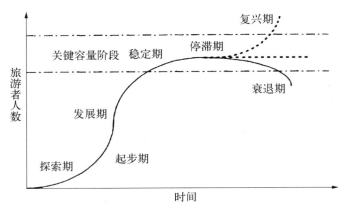

图3-6　旅游地生命周期曲线示意图
（资料来源：Butle,1980）

自巴特勒（Butler）提出旅游地生命周期研究模型以来，学术界对旅游目的地发展演进现象的研究并不只是停留在演进阶段划分上，而更多关注于旅游地在各个演进阶段的发展特征的研究，比如旅游目的地生态环境保护、经济发展状况、社会关系以及未来发展趋势等方面内容。旅游生命周期理论提供了分析旅游地发展过程的理论框架，而演进阶段的发展特征研究加强了生命周期理论对旅游目的地发展现象的描述力，对于研究自然遗产型景区的发展演变以及内在机制具有指导意义和应用价值。

对自然遗产型景区生命周期曲线的控制和调整，实际上是对相关影响因素的作用力和作用方向进行控制和引导。自然遗产地经历了探索期、起步期、发展期、稳定期后，面临着两种发展趋势：旅游发展超过遗产地的容量限制，自然生态环境遭到严重破坏，根据生命周期理论的结论，遗产地不再富有吸引力，自然遗产型景区走向衰落；还有一种情况是系统内生态效益、经济效益和社会效益的协调统一达到最优化，自然遗产型景区可持续发展（见表3-1）。因此，我们要树立可持续发展战略观点，延长自然遗产型景区生命周期，推迟其衰退期的到来。

表 3-1　武陵源风景区生命周期的发展阶段特征

发展阶段	时间段(年)	发 展 特 征
探索阶段	1977—1982	1977 年发现罕见的英石砂岩峰林景观,游客多数是摄影师、专家和记者,此阶段以风景观资源的调查、评价、宣传为主,旅游业尚未真正起步
起步阶段	1983—1987	1982 年张家界成为国家森林公园,在国内外具有一定的知名度,对游客的吸引力初步形成。由于基础旅游服务设施差,旅游业没有真正形成规模,在 1979—1988 年 10 年间,游客人数达 142 万人次
快速发展阶段	1988—1998	此阶段处于生命周期迅速发展阶段。1988 年,张家界国家森林公园、天子山自然保护区、索溪峪自然保护区合并为武陵源国家级风景名胜区,1992 年,武陵源被联合国列入《世界自然遗产名录》,使武陵源蜚声海外,旅游吸引力越来越大,国内外游客人数每年增加 20%,1997 年全年游客突破 100 万人次,实现旅游旅游总收入 2.05 亿万元。同时外来投资占据控制地位,极大地促进了基础旅游建设,人造景观开始出现并逐步取代自然吸引物。1998 年,武陵源因"城市化倾向"而受到了联合国教科文组织的批评
巩固发展阶段	1999—至今	在联合国教科文组织警告和生态环境的压力下,为了拯救世界自然遗产,武陵源自 1999 年启动 10 亿元恢复核心景区原始风貌工程,2001 年正式实施了《湖南省武陵源区世界自然遗产保护条例》。此阶段旅游市场继续蓬勃壮大,2005 年全年接待国内外游客突破 1 000 万人次,实现旅游总收入 29.28 亿元。武陵源开始关注旅游地居民社会问题,2010 年张家界市被列为国家旅游综合改革试点城市
停滞—衰落阶段	?	游客量达到顶点,突破了自然遗产地容量限制,自然生态环境遭到严重破坏,旅游目的地不再具有吸引力,客源市场在空间和数量上减少,旅游基础设施破旧,旅游地逐步走向衰落
可持续发展阶段	?	旅游地生态效益、经济效益和社会效益统一协调发展,延长景区生命周期,旅游目的地可持续发展

作者根据武陵源风景区的相关资料整理。

3.2.2.3　自然遗产型景区的和谐共生关系

系统的"共时性"是指系统在某一个时间、某一个时期或者某一个平面的状态,从相对稳定的角度来研究系统内各要素之间的相互关系。对于自然遗产型景区而言,并不是追求系统内某一个部分(或者利益主体)的最优,只有各个部分(各个利益主体)的多元并存、互利共生,即"和谐共生"的状态,才有可能实现自然遗产型景区可持续的发展。

（1）共生关系的生物名词解释

共生关系（symbiosis）原是生物学名词，据《百科全书》解释："共生关系是生物个体之间任何形式的共同生活。"共生的个体称为共生体，共生既有有利的联合，也有有害的联合，美国微生物学家玛葛莉丝（L. Margulis）依照共生体的利弊关系，将共生关系分为六种①：寄生、互利共生、竞争共生、无关共生、偏利共生和偏害共生（图 3 - 7）。

图 3 - 7 自然界生物体的生存关系

（图片来源：http://www.baidu.com）

① 寄生：一种生物寄附于另一种生物身体内部或表面，利用被寄附生物养分生存。

② 互利共生：共生体成员彼此都受益。

③ 竞争共生：共生体成员彼此都受损。

④ 偏利共生：对其中一方生物体有益，其他共生体成员没有影响。

⑤ 偏害共生：对其中一方生物体有害，其他共生体成员没有影响。

⑥ 无关共生：双方都无益无损。

随着在其他领域的运用，共生的概念不仅具有生物学的内容，更具有社会、政治、历史、文化等方面意义。哲学把"共生"作为一个宽泛的概念来解释世界："共生关系泛指事物之间形成的一种和谐统一、相互促进、共存共荣的命

---

① 周鹏.生产性服务业发展与制造业的转型升级研究[D].南京：东南大学，2011.

运关系。"①也就是人们平常所说的多元并存、互利共生现象。共生关系是事物的普遍存在状态或生存方式。

自然遗产型景区系统内生态、经济和社会的和谐共生关系是一种目标状态。这里的"和谐共生"是包括对立与矛盾在内的关系中,建立起来的一种富有创造性的关系,即"形成的一种和谐统一、相互促进、共存共荣的命运关系"。在自然型遗产景区中,"和谐共生"概念的引入,是解决自然型遗产景区中自然环境保护和现代旅游发展矛盾的关键。

（2）自然遗产型景区的利益相关体

自然遗产型景区集中了不可再生的自然景观资源,在市场经济条件下,自然景观资源的潜在商业价值日益显化,成为各个利益相关体集中的区域。由于不同利益相关体的目标和立场不相同,各方的利益关系不可避免地存在竞争和冲突。根据利益的关联度,将自然遗产型景区的利益主体分为核心利益、利益紧密和利益松散三个层次,涉及包括政府管理 G（government）、开发商 E（enterprise）、游客 T（tourism）、当地村民 C（community）、专家学者（包括规划师）A（academy）、媒体 M（medium）、国际旅游企业 I（international）和其他利益相关体（包括环境保护机构、社会团体组织等） O（others）等。在所有这些利益相关体中,政府管理、开发、旅游者和当地村民是核心利益的相关者,其他为非核心利益的相关者（图 3-8）。

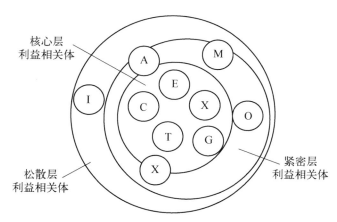

图 3-8　自然遗产型景区的利益相关体关系

（图片参考改绘：佟敏. 基于社区参加的我国生态旅游研究[D]）

---

① 鲍小莉. 自然景观旅游建筑设计与旅游、环境的共生[D]. 广州：华南理工大学,2011.

① 政府管理

政府部门担负着保护自然遗产和发展地方经济的双重任务。在我国现行的行政制度框架下,各级人民政府或派出机构是自然遗产型景区的主管部门。由于在管理上的"条块分割"、"交叉管理"现象突出,造成了"一山多治"的现象,导致了景区管理混乱,自然遗产资源保护效果欠佳。加上我国自然遗产型景区管理部门具有行政、经济"双重责任",既负责自然遗产资源保护与管理,又参与市场竞争以获取经济利益,引发自然遗产型景区居民社会问题百出,不利于自然遗产型景区的和谐发展。

② 开发商

由于我国自然遗产型景区大多数位于经济欠发达地区,落后的区域经济基础决定了风景区前期开发与建设不可能完全依靠自身的经济力量完成,必须借助区域外的资本来推动。为了吸引更多的投资者和客户,地方政府往往在土地和税收方面有优惠的条件,而开发商作为经营者,其本质是追求最大的经济效益和最小的成本,服务游客并获取较高额的收益是其最主要的目的。

③ 游客

在当前竞争日益激烈的旅游市场中,游客越来越拥有话语权,其价值取向和游览喜好的变化,直接对自然遗产型景区的规划、营销造成较大的影响。当游客与当地社区居民的资源消耗总量超过风景区的生态承载力范围时,管理者在保护自然遗产资源的同时追求经济利益最大化,往往会继续扩大景区旅客接待能力,而将减少居民数量作为唯一的解决手段。

④ 当地居民

在我国现行的行政制度下,村镇处于自然遗产型景区管理体系的最下端,当地村民的合法权益最易受到侵犯。由于村民不掌握风景区资源的所有权,管理者在处理自然遗产型景区资源保护与旅游开发之间的矛盾时,往往从迁移当地村民入手,这样容易激起当地村民强烈的抵触情绪,对风景区的发展形成严重的负面影响,这与当前构建和谐社会的目标相悖。

自然遗产作为不可再生的珍稀资源,带来了商业价值的衍生,在经济利益下,利益相关体都希望达到自身利益的最大化。自然遗产型景区及其周边农村居住环境的问题,体现了上述各方利益关系的冲突。由于空间和资源的有限性使得各个利益相关体形成竞争关系,严重影响自然遗产型景区与周边社区居民的和谐建设(图3-9)。

因此,自然遗产型景区和谐共生的目标不是某个利益主体的最优,也不是一

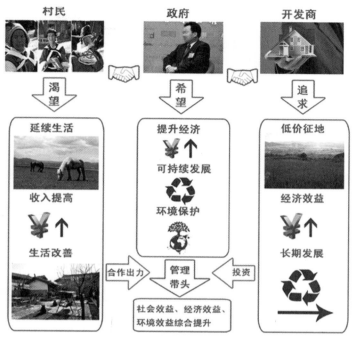

图 3 - 9　自然遗产型景区主要相关体的利益追求

(图片来源：自绘)

方利益主体必须建立在另一方的伤害之上，而是各个利益相关体多元并存、互利共生的状态。因此，追求和谐关系的过程实际上就是协调竞争，寻找良性互动和均衡关系的过程，以达到"一种和谐统一、相互促进、利益共生"关系。

表 3 - 2　武陵源涉及的利益相关体①

层　次		主要利益主体	所关注的问题
管理者	国际层面	联合国教科文组织	世界自然遗产的保护和管理
	国家层面	建设部	国家重点风景名胜区的保护和管理
		国家林业局	国家森林公园和自然保护区的保护和管理
		国土资源部	国家地质公园的保护和管理
		国家旅游局	国家 5A 旅游景区的管理

① 资料参考：周年兴,俞孔坚,李迪华.风景名胜区规划中的相关利益主体分析——以武陵源风景名胜区为例[J].经济地理,2005.

层　次		主要利益主体	所关注的问题
管理者	地方层面	湖南省人民政府	以张家界为龙头发展湖南省旅游经济
		张家界市人民政府	以武陵源为依托带动区域经济发展
		永定区、慈利县、桑植县人民政府及周边地区的乡镇	依托武陵源发展本地经济
	风景区	武陵源区人民政府	具体负责风景区周边乡镇的经济发展
		武陵源风景名胜区管理委员会	具体负责风景区的资源保护和管理
		张家界森林公园管理处	全面管理张家界森林公园
开发者	开发商	本地及外来开发商	利润最大化,最大的投资回报
		相关行业、部门在武陵源风景区内的派出机构和休疗养和接待场所	集团部门的休疗养和旅游接待
游客	游客	旅游者	观光、住宿、餐饮、购物等旅游服务接待
		休养者	休闲度假、住宿餐饮
居民	当地居民	受旅游业影响的本地居民	增加旅游接待设施,提高和改善生活
		不受旅游业影响的本地居民	资源开采和加工,提高和改善居民生活

作者根据相关资料整理。

3.2.3　系统的结构性和层次性

3.2.3.1　系统的结构性

结构性是系统的重要特性之一。贝塔朗菲认为系统是由相互联系和相互制约的若干要素,经过特定关系组成的具有特定层次结构和功能,并与周围环境发生联系的有机整体,而这种相互联系的表现方式就是系统的结构。系统的结构具有多种不同的表现形式,如数量结构、时序结构、空间结构、逻辑结构、平衡结构与非平衡结构、有序结构与非有序结构等①。

系统结构的组合方式并不是诸要素的堆砌,也不是诸要素的简单相加。系统的结构特征是系统内相互关联的个体按照一定的规律和秩序相互作用,具有相对稳定的关系和组织结构。例如钟表由齿轮、发条、指针等零部件按照一定的方式装配而成,人体由各个器官按照一定的秩序组合并相互作用而成为一个有

---

①　贝朗菲.普通系统论的历史和现状.

行为能力的人。

3.2.3.2　系统的层次性

系统的层次性是指系统内的各个构成要素,按照整体与部分的关系而形成的不同等级的排列次序。系统层次性的特征是系统的结构由不同层次的子系统(或者要素)组成,而各层次之间有等级和大小。系统与系统内的个体之间关联信息的传递路径不是直线性,而是分层次的。

希腊建筑学家道萨迪亚斯(Constantions A. Doxiadis),根据人类聚居的人口规模和土地面积,将整个聚居系统划分成从小到大的十五级层次[①],吴良镛在道萨迪亚斯的人类聚居学理论基础上,根据人类聚居的类型和规模,将人居环境分为全球、区域、城市、(社区)村镇、建筑等五个层面[②]。

自然遗产型景区的空间系统也是有层次的。根据空间尺度大小,可以分为宏观、中观和微观三个层次进行研究。三个层面研究的内容不同,体现的角度也不一样。宏观层面所反映的是在旅游经济的作用下,自然遗产型景区及其周边农村居住点空间模式的发展演变规律与特征。中观层面所反映的是自然遗产型景区及其周边村落景观风貌的保护与建设问题。微观层面作为细微层次而直接

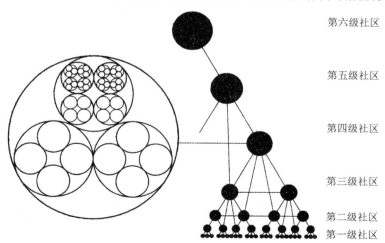

第六级社区

第五级社区

第四级社区

第三级社区

第二级社区

第一级社区

图 3 - 10　聚居的结构体系

(图片来源:吴良镛.人居环境科学导论)

---

①　道萨迪亚斯将整个聚居系统划分成个人、房间、住所、住宅组团、小型邻里、邻里、小城镇、城市、中等城市、大城市、小型城市连绵区、城市连绵区、小型城市洲、城市洲以及普世城等 15 个聚居单元。

②　吴良镛.人居环境科学导论[M].北京:中国建筑工业出版社,2001.

关联着农村住宅功能空间的转化及设计。任何一个居住环境都是从整体到局部的综合与统一,因此,要对自然遗产型景区及其周边农村居住环境有一个系统全面的认识,就应当从宏观到微观有一个综合整体的考虑。

3.3　自然遗产型景区与周边村镇的关系

我国多数自然遗产型景区处于经济落后地区,景区及其周边地区大多以农业人口或者村镇形式聚居。自然遗产型景区与周边村镇本是两个不同维度和概念的独立系统,由于空间位置的关联,环境资源的共享,它们之间通过物质、能量和信息的交换,对彼此产生了深刻的相互影响,使得这两个系统在生态、经济和社会多层面上发生了耦合关系,进而产生了自组织进化过程,形成一个新的系统,最终使系统整体新的结构和秩序,系统的复杂性也随之升级,形成多层次、复合的巨系统(见图 3-11)。

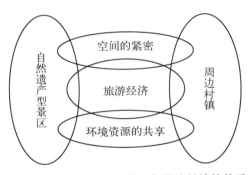

图 3-11　自然遗产型景区与周边村镇的关系
(图片来源:自绘)

由于地理空间的紧密联系、物质资源的共享、经济文化信息的交融,使得周边地区的村民成为与自然遗产型景区联系最紧密的利益相关者之一,并由此产生辩证关系:一方面,自然遗产型景区的现代旅游发展影响着周边村镇居民的生产生活和社会文化;另一方面,周边村镇社会经济的良性发展又影响着自然遗产型景区的稳定和可持续发展。

3.3.1　空间位置关系及其特征

从空间维度来看,自然遗产型景区与其周边村镇的空间位置关系可以分为包含型、交叠型、重合型和分离型四种类型(图 3-12)。

3.3.1.1　内含型

内含型的空间关系包括了两种情况(图 3-12A):一种是自然遗产型景区包含在周边村镇范围内,另一种情况是村镇包含在景区范围内。前者是因为风

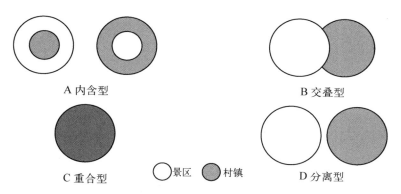

A 内含型　　　　　　　　　　B 交叠型

C 重合型　　○景区　●村镇　　D 分离型

图 3-12　自然遗产型景区与周边村镇的空间关系

（图片来源：自绘）

景区本身规模不大或者位于村镇边缘的位置，随着村镇城市化建设而将景区逐渐包含在城市范围内，使之成为城市公园类风景区，如长沙的岳麓山、广州的白云山等都属于此类空间类型。

后者恰好相反。我国许多自然保护区、风景名胜区空间容量大，范围覆盖了许多村镇，形成了"景中村"①。如云南大理风景名胜区，就是一个包括大理和巍山两座历史文化名城以及苍山洱海、剑川石宝山、鸡足山区、巍山、巍宝山和洱源茈碧湖等六个景区，总面积 1 016.03 平方公里，涵盖近万个村镇的综合型风景名胜区。

3.3.1.2　交叠型

交叠型的空间关系是指自然遗产型景区与村镇部分重叠的情况，也就是景区与周边村镇之间彼此搭界却又存在独立的部分，如图 3-12 中的 B 所示。这种类型的村镇在我国自然遗产型景区中占多数，由于我国许多风景区的边界与村镇的行政边界并不吻合，有些村镇一部分在景区内，一部分在景区外，加上管理体制的复杂，导致了边界内外、边界内部之间的社会经济、环境和资源等的不平衡，由此产生的矛盾在我国的风景名胜区中比比皆是。

3.3.1.3　重合型

重合型的空间关系是指自然遗产型景区与村落相互重合的情况，如图3-12

① 在我国，往往将不同类型的景区经"捆绑"后一起申报，尤其是一些彼此不相连的"飞地"类型的景区，因此这类风景区范围面积比较大，往往涵盖了好几个县市。

中的 C 所示。出于对自然生态环境的保护,自然遗产型景区及其周边农村地区往往失去了发展第一、第二产业的机会,因此躲过了现代化和工业化的侵入,保存了一些具有传统文化价值的村落环境,形成了新的旅游景观资源,给这些地区带来了发展的良好契机。如黄山风景区周边的宏村、西递等古村落,这些村落本身具有较好的资源禀赋,在原村落的基础上引入旅游业后发展为新的风景区,风景区与村落合二为一。

3.3.1.4 分离型

分离型的空间关系指的是风景区与村镇相互分离,各自独立的情况,如图3-12中的 D 所示。这类村镇一般位于自然遗产型景区的外围地区,与景区相距较远,并且村镇本身不具备足够的吸引力,没有景观开发的价值,景区旅游辐射影响不到这些村镇,难以进行联动开发。在这种情形下,村镇往往作为自然遗产型景区的辅助性区域而存在,如武陵源的杨家坪村作为风景区的蔬菜生产供应基地,就属于此类空间类型。

3.3.2 功能关系及其特征

自然遗产型景区及其周边村镇既有一般村镇的普通性,也有其特殊性。一方面,作为普通的村镇,要满足农民的生产生活和个人发展的需求,发展农村经济、提高农民生活水平。另一方面,由于地理空间和环境资源的特殊,村民的生产环境、生活方式和发展空间受到了限制,同时依托旅游业,周边的村镇从过去以第一产业为主的经济发展模式逐渐向旅游服务的经济模式转变。

自然遗产型景区为周边村镇提供了生存发展的空间和生产生活的物质基础,同时,随着自然资源保护不断加强,也限制了周边村镇赖以生存的物质资源,压缩了周边村民生存发展的空间。所以,自然遗产型景区与周边村镇的功能关系是辩证的,它们是相互促进和相互制约的关系(图3-13)。

3.3.2.1 景区对周边村镇的功能关系

(1) 提供了生存发展的物质空间

俗话说"靠山吃山,靠水吃水",自然遗产型景区风景秀丽、气候宜人,物产资源丰富,具有良好的人居环境,为周边的村民提供了生存繁衍的资源基础。如经济生产所需要的土地、森林、矿产等各种自然资源,以及维持村镇生存和发展所必需的物质供给(如粮食、蔬菜等)。因此,自然遗产型景区为周边村镇提供了生

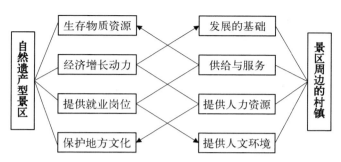

图 3 - 13　自然遗产型景区与周边村镇的功能关系

（图片来源：自绘）

存发展的物质空间。

（2）提供可持续发展的经济增长动力

我国大多数自然遗产型景区处于经济欠发达地区，交通闭塞，旅游业的发展可以带动传统农业产业转型，促进地方基础设施的建设和环境改善，为当地经济发展注入新的活力。此外，旅游业的经济联动性强，可以为旅游地相关产业的发展提供更多契机，旅游业成了地方经济发展的增长动力。

（3）提供就业岗位

旅游业是一个产业关联性很强的产业，可以带动与吃、住、行、游、购、娱等相关第三产业的快速成长，吸纳大量的劳动力。同时，旅游就业具有投资少、见效快、无污染、效益长久等特点，就业成本和技术门槛较低，可以为当地农村剩余劳动力向第三产业的转变提供机会。

（4）保护地方文化

自然遗产型景区的旅游发展带来了大量外来游客，也带来了不同的文化冲击，旅游者与周边村民可以通过交流和沟通促进了文化及价值观的融合。有些传统文化虽然已失去了现实的使用功能，但其丰富的内涵和独特的形式对于旅游者却具有相当的吸引力，因此旅游业有助于将地方传统文化发扬光大，促进传统地方文化的保护和延续。

3.3.2.2　周边村镇对景区的功能关系

（1）可持续发展的基础

我国自然遗产型景区的发展是建立在广大农村这块土地上，风景区能否可持续发展不能离开当地老百姓的支持，只有风景区和周边村镇协调发展、相互促进，才能实现自然遗产型景区可持续发展。

（2）提供供给与服务

自然遗产型景区由于受到土地、水源和环境保护的限制，景区内不适合建设过多的服务设施，必须依赖周边村镇提供各种供给与服务。周边村镇为风景区旅游业的发展提供了生活物质的支持和后勤保障。

（3）提供人力资源

自然遗产型景区的开发建设和经营维护都需要大量的劳动力，而周边村镇的居民可以提供各种人力资源参与景区的开发、管理和维护等各环节的工作。

（4）提供人文环境

自然遗产型景区及其周边的村落是展现地域人文环境的主要载体，游客通过逗留，与当地村民交流接触，了解旅游地的文化和生产生活习俗，获得更为丰富的民俗民风体验，从而使整个游憩过程更加完整和具有参与性。

3.4 自然遗产型景区及其周边农村居住环境和谐发展理念建构

3.4.1 和谐发展理念的建构

自然遗产型景区及其周边农村居住环境和谐发展的设计理念，就是建立"生态—经济—社会"整体和谐发展机制，以此引导和规范当前快速发展的景区及其周边农村居住环境建设。本书借助了余久华的自然保护区"136 房子"模型[1]，将我国自然遗产型景区建设发展比喻成一座"房子"，而这座"房子"是否坚不可摧，需要有扎实的"土地"、牢固的"基础"和有力而均衡的"柱子"来支撑（图 3-14）。

3.4.1.1 "1"块"土地"

我国大多数自然遗产型景区的发展是建立在贫困偏僻的广大农村这块土地上的，风景秀丽，交通闭塞，生态条件脆弱，农业生产条件差，区域经济落后，周边群众生活大多处于"生态资源富饶，人民生活贫穷"的状态。正是由于良好的自

---

① "136 房子"模型参考：余久华.自然保护区有效管理的理论与实践[M].西安：西北农林科技大学，2006.模型内容结合自己的观点进行了修改。

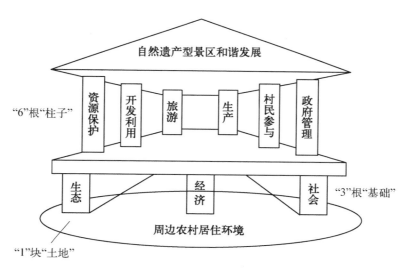

图 3-14　自然遗产型景区和谐发展的"136 房子模型"

（模型参考：余久华.自然保护区有效管理的理论与实践.2006,内容根据自己观点进行修改）

然旅游资源与落后的区域经济水平这一基本背景,决定了自然遗产型景区在现代旅游发展中必然面临由此而产生的一系列问题和矛盾。比如,自然遗产资源的保护与利用的矛盾、旅游经济利益与生态环境代价的矛盾、城市化的要求与传统农业经济的矛盾、低市场化程度与现代旅游发展的高度市场化的矛盾等,这些矛盾贯穿于自然遗产型景区现代旅游发展的整个过程中。我国大多数自然遗产型景区处在贫困与环境保护问题的夹击之中,当地政府和群众迫切要求开发风景资源以获取经济回报,激增的人口压力和强烈的经济发展需求是自然遗产型景区面临的最大挑战。

3.4.1.2　"3"根"基础"

我国自然遗产型景区是一个以地域为载体,融生态、经济、社会为一体的综合性系统。从其功能构成上说,可以分为风景生态系统、旅游服务系统和居民社会系统,分别对应着生态环境、经济环境和社会环境三种不同的性质功能。这三个功能系统就像"房子模型"的 3 根"基础",它们相互作用、相互制约而交融发展。自然遗产型景区及其周边农村居住环境和谐发展要从生态效益、经济效益和社会效益三方面相统一的原则,采用系统性、综合性和整体性的研究方法,建立"生态—经济—社会"整体和谐发展机制,从而实现和谐景区的构建,促进自然遗产型景区及其周边农村居住环境可持续发展。

3.4.1.3 "6"根"柱子"

自然遗产型景区及其农村居住环境要实现和谐发展,必须建立在风景区的"生态—经济—社会"系统整体协调发展的基础上,从生态环境、经济环境和社会环境三方面达到一种稳定、均衡和有序状态。

在生态环境效益上,实现自然遗产型景区资源保护与开发利用的平衡发展。

在经济环境效益上,实现旅游经济与农村生产经济的可持续发展。

在社会环境效益上,实现政府管理与农民积极参与的和谐发展。

3.4.2 和谐发展的内容

自然遗产型景区及其周边农村居住环境和谐发展的总目标,就是要从环境、经济和社会三大效益统一的原则,建立"生态—经济—社会"整体和谐发展机制,确保自然遗产型景区主体功能的实现,实现和谐景区的构建,促进自然遗产型景区可持续发展。具体体现在生态平衡发展、社会和谐发展和经济持续发展三个方面内容(图3-15)。

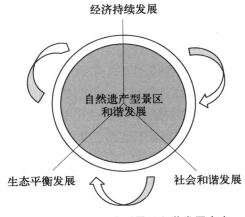

图 3-15 自然遗产型景区和谐发展内容
(图片来源:自绘)

3.4.2.1 生态平衡发展的内容

要实现自然遗产型景区和谐发展,从生态效益意义上,应达到自然资源保护与开发利用的平衡,任意提高或者降低自然遗产型景区的"设防标准",无疑将会导致政策的偏差,并触发各利益主体的冲突与资源和环境的恶化。

(1)生态性原则是自然遗产型景区可持续发展最重要的原则。自然遗产型景区依托于自然风景资源和生态环境而成立,自然景观资源是大自然经过几千万年甚至上亿年,在特定的自然条件演绎而成的自然遗产。自然风景资源作为国家特有的国土资源,具有稀缺性和不可再生性,一旦破坏很难恢复。所以在任何时候,对于自然遗产型景区来说都应该保护是放在第一位的。

(2)我国大多数自然遗产型景区地处"老少边穷"地区,当地政府和群众迫切要求开发风景资源以获取经济回报,具有强烈的开发诉求。而保护地作用的发挥很大程度上要依赖于周边居民的拥护和支持,传统的"孤岛"和"堡垒"式的封闭保护必然会造成一系列矛盾,单一的保护目标与当地社区的经济发展明显脱节。因此,自然遗产型景区的发展必须将社区问题纳入其中,制定合理和有效的社区发展项目,只有社区的一起发展才能保障自然遗产型景区的持续发展。社区发展功能是自然遗产型景区的主要功能之一。

　　自然遗产型景区及其周边农村居住环境的生态平衡发展目标就是以保护自然资源为基础,与生态环境的承载能力相协调,自然环境及其演进过程得到最大限度的保护,合理利用一切自然资源和保护生命支持系统,开发建设活动始终保持在环境承载能力之内。

3.4.2.2　经济持续发展的内容

　　自然遗产型景区及其周边农村居住环境的经济发展目标,就是应该结合旅游产业发展经济,采用可持续的、绿色的生产、消费、交通和居住社区发展模式,提高景区及其周边村镇的社会经济发展和农民生活水平(图 3 - 16)。

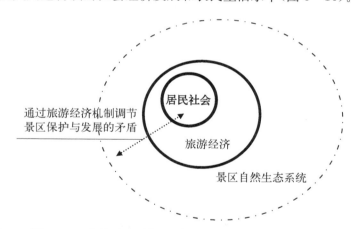

图 3 - 16　自然遗产型景区及其周边农村的经济发展机制

(图片来源:作者自绘)

(1)正确的产业引导

　　随着自然遗产型景区的发展,风景资源和生态环境保护日益加强,严格限制第一、第二产业的发展机会,压缩了风景区及其周边村镇的扩大发展的空间。旅游经济作为绿色产业,可以调节自然遗产型景区保护与发展的矛盾,带动传统农业产业转型,促进地方基础设施的建设和生态环境改善,为当地经济发展注入新的活力。此外,旅游业的经济乘数效应明显,经济联动性强,可以为旅游地相关产业的发展提供契机,旅游业成了地方经济发展强劲的推动力。

（2）物质空间整合

物质空间整合是指对自然遗产型景区及其周边村镇发展应根据地域分布、空间关系和旅游经济进行综合的部署,村镇建设与相关旅游接待设施等结合在一起,围绕着旅游服务业,不同职能的村镇进行合理的整体布局,从而形成合理、完善而又有特点的村镇体系,共同满足旅游服务及风景资源保护的需要。从空间结构来看,由于这类村镇往往与游览服务区空间联系紧密,在旅游经济吸引的作用下,村镇与游览服务将相互靠拢,形成交叉融合甚至重叠,甚至空间上融为一体。

3.4.2.3 社会和谐发展的内容

我国自然遗产型景区及其周边农村居住环境的发展,始终受到两个作用力的制约与引导:即市场经济下的自由生长发展及政府干预下的有意识人为控制,两者交替作用形成了自然遗产型景区及其周边农村居住环境的发展。自然遗产型景区及其周边农村社会问题的根源在于多种有机关系的割裂,要实现景区—社区和谐发展目标,就需要社会体制的整合,包括自上而下的管理体制的整合和自下而上的村民参与旅游发展(图3-17)。

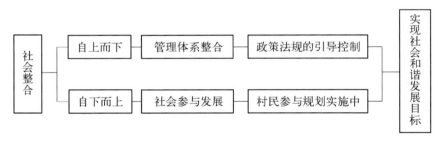

图3-17 自然遗产型景区社会和谐发展的内容

(图片来源:作者自绘)

（1）自上而下的规划管理引导

随着旅游业的发展,在市场经济下的自发的、分散的村镇建设严重影响了自然遗产型景区的生态环境,需要行政主导下的科学管理规划和相关政策法规。在相关规划和政策的控制和引导下,可以使自然遗产型景区及其周边农村建设活动得到积极引导和控制,使风景区品质得到了提升。因此,在自上而下的行政主导下的农村居住空间重构过程中,实施主体是政府各职能部门,规划设计和管理体制成为影响自然遗产型景区及其周边农村居住空间重构过程的关键因素。

由于我国现行体制下的政府管理部门条块分割,每个利益主体只关注于自己,各行其是,社会发展目标不一致,最后造成保护地管理工作失效。只有通过管理体制整合,建立集行政管理、资源保护等功能于一体,具有高度权威的管理机构,确保自然遗产型景区的完整保护和可持续发展。

(2)自下而上的村民参与旅游发展

在自然遗产型景区的多个社会利益主体中,村民缺乏话语权,政府在处理资源环境保护与旅游开发的问题时,往往将周边村民排斥在景区旅游发展计划之外,产生了严重的社会矛盾。而自然遗产地的保护很大程度上依赖于周边村民的支持,只有建立村民参与机制,村民参与到旅游规划、管理和决策制定过程中,使规划真正反映出当地村民的想法和态度,减少居民对规划的反感情绪和冲突行为,才有利于规划实施和自然遗产型景区社会和谐发展。

"村民参与"分为"个别参与"、"组织参与"、"大众参与"和"全面参与"等四个阶段。"个别参与"指村民以个体的、自发和分散的形式从事简单的旅游商品经营和旅游服务,这种参与程度低,形式单一;"组织参与"指在政府的指导下,村民开始有组织地参与旅游经营和旅游服务中;"大众参与"指在外来资本下,建立以村集体、村民和旅行公司等参与的旅游业体系[①]。"全面参与"则包含了两方面含义:① 参与内容更全面。村民参与旅游发展的内容不仅仅停留在象征式和咨询式层面上,它已经涉及旅游经济发展的决策和实践、旅游规划和实施、环境和文化的保护等方面的内容;② 参与目的更长远。村民参与旅游发展不再仅仅以就业为途径、以谋取经济收入为目标,保护生态环境、维护传统文化和追求自我实现成为社区发展的需求和居民责任,"全面参与"是全民地、自觉地参与自然遗产型景区可持续发展的进程。

3.5 本 章 小 结

(1)自然遗产型景区是一个多层次的复杂系统,从其功能构成上说,可以划分为风景生态、旅游服务和居民社会三种功能系统,分别对应着生态环境、经济环境和社会环境三种不同的性质功能。这三个功能系统具有不同的性质和特点,它们之间并非孤立分散的,而是相互作用、相互制约地发展。

---

① 曹燕.生态旅游发展中的社区参与问题研究[D].北京:北京交通大学,2009.

（2）自然遗产型景区系统具有整体性和综合性、历时性和共时性、结构性和层次性等特征。只有系统的整体性、综合性越强，系统的生命力越强，系统的功能性就越高。自然遗产型景区和谐共生的目标就是追求整体发展、多元并存的状态，以达到"和谐统一、相互促进、利益共生"的关系。

（3）分析了自然遗产型景区与周边村镇在空间位置及功能上的关系。由于空间上的关联性、资源上的共享性，使得周边村镇成为与风景区联系紧密的利益相关体。自然遗产型景区为周边村镇提供了生存发展的空间和生产生活的物质基础，同时也压缩了周边村民生存发展的空间。所以，自然遗产型景区与周边村镇的功能关系是辩证的，它们是相互促进和相互制约的关系。

（4）自然遗产型景区及其农村居住环境要实现和谐发展的设计理念，必须建立在风景区的"生态—经济—社会"系统整体协调发展的基础上，从生态环境、经济环境和社会环境三方面达到一种稳定、均衡和有序状态。

在生态环境效益上，实现自然遗产型景区资源保护与开发利用的平衡发展。

在经济环境效益上，实现旅游经济与农村生产经济的持续发展。

在社会环境效益上，实现政府管理与农民积极参与的和谐发展。

第4章

武陵源及其周边农村居住环境调研

为了清晰地揭示自然遗产型景区及其周边农村居住环境和谐发展机制与特征,本书选取了湖南省张家界市武陵源进行实证研究。

4.1 研究案例的基本情况

4.1.1 武陵源自然遗产型景区概况

4.1.1.1 自然地理

世界自然遗产、国家级风景名胜区武陵源位于湖南省西北部张家界市武陵源区内,由张家界、索溪峪、天子山、杨家界四部分景区组成。武陵源风景名胜区的范围为东经110°22′30″—100°41′15″,北纬29°16′25″—29°24′25″,总面积为398.48平方公里[①]。其中核心区特级保护区(自然保护核心区)9.8平方公里,核心区一级保护区208.4平方公里,缓冲区(二级保护区,相当于农业副业生产区)174平方公里,建设区(三级保护区,集中开展旅游服务及居民生产生活所必需的城镇建设区域)7.3平方公里(见图4-1)。外围控制区在风景区范围以外,是对自然遗产的自然过程及审美体验、观光游憩价值有影响的区域,外围保护地带北至茅花界山脉,东至三官寺乡,南至新桥镇,西至教子垭镇,具体界限由张家界市人民政府依法确定。

武陵源自然遗产型景区是一个以中外罕见的石英砂岩峰林景观为主,以岩溶地貌景观为辅,兼有大量地质历史遗迹的自然遗产型景区。由于地域偏僻、人迹罕至的自然地理条件,使这块土地保存了近乎原始状态的亚热带优美风景环

[①] 《武陵源风景名胜区总体规划(2005~2020)》(2004年北京大学景观设计研究院编制)确定的面积。

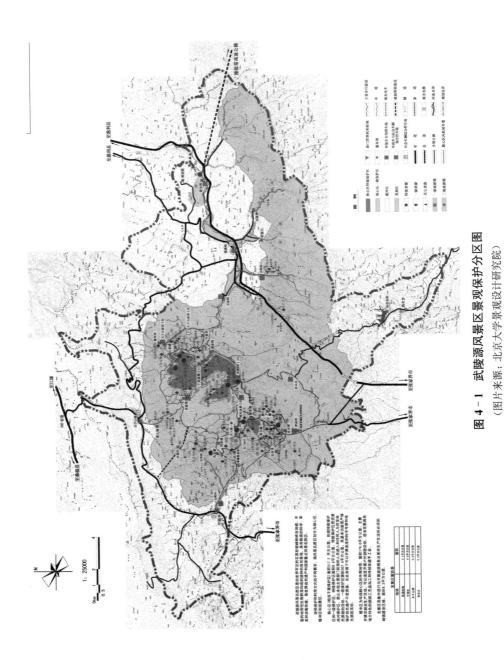

图 4-1 武陵源风景区景观保护分区图

（图片来源：北京大学景观设计研究院）

境、生物环境及其生态系统,具有极高的生态价值、科学价值和美学价值。

4.1.1.2　历史沿革

武陵源现代旅游始于 20 世纪 70 年代的国营张家界林场。1974 年 7 月,湖南省林业厅在张家界林场召开"绿化荒山"经验现场会,张家界优美的自然风光引起了参加现场会议的领导和林业工作者的注意。1979 年 12 月,著名画家吴冠中撰写了《养在深闺人未识——张家界是一颗风景明珠》一文在国内外产生了极大影响。1982 年,国务院批准成立了张家界国家级森林公园,拉开了武陵源现代旅游发展的序幕。

由于张家界、天子山和索溪峪这 3 个本来毗连一体的风景区,在行政区域上分属于 2 个地、州的 3 个县(湘西自治州的大庸市、桑植县、常德地区的慈利县)(见图 4-2),随着旅游经济的发展,3 个景区边界的农民为争夺地盘和客源矛盾和冲突不断升级,仅 1987 年 3 月,较大的纠纷与冲突就达 27 次。为了解除争端,化解矛盾,1988 年 5 月 18 日,国务院批准大庸市升级为地级市,将慈利县和桑植县划归为大庸市(1994 年更名为张家界市)管辖,设永定区和武陵源区,市人民政府驻永定区。以原大庸市管辖的张家界国家森林公园、协和乡、中湖乡,

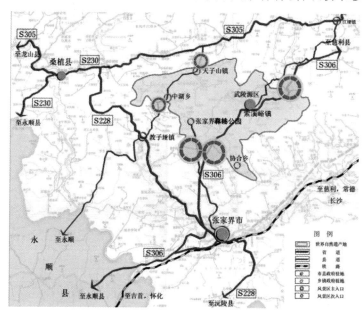

图 4-2　武陵源自然遗产地区位分析及行政区划

(图片来源:北京大学景观设计研究院)

原慈利县管辖的索溪峪镇,原桑植县管辖的天子山镇为武陵源区行政区域,武陵源区人民政府驻索溪峪镇。1988 年 8 月,国务院将武陵源列为第二批国家重点风景名胜区。1992 年 12 月,联合国教科文组织正式批准武陵源列入《世界自然遗产名录》。

4.1.1.3 行政区划

1989 年 6 月,武陵源区政府正式成立,面积约 398.5 平方公里,行政上辖索溪峪镇、天子山镇、中湖乡、协合乡和张家界国家森林公园管理处(又称张管处)。张家界国家森林公园、索溪峪风景区和天子山风景区合并,成立武陵源风景名胜区①,作为武陵源区的主体,纳入武陵源区人民政府的统一管理。根据 2004 年《武陵源风景名胜区总体规划》②,武陵源区涉及两镇两乡一处共 43 个行政村,384 个自然村③,总人口 54 434 人,其中农村户籍 37 192 人,占总人数的 68.32%。武陵源作为少数民族聚居地区,少数民族共 44 091 人,占总人口数的 81%。其中大多是土家族,其次为白族和苗族。武陵源区在行政区划分上见表 4-1。

表 4-1　武陵源区行政区划分④

镇、乡名称	下辖居委会名称	下辖村委会名称	分类个数			
			居委会	村委会	小 计	人 数
索溪峪镇	喻家嘴、吴家峪、文丰村、高云村、宝峰村	蔡家峪、金杜村、百户堂村、双峰村、双星村、铁厂村、河口村、岩门村、田富村、文庄村	5	10	15	22 449
协和乡	插旗峪、龙尾巴	协合村、抗金岩村、黄家坪村、宝峰山村、土地峪村、杨家坪村、李家岗村、乡直	2	8	10	8 650
天子山镇	泗南峪、天子山	向家坪、向家台村、黄河村	2	3	5	4 487

---

① 1992 年 5 月,开发了杨家界景区。至此,武陵源由张家界、索溪峪、天子山、杨家界 4 个景区组成。

② 《武陵源风景名胜区总体规划(2005—2020)》(2004 年北京大学景观设计研究院编制)。

③ 2005 年后,有些村庄因为城市化更改为街道、居委会,有些村庄合并更改名称,为了研究的方便,以 2004 年 10 月《武陵源风景名胜区总体规划》的名称为准。

④ 资料来源:武陵源区建设局。

续　表

镇、乡名称	下辖居委会名称	下辖村委会名称	分类个数			
			居委会	村委会	小　计	人　数
中湖乡	野鸡铺村、中湖村	宝月村、青龙垭村、鱼泉峪村、印家山村、车家山村、夜火村、三家峪村、檀木岗村、石家峪村	2	9	11	14 790
张管处	张家界、袁家界		2		2	4 058
合　　计			14	29	43	54 434

索溪峪镇辖：吴家峪、宝峰村、高云村、蔡家峪、喻家嘴村、金杜村、百户堂村、双峰村、双星村、铁厂村、河口村、岩门村、文丰村、田富村、文庄村。

天子山镇辖：老屋场、向家台村、向家坪村、泗南峪村、黄河村。

协和乡辖：抗金岩村、龙尾巴村、黄家坪村、插旗峪村、宝峰山村、协合村、土地峪村、杨家坪村、李家岗村、乡直。

中湖乡辖：野鸡铺村、中湖村、宝月村、青龙垭村、鱼泉峪村、印家山村、车家山村、夜火村、三家峪村、檀木岗村、石家峪村。

张管处辖：张家界村、袁家界村。

4.1.1.4　经济社会

武陵源地处边远，旧时交通闭塞，舟车隔绝，农业资源不丰裕，工业基础薄弱，区域经济十分落后。据相关报道，在 1980 年，索溪峪乡农民年人均收入仅为 69 元，生活水平十分低下，为慈利县最贫困的地区之一①。

武陵源自旅游开发以来，国民经济持续增长，综合实力明显增强。2012 年，全区地区生产总值达 32.94 亿元，人均国内生产总值 6 879 元。其中，第一产业产值为 1.3 亿元，第二产业产值为 0.68 亿元，而以旅游为主的第三产业产值达 30.96 亿元。三次产业结构为 3.9∶2.1∶94.0。

随着旅游经济的发展，武陵源城乡居民生活水平逐步提高。2012 年城镇居民人均可支配收入达 15 202 元，农民人均纯收入达 6 465 元，其中家庭经营纯收入 3 387.7 元。截至 2012 年底，城镇居民人均居住面积达到 68.28 平方米，农

---

① 吴杨德. 索溪峪开发建设的历史回顾[M]. 长沙：岳麓书社，1999.

村居民人均居住面积达到 50.57 平方米①。

4.1.1.5　旅游产业

1982 年 9 月,国务院批准成立了我国第一个国家森林公园——张家界国家森林公园,1988 年 8 月,武陵源被国务院确定为第二批国家重点风景名胜区,1992 年 12 月,武陵源被联合国教科文组织列入《世界自然遗产名录》,武陵源世界自然遗产的旅游品牌形象已初步确定。随着知名度的扩大,武陵源现代旅游经济的发展迅猛。1979 年,游客量以由张家界国营林场开放接待游客为 1.3 万人次起始,经过 30 多年的发展,到 2012 年,武陵源接待游客 1 711 万人次,门票收入 12.5 亿元,旅游总收入达到 70.91 亿元②。以旅游为龙头的第三产业已经成为武陵源区的主导产业。

武陵源游客接待量呈明显的月际变化,5 月、7 月、8 月和 10 月是旺季,4 月、6 月、9 月和 11 月是平季,而 12 月、1 月、2 月和 3 月是淡季。武陵源景区全年大多有若干客流高峰日,高峰日客流是平时的近十倍。2012 年武陵源区共有宾馆 109 家,其中星级宾馆 25 家,各类接待设施床位数 25 000 张,其中星级宾馆 6 500余张,相关旅游产业从业人员约为 11 000 人。

4.1.2　研究案例的典型意义

本书选取湖南省张家界市武陵源风景名胜区及其周边农村居住环境进行实证研究,具有以下几个方面典型意义。

4.1.2.1　从空间上

具有地域的代表性。武陵源地处湘、鄂、渝、黔、桂五省交界的武陵山脉中部,距离省会长沙约 400 公里,是我国内陆省份的一个边远山区。武陵源远离大都市,山川阻塞,交通不便,工业基础薄弱,农业条件脆弱,区域经济落后,为典型的“老、少、边、穷”地区(图 4 - 3)。据相关资料统计,我国目前两万多个旅游景区中,大约有 50% 分布在中西部、西南部地区,近 70% 在贫困山区。选择武陵源作为研究案例,具有地域上的代表性,其所面临的基本问题及经验教训,对于我国广袤中西部“内陆”地区和远离大都市“偏远”山区而言,是可以借鉴的。

---

① 《张家界市武陵源区关于 2012 年国民经济和社会发展统计公报》。
② 《张家界市武陵源区关于 2012 年国民经济和社会发展统计公报》。

4.1.2.2 从风景资源上

具有世界级的自然景观资源。本书研究的风景资源性质界定为自然资源。武陵源是一个以中外罕见的石英砂岩峰林景观为主,以岩溶地貌景观为辅,兼有大量地质历史遗迹的自然遗产地。这块土地保存了近乎原始状态的亚热带优美风景环境、生物环境及其生态系统。在自然保护内容方面,武陵源包揽了地质及其生态环境的全部内容,具有极高的生态价值、科学价值和美学价值(图4-4)。

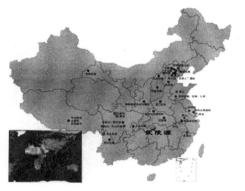

图4-3 武陵源区位图

图4-4 武陵源南天柱自然风光

(图片来源:《世界遗产武陵源》)

武陵源作为世界自然遗产,先后拥有国家级森林公园、世界级地质公园、国家级风景名胜区、国家级自然保护区、5A旅游景区等多种名分,其自然景观资源无论从品级还是丰度来看,为国内所仅有。作为自然遗产型景区,武陵源所面临关于自然遗产地的保护与发展问题,要比桂林漓江、杭州西湖等以人文景观资源为主的风景区更为突出,具有一定的典型意义。

4.1.2.3 从时间上

具有时代的代表性。武陵源是一个典型的改革开放以后从无到有发展起来的新兴旅游地。在1978年之前,武陵源还是一个交通闭塞、区域经济十分落后的地区。经过30多年的发展,到2012年,武陵源已发展成为年接待游客1 711多万人次,旅游总收入达到70.91亿元的国内外知名旅游目的地。

武陵源快速发展的这些年,也正是中国社会急剧发展与转型的时期。一个名不见经传的边远山区,经过70年代末的旅游开发,80和90年代旅游经济的快速发展,再到1998年联合国教科文组织的黄牌警告,到21世纪初的核心景区环境大整治,以及新时代下的新农村建设,武陵源及其周边农村居住环境建设所经历的问题及其经验教训,要远比黄山、武夷山等传统风景区所面临的要更加尖锐,也是其他还没有或即将开始现代旅游发展的中西部山区所要面对的。而且武陵源及其周边农村居住环境在短时间内因旅游开发而引起的急剧变化,时间跨度小,资料收集和问题调查更容易和深入,研究具有一定的典型意义。

4.1.2.4 从社会上

具有社会基础的代表性。武陵源自古是以自然经济为主的农业区域,区域条件落后、现代文明缺失、社会发展先天不足是其现实基础。在现代旅游发展中,武陵源面临着"软"和"硬"两方面的问题。"硬"方面是武陵源落后的经济基础决定了其发展不可能依靠自身的经济力量支持,而必须依靠中央、省政府以及区域外的资本来推动。"软"方面的问题是指在与现代文明的长期隔绝下,当地农民普遍存在文化水平低下,小农意识根深蒂固,而现代文明所需的市场意识、协作意识和环境保护等观念贫乏。有意思的是,20世纪80年代后西方遗产地理论和实践集中关注的"社区参与"和"社区居民社会"等前沿问题,在武陵源现代旅游开发初始就面临着并伴随其发展。武陵源旅游发展与资源保护等问题曾引起从国际到国内、从中央到地方、从专家到社会公众的普遍关注,研究具有典型的意义。

4.1.2.5 从文化上

具有地域文化的代表性。武陵源是一个以土家族为主要人口的少数民族聚居地区,具有自己独特的历史文化背景和社会文化形态(见图4-5)。当地居民祖祖辈辈生活在山地环境,在相对封闭的氛围下,经过长期的历史沉淀,形成了独特的土家文化,如红柱白墙的土家吊脚楼、风情万种的民俗节庆、悦耳动听的民间歌谣等,成为吸引旅游的又一亮点。在我国现代化的进程中,如何保护地域文化是社会主义新农村建设所要面临的问题。

图4-5 武陵源丰富的土家文化

(图片来源:《世界遗产武陵源》)

偏远的地理区位特征、世界级的自然景观资源、落后的经济基础、典型的多头行政管理模式、传统的社会文化形态及其历史背景,使得武陵源及其周边农村居住环境研究具有典型意义。这些方面的代表性也决定了发展现代旅游业是武陵源从传统的农业生产迈进农村现代化建设的发展方向,及时总结武陵源及其周边农村居住环境发展的经验和教训,对于我国今后发展中西部地区的农村建设有着重要的实际意义。

4.2　武陵源及其周边农村居住环境发展现状

4.2.1　居民调研概况

4.2.1.1　调研对象与调研内容

笔者分别于 2009 年 9 月、2010 年 1 月、2010 年 4 月以及 2011 年 8 月先后四次前往武陵源,对景区及其周边地区近 30 多个村镇进行详细考察,走访了当地村民、村干部、景区管委会干部、区规划局和建设局干部。由于武陵源覆盖面积广,涉及两镇两乡一处共 43 个行政村,384 个自然村落,总人口 54 434 人。为了更真实全面地了解问题,本书在确定调研对象时,综合考虑了调研对象的身份、住址、职业、文化程度以及主要经济来源等因素。

(1) 调研对象的确定

① 根据空间位置

根据风景资源的保护等级,武陵源可分为核心区、缓冲区、建设区和外围控制区。位于不同区位的村镇,其村民参与旅游经营的机会以及经济收入不同,村镇对自然景观环境的干扰程度也各不相同。因此,村镇的保护更新策略和未来发展方向就不一样。

② 根据发展定位

根据村镇的发展定位,可将调研对象分为五类:隐蔽安置户、搬迁户、控制户、聚居户和外围区农户。

第一类是隐蔽安置户。2001 年武陵源核心景区环境大整治时,为了社会稳定,对于核心景区的 124 户世居户,采用就近统一隐蔽安置的策略。隐蔽安置点分别是天子山的丁香榕、向天湾、刘家老屋场,张家界森林公园的张家界村、袁家寨,索溪峪的索溪峪"五七"林场以及杨家界的乌龙寨等六处。

第二类是搬迁户。除了隐蔽安置外,核心景区还有 546 户世居户共 1 791 人,在当地政府引导下,在索溪峪镇的高云村、文丰村、吴家峪、沙坪村,中湖乡的中湖村、野鸡铺,天子山镇的泗南村等地建设统建住房和相应的经营网点,统一安置居住和经营服务。城区安置均实行经营区与住宅区分离,并在高云小区规划建设了 20 户商务中心,每户商务中心拥有一定数量的床位。

第三类是控制户。控制户一般位于缓冲区,离核心景区有一定距离,但是它们的进一步发展会影响到风景区的生态环境。控制户应该严格控制用地规模和人口规模,建筑物的数量、体量和风格以及居民的生产和生活活动,如双峰村、河口村都属于此类村镇。

第四类是聚居户。聚居户一般位于建设区,这里集中了大量的旅游服务设施,交通条件较好,经济基础发展有一定潜力,农民居住点宜于集中建设,如喻家嘴等。

第五类是外围区农户。外围区农户又分两种:通过型和无关型。通过型,这类村镇分布在通往风景区的主要交通干道沿线,相对来说,通过型农户受武陵源旅游开发的辐射影响较大,经济发展较好,如沙堤乡的郝坪村等。另一种是无关型,这类村镇受武陵源旅游开发的辐射影响较小,农户从事传统的农业生产,经济相对比较落后,如教子垭镇的栗山峪村等。

根据调研对象的区位条件和发展定位,本书选取以下村镇进行实地调研(表4-2)。

4-2 武陵源及其周边村镇调研基本情况①

位置	类型	村庄或居委会	户数(户)	人数(人)	备 注
核心区	隐蔽安置户	袁家寨子	173	763	核心景区高台地
		张家界村	385	2 925	锣鼓塔
		乌龙寨	83	387	杨家界
		丁香榕村	56	289	天子山
		刘家老屋场	41	154	天子山
	搬迁户	高云小区		522	2001 年核心景区环境大整治时,通过移民建镇,对山上 546 户世居户统一安置在索溪峪
		沙坪村		367	
		吴家峪		5 351	
		文丰村		1 519	

---

① 人口数量数据来源:根据《武陵源风景名胜区总体规划说明书(2005—2020)》(2004 年北京大学景观设计研究院编制)。

续　表

位置	类型	村庄或居委会	户数（户）	人数（人）	备　注
缓冲区	控制户	双峰村	546	591	索溪峪镇（社会主义新农村示范村）
		河口村		1 039	
		杨家坪村		1 053	协和乡（社会主义新农村示范村）
		向家坪村		727	天子山
		插旗峪村		886	协和乡
		夜火村		1 014	中湖乡
建设区	聚居户	野鸡铺村		1295	位于景区北大门（天子山和野鸡铺）
		中湖村		1 808	
		泗南峪村		996	
		宝峰路居委会		2 126	位于景区东大门（索溪峪）
		画卷路居委会		1 337	
		喻家嘴居委会		1 516	
外围区	通过型	沙堤乡郝坪村	498	1 728	距离市区 8 公里，张家界森林公园 20 公里，张青公路是市区通往景区的必经之路
		新桥镇老木峪村	288	1 008	北与张家界森林公园接壤，张青公路贯村而过
	无关型	教子垭镇栗山峪村	92	388	杨家界景区外围 15 公里

（2）调研内容

在实地调研中，对于农民的访谈和调查主要围绕以下几个问题展开（表4-3）。

① 农民拆迁前后的经济收入变化。

② 农民在土地征用和拆迁中最关心的问题是什么？

③ 农民在土地征用和拆迁中最不满意的是哪些？

④ 影响农民做出决策和行动的主要因素和过程什么？

⑤ 农民对于未来生活的打算和安排是怎样的?

⑥ 农民对于相关政策和规划的认知是怎样的?

表 4-3 武陵源及其周边村镇调查问卷(在合适的项目打"√")

项　　目		非常不同意	不同意	不同意也不反对	同意	非常同意
经济方面	收入增加了					
	就业机会增多了					
	搬迁出来后与游客接触机会减少					
	拆迁补偿款和住房安置到位					
	物价变贵,什么都要花钱买					
	生活和工作压力变大了					
	收入两极分化现象严重					
社会生活	安置新居的地点满意					
	看病就医更方便					
	上学读书更方便					
	购物娱乐更方便					
	改变自己的生活方式					
文化教育	居民言谈举止比以前更礼貌					
	接触的人更多,增加了见识					
	社会治安状况和道德风气更好					
	邻里关系变得疏远					
	社区配备了图书文娱健身设施					
	传统风俗与技艺被破坏和淡忘					
其他	景区环境比以前好多了					
	关心了解相关的政策法规					
	社会保障制度完善					
	政府提供必要旅游服务技能培训					

4.2.1.2　调研结果及分析

根据实地调研和访谈的结果来看,可以总结为以下几点:

（1）不同区位出现了较大的贫富差距

区域经济发展不平衡,出现了南富北贫、山上富山下贫、景区内富景区外贫的现象,景区内不同区域出现了较大的贫富差距。

武陵源不同区域的旅游开发程度不相同,村民参与程度也不同。一般来讲,靠近核心景区或主要游览线的村民更容易从旅游发展中获得经济利益。如居住袁家寨村、张家界村、索溪峪镇附近的村民,因为其优越的区位条件,村民收入提高明显,村镇人口增长率也比较高,村镇综合发展水平比较好。

而位于核心景区边缘或外围区的村镇,如中湖乡的夜火村、协和乡的插旗峪村、天子山的向家坪村等,由于地理位置远离游客集中区,受旅游发展的辐射影响并不明显。村民参与程度低,只能从事传统农业或者类似"帮工"、"轿夫"来获取家庭收入,这类村镇人口增长率相对较低,社会经济发展水平增长缓慢。

（2）当地居民参与程度不高

在实地调研中,被访村民对武陵源建设高品质风景区的目标表示认同,但是村民普遍反映,政府并没有鼓励当地村民参与旅游开发建设的决策、实施过程,造成他们的利益得不到保障。在调研中,只有 20% 左右的村民表示了解政府的政策,近 40% 的村民表示毫不知情。从访谈结果来看,村民对于规划普遍表示感兴趣,但是对于规划的总体布局、功能、建设项目等情况了解并不多。这主要因为两方面的原因,一方面,由于规划成果专业性较强,而村民认知能力相对弱,政府在对开展工作的时候把重点放在宣传和实施手段上,对于规划并没有做全面、深入的介绍。另一方面,部分村民的公众参与意识比较薄弱,认为规划是政府的事情,和自己没有什么关系,即使自己去发表意见也没有作用,对政府存在一定的不信任感。

而与当地政府的访谈中,发现政府和管理者其实也并非不注重民生。政府与周边村民关系的失衡更多归因于沟通的不当和信任的缺乏。这既是意识问题,又是制度问题,说明政府和村民之间缺乏有效的沟通渠道。

（3）普遍关注就业和住房安置问题

从调查结果来看,大多数村民对拆迁后的住房安置非常关注。首先,在安置地点上,村民抱怨政府选择的安置地区不合理,希望选择更靠近旅游商业服务区的地段。其次,在住房的户型、设施和功能结构上,要求更多考虑其农业生产、家庭生活或商业经营需要与使用上的方便,相当多的村民希望能够经营家庭旅馆、餐饮店或者商店。

另一方面,几乎所有村民希望政府考虑村民拆迁后的就业安置问题以及社会保障措施。由于农田林地被征用,村民无法依靠种地来谋生,而外出务工被认为是不稳定、不可靠的经济来源。因此,大多数村民希望政府充分给予本地村民参与旅游服务的出路和机会。一些村民要求政府支持开设家庭旅馆、餐饮店等经营活动,还有一些村民则提出由政府在索溪峪旅游服务区中划出一定数量的商铺交由本地村民经营。

(4) 对于补偿标准和培训发展表示不满

在访谈中,村民对于土地征用和拆迁中最不满意的两个方面:第一,大多数村民对于政府制定的土地征用和拆迁补偿标准不满意,认为标准太低,政府按照房屋新旧程度和结构类型来划分补偿标准不合理。第二,相当多的村民认为政府在土地征用和拆迁中重在补贴资金,或者提供一些临时性的就业岗位,而忽略对村民自身能力提高的帮助。由于当地村民文化程度不高,竞争力不大,而政府并没有出面组织和指导村民参与旅游就业的培训,使本地村民失去了真正的发展机会。

一些村民认为政府在以往的工作中,为了更快完成征地任务,政策制定和承诺都很好,但往往未能切实兑现。因此,一些村民对于政府的宣传口号、政策和承诺都不太相信,表示只有看到政府用实际行动兑现政策和承诺才能算数。

4.2.2　武陵源及其周边农民参与现代旅游开发的历程

在 20 世纪 80 年代,西方有关自然遗产地理论和实践集中关注的"社区参与"和"自然保护地居民社会"等热门问题,在武陵源现代旅游开发的初始就面临着并伴随其发展。武陵源境内气候宜人,物质资源丰富,一直居住着原居民,他们主要从事农业种植,并经营一些经济林、果树种植以及少部分畜牧业。由于与外界交通联系困难,长期以来处于比较封闭的状态。直到 20 世纪 70 年代末,开始有旅游者进入,景区及其周边地区的村民才不自觉地参与武陵源现代旅游服务中。从 1979 年旅游开发的 30 多年里,武陵源及其周边村民参与旅游开发的方式历经了竞争式参与阶段、合作式参与阶段、依附式参与阶段和融合式参与阶段(图 4-6)。

4.2.2.1　竞争式参与阶段(1979—1987)

自 1979 年旅游开发以后,武陵源游客日益增多。景区及其周边地区的农民面对各种获利机会,自发经营,自由竞争,自主参与,表现出极强的"主人翁"精

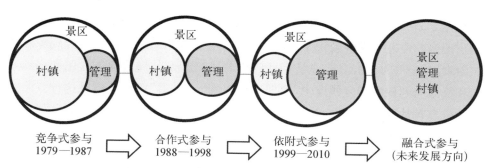

競争式参与　　　　合作式参与　　　　依附式参与　　　　融合式参与
1979—1987　　　　1988—1998　　　　1999—2010　　　　（未来发展方向）

图 4-6　不同参与模式下的景区、政府与村民之间关系的演化

（图片来源：自绘）

神。在这一阶段，由于张家界、天子山和索溪峪在行政区域上分属于湘西自治州和常德地区管理。为了争夺更多的旅游资源和客源，当地政府鼓励支持并且积极参与旅游开发的竞争。如武陵源特级景点黄龙洞的发现经过就真实地反映了这种情况。1983 年春，慈利县索溪峪镇河口村民兵营长毛金初，冒着危险，自发组织了 8 名民兵进行探黄龙洞。3 月 4 日，毛金初再次组织人员探洞，并向索溪峪自然保护区管理处报告了他们的发现。此后，毛金初按照管理处的指示，不顾"社会的讽刺"、"家庭的责备"和"领导的批评"坚持长期护洞。"以毛金初为首的河口村民兵，为探清黄龙洞的宝贵资源和保护黄龙洞，作出了不可磨灭的贡献"[①]（图 4-7）。

图 4-7　黄龙洞的定海神针

（图片来源：《世界遗产武陵源》）

　　然而，随着武陵源旅游经济的进一步发展，3 个景区边界的农民为了争夺地盘和客源而冲突不断。仅 1987 年 3 月，较大的纠纷与冲突就达 27 次，其中最为严重的一次是 1987 年 3 月 17 日，索溪峪管理局部分职工与大庸市协合乡部分群众，在有争议的水绕四门景点，发生激烈的冲突，导致 17 栋房屋被烧毁，烧毁

---

① 李新源. 张家界的崛起[M]. 长沙：岳麓书社，1999.

面积达 2 514 平方米,这就是著名的"水绕四门事件"①。"水绕四门事件"严重影响当地旅游业发展和社会稳定,在国内外产生了极坏的影响。这是武陵源现代旅游发展初期阶段的写实,经济利益吸引着风景区及其周边地区村民和当地政府积极参与到旅游开发建设中,表现出极强的"主人翁"精神。但是这种竞争式参与带有盲从性和破坏性,给武陵源旅游市场的管理和自然遗产资源的保护带来了极大的损害。

4.2.2.2　合作式参与阶段(1988—1998)

为了解除争端,化解矛盾,1988 年 5 月,张家界、天子山和索溪峪三个景区合并,武陵源风景名胜区成立,无论从行政管理还是资源分配上得到进一步整合和发展。但是,由于法制不完善,农民的宅基地、农田和林业用地没有明确的权属关系,政府管理松散,农民可以任意地处置居住地周边的资源。更主要的是武陵源区域经济极端落后,当地政府和老百姓具有强烈的开发诉求。

在这一阶段,当地政府和管理部门鼓励和支持村民参与旅游开发。由于武陵源处于开发初始阶段,风景区内的住宿、餐饮等旅游服务设施严重缺乏。一些头脑灵活的农民利用这一机遇,在景区的入口处、主要交通线以及核心景点的周边经营起餐饮业,办起了家庭旅馆,很快就脱贫致富,政府将其作为典型大力宣传支持。武陵源区政府一名政府官员在当时的一份关于拆迁工作的报告中有这样一段描述充分说明了当时的情况②:

　　　世世代代生活在天子山山区的彭光宇,小时候家里穷得叮当响,山上种的苞谷刚挂砣,地里栽的红薯刚接果,野猪就来享受免费的晚餐了,把苞谷秆踏得七零八落,把红薯地拱得惨不忍睹。风调雨顺的岁月也只落得个歉收,饥饿、贫穷一直围绕在他的心头。他结婚时,家里只有一间乱石墙屋,日子过得紧巴巴的。改革开放的春风吹开了闭塞的山门,一批游客涌上山头,也带来了一串难题,客人要吃饭、要住宿,那时,武陵源景区交通十分不便,道路险要,荆棘横生,景点间显得异常遥远。为了解决客人吃、住、行等问题,彭光宇一家放下锄头,把几间破屋稍作粉刷,经营起餐饮业,接纳几个客人住宿,很快,他就积累了一笔资金。1983 年,他在丁香溶建起了一幢家

---

① 张朝枝. 旅游与遗产保护——政府治理视角的理论与实证[M]. 北京:中国旅游出版社,2007.
② 向兆文. 保卫绿色家园(第一部分):一个美丽的错误(武陵源区政府拆迁办公室内部资料).

庭旅馆,一年四季生意红红火火;他的资金也像滚雪球一样越滚越大;1985年,他在茶盘塔建了一幢 300 平方米、拥有 30 个床位的宾馆,生意越来越红火。旅游业带来的巨额利润,吸引了邻里乡亲一个接一个地投入旅游行业。彭光宇回忆道:当时政府为了迅速让老百姓脱贫致富,鼓励人们建宾馆酒店,再加上天子山、索溪峪、张家界、杨家界分属于常德地区和湘西自治州管理,为了分享这块甜饼,也竞相建起了一批旅游接待设施。1989 年,他担任了村委会书记,将工作重心从农业转向旅游业,通过招商引资,旅游产业规模迅速壮大,村委会修了两个停车场,在大观台修建了 17 个门面,建了一栋土家山寨宾馆,整个村委会 118 户 368 人,有 12 户拥有 400—500 平方米的宾馆,有 89% 的村民从事旅游业。后来,他又投资 100 多万元,修建了占地 1 200 平方米的海涯宾馆,完成了第三次创业。而袁家寨的张玉辉、水绕四门的李发香也有与彭光宇相似的经历,他们的创业史,就像是武陵源风景区的一部微缩的发展史。

于是,随着旅游业的日益兴起,特别是 1992 年被列入世界自然遗产后,武陵源风景区年平均接待旅客以 10% 的速度递增,旅游业成了当地经济繁荣的主要动力。在经济利益的驱动和当地政府的支持下,越来越多的当地居民抢占景区核心地带建房搭屋,接待游客,造成了核心景区城市化、商业化、人工化泛滥的局面,出现了锣鼓塔的“宾馆镇”、石家檐的“天子山城”、天子山御笔峰景区的“商业街”、袁家寨的“家庭旅馆村”、水绕四门的“接待站”等。农村居民点有向核心景区快速集中化的趋势而自然遗产型景区的自然景观风貌和生态环境受到严重的破坏(见图 4-8)。

4.2.2.3　依附式参与阶段(1999—2010)

1998 年 9 月,武陵源因为核心景区内建设过多过滥、城市化倾向而受到联合国教科文组织的“黄牌警告”,武陵源自然遗产环境保护问题成为社会各界关注的焦点。在各方面的压力下,武陵源开始全面整顿核心景区资源利用和环境保护的问题。

2001 年 1 月 1 日,《湖南省武陵源区世界自然遗产保护条例》[①]正式实施。同时,武陵源推出“山上游,山下住”“山上做减法,山下做加法”等政策,实行游客

---

① 《湖南省武陵源区世界自然遗产保护条例》为我国第一部保护世界自然遗产的地方性法规。

天子山挤满游道的小贩　　　　　杨家界景区的轿夫　　　　　袁家界景区的民俗表演

吴家峪的农家餐馆　　　　　高云小区的商务中心　　　　　沙坪的家庭旅馆村

图 4-8　当地村民参与旅游开发的形式多样

（图片来源：作者自拍）

"二次进山制"①,引导游客白天在景区内游玩,晚上在景区外吃住。而核心景区内的家庭旅馆、餐馆全部停止经营,分期分批拆除。同时,加强旅游基础设施的建设,在风景区内修建环形高等级公路、天子山索道、黄石寨索道、百龙电梯、观光小火车等,把各景点串联起来,大大缩短了游客在景区的游览时间。

在加强风景区管理的同时,2001 年 9 月,政府对武陵源核心景区进行环境大整治,启动"世纪大搬迁"。除了山上 124 世居户居民采取统一隐蔽安置外,拆迁了袁家界、水绕四门、天子山等核心景区内的接待设施 59 户,世居户 377 户共1 162 人,拆迁面积 16.5 万平方米②。在当地政府引导下,拆迁户在索溪峪镇的高云村、吴家峪村和沙坪村等地移民建镇,统一安置(后来大部分变成了家庭旅馆)(图 4-9)。

在这一阶段,为了保护风景区的自然生态环境,当地政府和管理部门把风景区及其周边的村民完全排斥在风景区发展计划以外,制定了一系列保护条例,一些政策简单地设定"禁止"、"限制"条款,忽视当地村民的合理利益要求,引起村民的抵触情绪,对自然遗产型景区的可持续发展产生负面影响。目前看来,2001

---

① "二次进山制",即游客购一次票可以进出景区两次。
② 张朝枝.旅游与遗产保护——政府治理视角的理论与实证[M].北京:中国旅游出版社,2006.

高云小区A型商务中心

B型商务中心

游客购物中心

沙坪的家庭旅馆村

吴家峪的商业建筑

乌龙寨隐蔽安置的农家乐

图 4-9　武陵源风景区的移民建镇

（图片来源：作者自拍）

年武陵源环境大整治在维护核心景区生态环境质量和解决居民生活出路两个方面都显现出弊端，主要体现在：

（1）核心景区生态环境整治效果失控。由于核心景区内的村民只愿进不愿出，核心景区人口增长很快。在当时动迁的近 600 户村民中，真正拆出景区的实际只有 60 多户，很多拆迁户下山后由于没有生活来源，重新回到景区从事旅游业。而一些接受隐蔽安置和未经动迁的村民，则想方设法改造扩建住房从事旅游接待，对风景区生态环境和自然景观重新构成压力。

（2）村民改善住房条件、提高生活水平的愿望受到限制。对于居住在核心景区边缘的村民，由于不能从事农业生产等经营活动，不能翻建新房，大部分村民依靠政府发的每人每月 200 元的环保费维持生活，村民改善住房条件、提高生活水平的愿望受到限制。从实际情况来看，他们的生活非常艰难，存在着"返贫"的现实窘迫。

（3）自我发展能力差。由于景区内的一些世居原住民文化水平普遍较低，小农意识根深蒂固，在外谋生和自我发展能力比较差。而政府在村民搬迁后并没有提供给他们更多的就业机会，也没有进行相应的就业培训和指导。很多拆迁户下山后没有生活来源，随之而来的消极影响，坑蒙拐骗、强买强卖、打骂游客和管理人员屡有发生，损毁了武陵源声誉。

4.2.2.4　融合式参与阶段（未来发展方向）

武陵源在经历了风景资源评价、开发建设和生态环境保护三个阶段后，开始进入了可持续发展阶段。随着社会进步和认识提高，人们对自然遗产型景区的社区居民社会问题越来越关注。2010年，张家界市被列为国家旅游综合改革试点城市，也是武陵山片区扶贫攻坚项目重要组成部分。张家界市委决定以此为契机，将袁家界村作为国家旅游综合改革试点的突破口，结合武陵源实施第三次核心景区环境改造计划，实现村民"山下居住，山上就业"，创建景村和谐发展的建设思路。

武陵源区政府改变了过去把村民排斥在旅游发展之外的认识，对村民的利益开始关注。在袁家界村生态村建设中，改变了过去自上而下的规划方法，鼓励村民参与旅游开发的规划、决策和实施过程中，解决村民的安居乐业、社会保障以及景区美化和生态资源保护等核心问题，并通过村落景观化改造，探索了核心景区景村和谐发展建设的新路子。具体内涵体现在：

（1）建立村民参与建设机制

鼓励村民积极参与旅游开发的规划、决策和实施过程，不仅派村民代表参与了旅游开发的公司运作、利益分配和安置就业方案，还制定出相应的方案供全体村民进行商议和表决。2011年，袁家界村先后召开了12次党员大会、14次村委扩大会议及组长会议和多次村民代表大会，并开展民意测验和入户调查，95%的村民同意《袁家界旅游生态文明村建设方案》，99%的村民同意村支委形成的《关于袁家界旅游生态文明村建设的决议》。

（2）拓展村民就业渠道

为了让村民"搬得出、留得下、稳得住、能致富"，袁家界村在拓展村民就业方面想办法：① 以村级集体资产为基础，从外引进资本，将村民的田地、林地和房屋，通过折价入股等形式，成立了袁家界旅游发展股份有限公司，开展旅游服务、物业出租、旅游投资等经营活动。② 提供就业培训，引导和鼓励村集体和村民参与创办与旅游观光、文化娱乐、创意产业等相关的新型服务业，为村民提供更好的发展机会。

（3）挖掘充实文化资源

2010年，袁家界利用传统人文资源挖掘并充实文化资源，借势电影《阿凡达》的火爆，将上坪、中坪、下坪三个村小组重组，更名为狮子寨、天桥寨、天界寨，打造"仙境张家界、时尚潘多拉、土家民族风"三个特色文化景区，并以自然、时尚、文化为主题升级袁家寨子旅游产品，还原和重现土家族传统文化。

（4）村落景观化改造

对袁家界村原有村落进行景观化改造,在不增加房屋建筑面积的前提下改造建筑内部结构,将房屋外形改造成土家山寨风格;在不改变房屋属性的前提下实行统一运营,以农耕文化演示、民俗风情、习俗表演等来取代家庭旅馆和餐厅经营,形成一个系列化的土家民族风情展览演艺接待中心。

表 4-4　武陵源风景区各时期规划设计对比

规划体系	84 规划	90 总规	01 总规	08 规划
规划单位	湖南省规划设计院	同济大学规划设计研究院	北京大学景观设计研究院	湖南省建筑科学研究院
规划背景	张家界森林公园成立初期,旅游风景资源处于评估阶段,风景区缺乏旅游基础设施	武陵源风景名胜区成立,行政区划混乱,各方资源纠纷导致旅游资源与设施的破坏;经济稳步发展的要求	被列入世界自然遗产,性质从风景名胜区变成世界自然保护地;当地旅游经济发展面临着更高期望	社会主义新农村建设,武陵源旅游业的高速发展与周边农村地区的经济相对缓滞发展相矛盾,社会问题日益加重
主要内容	当地旅游资源基础性调查和基础设施的建设	吸引投资者和游客,在重设行政区域的基础上开始设立明确的保护区	扩大之前设立的保护区范围,更强调"保护"	增加对社区居民利益的关注,协调开发,以人为本,保护与可持续发展为指导概念
评　价	旅游风景资源处于待开发阶段,当地基础旅游设施极度贫乏	建设有余而保护不足	符合当时世界自然遗产环境保护的需要,但当地农村经济发展的需求被忽视	更强调环境效益、社会效益和经济效益的结合

作者根据武陵源风景名胜区各时期的规划资料整理。

4.3　旅游开发对武陵源及其周边农村居住环境的影响

4.3.1　经济环境的影响

4.3.1.1　落后的区域经济

武陵源位于湖南省西北部武陵山脉中部,自古以来,就是一个鲜为人知的蛮荒之地。由于地处边远,山川阻塞,交通不便,农业资源不丰裕,工业基础薄弱,加上生产技术落后，信息科技和文化水平不发达，整个区域经济十分落后。

（1）农业条件脆弱

武陵源有"八山半水一分田"的说法。据相关统计资料，张家界市山地面积占全部土地面积的 76％，丘陵 11.75％，岗地 6.73％，人均耕地面积仅为 0.96 亩①。其中坡度大于 15 度的土地占 80％，大于 30 度的占 45％，而且土壤贫瘠，耕层浅薄，土壤层小于 15 厘米的占总耕地面积的 1/3，低产耕地所占比重大，加之旱涝灾害频繁，水土流失严重，2/3 的耕地不能旱涝保收②。

在旅游开发之前，当地村民主要依靠传统的农业种植，或者经营一些经济林、果树种植以及少部分畜牧业为生。由于土壤贫瘠，耕作方式原始，产出极低，人们生活在极贫苦生活之中。据相关资料，大庸县 1977 年人均口粮 477 斤，年人均收入 78.6 元，慈利县索溪峪地区（包括索溪峪镇）人均收入仅 69 元。直至 1985 年，大庸市人均年收入在 150 元以下贫困户达 17.18 万户，占全市农业总人口的 53.5％。也就是说，超过一半的农民生活在"贫困线"以下③。这些都反映了武陵源在现代旅游开发之前和开发建设之初的农村经济基本情况。

（2）工业基础薄弱

武陵源虽然"矿产资源丰富"，但是境内没有一种矿藏的开采和冶炼可以成为地方经济发展的支柱，加上位置偏远，交通闭塞，很难在区域内形成市场空间，武陵源缺乏工业发展最基本的要素和条件。

1997 年，国务院发展中心的研究调查④显示，张家界市"区域内几乎没有国有大型企业，最大的工业生产能力为 80 万吨烟煤、50 万吨水泥和 20 万吨化肥。乡镇以上的工业企业共 496 个，其中中型企业 8 家，只占企业总数的 1.6％，其余全部为小型企业。所有工业企业干部职工总数为 3.3 万人，仅占 152 万人口的 2.2％。1995 年工业固定资产净值为 5.42 亿元，人均占有工业固定资产仅为 357 元"⑤。这些数据从另一侧面反映了武陵源区域落后的工业基础和工业发展资源制约的现实。

---

① 大庸市地方志编纂委员会，1991。
② 国务院发展研究中心.把张家界建设成为国内知名的旅游胜地——张家界市区域经济发展战略研究[M]，1997.
③ 大庸市地方志编纂委员会，1991。
④ 国务院发展研究中心.把张家界建设成为国内知名的旅游胜地——张家界市区域经济发展战略研究[M]，1997.
⑤ 夏赞才.张家界现代旅游发展史研究[D].长沙：湖南师范大学，2004.

（3）交通闭塞

武陵源境内山峦叠嶂,溪沟纵横,地质复杂,历史上一直是交通落后的偏僻山区。1949 年以前,慈利县内只有一条近 30 公里的公路,大庸县、桑植县都没有公路,更不用说三县交界的区域(如今的武陵源区)。水路是当时大庸县与外界主要的交通联系纽带,境内的经商者大都依靠肩挑背扛,往返于崇山峻岭之间①。

1958 年,大庸县开始修建公路与周边的一些重要城镇连通,20 世纪 60 年代初,桑植县修通了到大庸县的公路。总体来说,在旅游开发之前,武陵源地区公路里程少,道路状况差,山路崎岖,属于我国交通状况落后的地区之一。比如,从大庸县城无论是到省会长沙市还是到湘西吉首市(湘西土家族苗族自治州政府所在地),坐车都需要整整一天的时间②。2003 年,张常高速公路(张家界到常德)开通,武陵源地区的公路状况得到明显提高。

长期以来,由于自然地理条件所造成的交通闭塞状况,不仅严重阻碍武陵源现代旅游发展进程,同时也阻隔了武陵源与外界的商品、经济、文化和信息的流通,加上区域内传统农业经济的不发达,众多因素交织叠加,人民生活贫困,形成恶性循环,构成了武陵源“落后的区域经济基础”这一基本历史背景。

4.3.1.2　旅游发展对武陵源国民经济的影响

（1）旅游业成为武陵源经济发展的支柱产业

经济扩散理论认为,旅游可以有效地根除一个地区的落后局面,形成地区“增长点”。为了帮助开发落后地区,许多国家和地区将旅游产业作为刺激欠发达地区经济发展的途径。我国在 1991 年提出了旅游扶贫的口号,一些老少边穷地区通过发展旅游业而脱贫致富。1998 年末,中国政府从社会经济发展新阶段的特点出发,将旅游业列为新经济的重要增长点,形成了全国推动旅游业发展的大氛围,旅游业也由一般的产业提升为重点产业。

武陵源的现代旅游开发是 1979 年由国营张家界林场开放接待游客开始的,当年接待的游客人数为 1.3 万人次,旅游总收入仅为 0.55 万元③;1989 年,武陵源全年接待游客人数 58 万人次,旅游总收入达到 0.25 亿元④;到了 1997 年,武

---

①　夏赞才.张家界现代旅游发展史研究[D].长沙:湖南师范大学,2004.
②　夏赞才.张家界现代旅游发展史研究[D].长沙:湖南师范大学,2004.
③　夏赞才.张家界现代旅游发展史研究[D].长沙:湖南师范大学,2004.
④　1988 年,武陵源国家级风景名胜区正式成立。在 1989 年前,由于武陵源游客数量和旅游收入统计分属于张家界国家森林公园、索溪峪、天子山 3 个景区,存在不同口径、上下级统计部门之间的误差,相关数据从 1989 年计起。

陵源全年游客首次突破了 100 万人次,旅游总收入 2.05 亿元;在 2005 年,武陵源全年接待国内外游客突破了 1 000 万人次,旅游总收入达到了 29.28 亿元;而到了 2012 年,武陵源全年接待游客达到了 1 711 多万人次,旅游总收入 70.91 亿元[1]。从 1989 年到 2012 年的这 24 年间,武陵源每年接待游客人数增加了近 30 倍,旅游总收入增加了近 290 倍[2](图 4 - 10、图 4 - 11),旅游业已经成为武陵源地区经济发展的支柱产业。

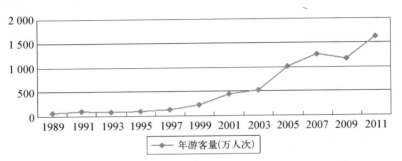

图 4 - 10　武陵源 1989—2011 年的游客量增长曲线

(图片来源:自绘)

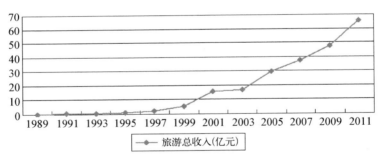

图 4 - 11　武陵源 1989—2011 年旅游总收入增长曲线

(图片来源:自绘)

(2) 产业结构的变化

自旅游开发以来,武陵源区国民经济持续增长,综合实力明显增强,旅游占了主要比例。据张家界市统计局相关数据表明,在 1978 年武陵源还没有成为国家森林公园之前,其 GDP 的构成大致是第一产业占 77.9%,第二产业占 9.5%,

---

① 资料来源:《张家界市武陵源区关于 2012 年国民经济和社会发展统计公报》。
② 根据 1989—2011 年《张家界市武陵源区统计局关于国民经济和社会发展的统计公报》公布数据绘制。

第三产业占 12.6%①;到武陵源被列入世界自然遗产名录后的 1994 年,第一、二、三产业占 GDP 的比例分别为 31%、16%、53%;而在 2012 年全区地区生产总值达 32.94 亿元②,人均国内生产总值 6 879 元,第一、二、三产业占 GDP 的比例分别为 4.5%、2.2%、93.3%(见图 4 - 12),可见,现代旅游业发展给武陵源及其周边地区的产业结构带来很大的影响。

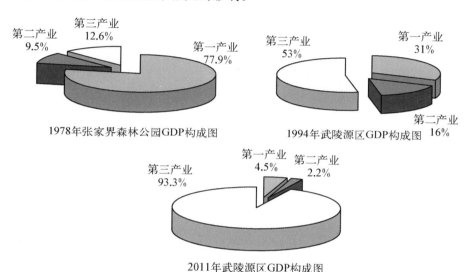

图 4 - 12　武陵源区产业结构变化图

(资料来源:武陵源统计局)

　　旅游经济是产业关联度很强的产业,从而可以带动包括服务业、娱乐业、交通运输业、食品加工业、旅游小商品制造业、建筑业等行业部门的发展,为武陵源及其周边社会提供了大量的直接就业机会。

　　根据《张家界市农业年鉴》反映的旅游就业带动农村就业基本情况,自旅游开发以来,武陵源以旅游业为龙头的第三产业发展迅速,1978 年,第一、第二和第三次产业结构为 77.9:9.5:12.6;到 1989 年武陵源风景名胜区成立时,第一、第二和第三次产业结构为 57:8.9:34.1;而到了 2011 年,三次产业结构为 4.5:2.2:93.3,相关旅游产业从业人员为 17 000 人,新增农村劳动力转移就业 2.06 万人,旅游业带动农村就业的人数和就业份额呈历年增长的趋势(图 4 - 13),以旅游业为龙头的第三产业已经成为武陵源区的主导产业。

---

① 夏赞才.张家界现代旅游发展史研究[D].长沙:湖南师范大学,2004.
② 资料来源:《张家界市武陵源区关于 2012 年国民经济和社会发展统计公报》。

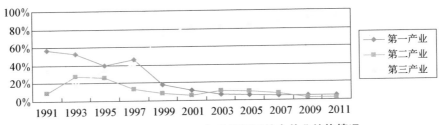

图4-13　1989～2011年武陵源区社会从业结构情况

(资料来源：武陵源统计局)

（3）农民经济收入的影响

旅游开发以来，武陵源农民生活水平得以较大幅度提高。据相关资料，1989年武陵源风景名胜区刚成立时，全区农民人均纯收入334元；到了1997年，全区农民人均纯收入1 588元；2005年十六届五中全会提出建设"社会主义新农村"，村镇建设与旅游资源开发相结合，适应了目前我国农村乡镇建设发展新形势的一项切实可行的措施，也为当前新农村建设找到一个新的契合点，农民收入增长迅速，截至2012年底，全区农民人均纯收入已经达到6 465元①。从1989年到2012年的这24年间，全区农民人均纯收入增长了18倍(图4-14)。但是与旅游经济增长的强劲势头相比，武陵源当地村民的收入并没有与旅游收入的增长保持同步。由于采用了人均纯收入，可能居住在核心景区内世居户的实际收入增长情况比统计的数据还要低(图4-15)。

农民人均纯收入(元)

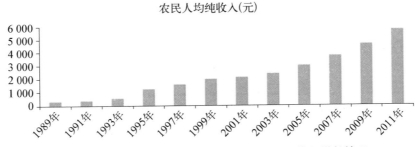

图4-14　1989—2011年武陵源区农民人均纯收入增长情况

(图片来源：武陵源区统计局)

武陵源是一个典型的从无到有发展起来的新兴旅游地，经过30多年的现代旅游发展，改变了当地的经济结构，当地居民生活也得到了较大的提高，使武陵

---

① 数据来源：1989—2012年《张家界市武陵源区统计局关于国民经济和社会发展的统计公报》。

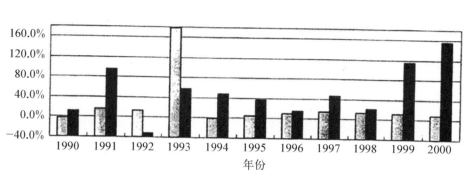

图 4-15　武陵源区旅游总收入与农民人均纯收入年增长百分数对比情况

(图片来源：北京大学景观设计研究院：《武陵源风景名胜区总体规划(2005—2020)》说明书)

源从一个偏远山区成为国内外知名的旅游胜地,使张家界地区从一个贫困县城变为湖南省的重要地级市,不仅改变了湖南省的行政区划结构,还改变了湖南省的经济发展区域格局。

4.3.2　生态环境的影响

武陵源现代旅游经济的快速发展,客观上对其生态环境和自然景观美学价值产生了重大的影响,这些影响包括了地形地貌、土壤、植被、动物、水体、空气质量等方面。其中,影响比较大的生态环境因素主要是水环境、空气环境和景观美学三方面。

4.3.2.1　水环境的影响

武陵源素有"秀水八百"之称,"流域内沟壑纵横,河网密布,雨量极其充沛"[1]。由于地质岩层不同,在武陵源境内形成了溪流、清泉、水瀑和地下河等各种不同的水体。武陵源地面水径流以溪流为主,境内共有 34 条溪流,其中五级河道有 16 条,总长 100.54 公里,流域面积 305.62 平方公里,约占武陵源风景区总面积的 78.2%[2](表 4-5)。绝大部分溪流发源于张家界国家森林公园和天子山,经由金鞭溪和香芷溪,流入索溪,最后汇入宝峰湖和索溪水库(图 4-16)。

① 黎前查,卢宏伟.张家界市洪水特性及防洪方案研究[J].湖南水利水电,2001.
② 夏赞才.张家界现代旅游发展史研究[D].长沙:湖南师范大学,2004.

表 4 - 5　武陵源区域内溪河分布情况①

分 布 景 区	溪 河 名 称	数 量
张家界国家森林公园	金鞭溪、琵琶溪、却甲峪溪、花溪、舍刀沟溪	5
索溪峪景区	索溪、王家峪溪、白虎堂溪、铁厂溪、干溪、矿洞溪万网泉峪溪、香楠溪、枝儿湾溪、董家峪溪、黑槽峪溪、落马峪溪、插旗峪溪、施家峪溪、龙尾溪、水岩屋溪、蔡家峪溪	17
天子山景区	凤响泉溪、黄龙溪、小庙溪、泗南峪溪	4
杨家界景区	香芷溪、石合峪溪、篙子溪、石家峪溪、黑峪溪	5
外围保护区	协合溪、东杨桥溪、黄柏溪	3
总　　计		34

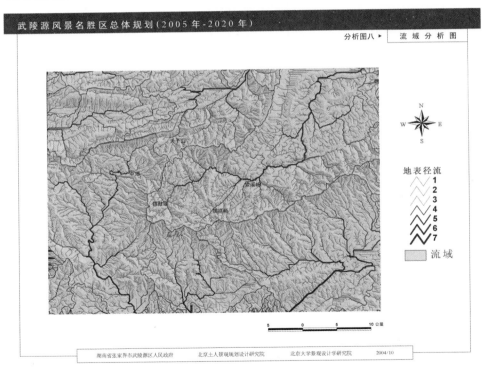

图 4 - 16　武陵源景区水流域分析图
(资料来源:武陵源区规划局)

---

①　资料来源:北京土人景观规划设计研究院,北京大学景观设计学研究院.武陵源风景名胜区总体规划(2005—2020),2004.

武陵源区域内的溪河分布及其流域特征,决定了水景是武陵源自然景观构成中最生动和活力的要素之一。在众多溪流两旁,聚集了许多风光优美的自然景观。尤其是金鞭溪,是张家界国家森林公园旅游开发最早的游览线路之一,从老磨湾至水绕四门的全长 5.5 公里的沿溪游道,集中了近 20 个景点,其中一级景点 7 个,占整个武陵源一级景点(一级景点共 69 处)的 10%。1992 年联合国教科文组织给予很高的评价:"5 540 米长的金鞭溪,清澈的溪水,完好的植被,长地段不见人烟,这在亚洲是十分少见的。"①

然而,1998 年联合国文教科组织官员再次检查武陵源时,认为核心景区城市化趋势对风景区的生态环境正在产生深度的影响,较突出的问题表现在水质明显恶化。石强、郑群明、钟林生在 2002 年的研究表明②:武陵源旅游开发以来,金鞭溪在锣鼓塔段和金鞭岩段的水体质量等级发生了明显的改变。1984 年,锣鼓塔段的水质仍为一级,但到 1986 年,其水质已降为二级。1984 年至 1988 年,金鞭岩段的水质为国家一级,但到 1993 年以后,该段的水质均为国家二级。

张家界市环境监测站在 1998—2002 年的丰水期、平水期和枯水期分别对金鞭溪、索溪 6 个断面进行了监测,发现金鞭溪、索溪均呈有机型污染,特别是总磷污染比较严重,其中高锰酸盐指数、溶解氧饱和率、非离子氨、亚硝酸盐氮在各断面年均值均超过地表水类标准,总磷在 2000 年 100% 超标,这与武陵源接待游客人数变化趋势是一致的。

金鞭溪、索溪水质污染最主要的原因是流域上游的宾馆饭店污水及居民生活污水(图 4-17),这一状况从 80 年代中期开始。根据有关资料统计,1998 年,金鞭溪上游的锣鼓塔就有 49 家宾馆、饭店和招待所,床位数达到 4 585 个,此外还有 312 家商铺和 125 家农家旅馆③。排放区主要集中在金鞭溪上游的锣鼓塔、金鞭溪与索溪交界处的水绕四门和索溪峪镇。锣鼓塔旅游接待区、核心景区内分片集中隐蔽安置户、天子山快餐店每天排放的污水量很大。武陵源核心景区 10 多个厕所,金鞭溪旁 3 个,这些厕所都是普通水冲式厕所,金鞭溪和索溪接纳了大量的生活污水,对武陵源水环境构成了危害。

武陵源水环境质量日益下降引起区政府和管理者重视,2002 年前后修建了锣鼓塔和索溪峪两个大型污水处理厂。2006 年,武陵源区环境保护工作评估报

① 1992 年 5 月联合国文教科组织武陵源考察评估报告。
② 石强、郑群明、钟林生. 旅游开发利用对水体质量影响的综合评价——以张家界国家森林公园为例[J]. 湖南师范大学学报,2002.
③ 夏赞才. 张家界现代旅游发展史研究[D]. 长沙:湖南师范大学,2004.

村民在王家峪溪里洗菜

索溪岸边的农户

索溪岸边的五星宾馆

香楠溪岸边的农户

锣鼓塔琵琶溪边的农家乐

王家峪溪岸边的农家餐馆

图 4-17　武陵源现代旅游开发对水环境的影响

(图片来源：作者自拍)

告显示，修建锣鼓塔和索溪峪污水处理厂后，金鞭溪和索溪水质得到明显改善，但已难以恢复完全达到国家Ⅰ类标准水平(表 4-6)。

表 4-6　武陵源区地表水源 2006 年达标情况①

月　份	金鞭溪(水绕四门段)	索溪(吴家峪段)	索溪(黄龙洞段)
1 月	Ⅰ类	Ⅰ类	Ⅱ类
2 月	Ⅰ类	Ⅰ类	Ⅰ类
3 月	Ⅰ类	Ⅰ类	Ⅱ类
4 月	Ⅰ类	Ⅰ类	Ⅱ类
5 月	Ⅰ类	Ⅱ类	Ⅱ类
6 月	Ⅰ类	Ⅰ类	Ⅱ类
7 月	Ⅰ类	Ⅰ类	Ⅱ类
8 月	Ⅰ类	Ⅰ类	Ⅰ类
9 月	Ⅰ类	Ⅰ类	Ⅱ类
10 月	Ⅰ类	Ⅰ类	Ⅱ类
11 月	Ⅰ类	Ⅰ类	Ⅰ类
12 月	Ⅰ类	Ⅰ类	Ⅱ类

①　资料来源：吴文晖,曾石莲.武陵源景区水体质量的监测及环境意义[J].湖南林业,2007.

4.3.2.2 空气环境的影响

武陵源素有"天然氧吧"之称。1978 年旅游开发之前,没有关于武陵源空气质量的相关资料。从当时的地理条件和区域环境来判断,武陵源空气质量存在污染的现象的可能性不大。1984 年,据湘西土家族苗族自治州环境监测站进行的环境质量测定①,张家界国家森林公园接待区锣鼓塔②大气质量指数为 0.3 和 0.4③,表明在旅游开发初期,武陵源区域内的大气环境质量为清洁。

武陵源大气质量下降是从 80 年代中期开始的。1986 年,湘西土家族苗族自治州环境监测站数据显示,锣鼓塔的大气中二氧化硫和总悬浮微粒是主要污染物,其中二氧化硫含量急剧增加。到了 1988 年,锣鼓塔空气质量指数为 1.0 和 1.2,四年中大气污染增长了 3 倍,达到中等污染,表明锣鼓塔接待区的大气污染程度增加。1994 年污染程度继续加重,锣鼓塔空气质量指数达到 2.0 和 2.2,达到重污染级别,这一趋势一直延续到 1997 年,锣鼓塔空气污染指数为 2.7,达到历史最高水平,生态旅游地大气质量指数为 3.0,达到严重污染级别④(表 4 - 7)。

表 4 - 7　锣鼓塔接待区大气质量指数及污染级别年变化⑤

项　目	1984	1988	1993	1994	1995	1997	1999	2001	2005	2010
上海大气质量指数	0.3	1.0	1.6	2.0	2.5	2.7	2.4	2.0	1.5	1.6
大气污染级别	清洁	中等	中等	重度	重度	重度	重度	重度	中等	中等
生态旅游地大气质量指数	0.4	1.2	1.9	2.2	2.6	3.0	2.6	2.2	1.7	1.9
大气污染级别	清洁	中等	中等	重度	重度	严重	重度	重度	中等	中等

注:按上海大气质量指数分级标准,<0.6,清洁;0.6—0.9,轻污染;1.0—1.9,中污染;2.0—2.8,重污染;>2.8,严重污染。

从 80 年代中期开始,二氧化硫、二氧化碳和粉尘的排放成为武陵源区域内最主要的空气污染。由于武陵源及其周边地区并没有大型工矿企业,大气污染

① 武陵源之前没有关于空气质量的监测数据,1984 年,湖南省湘西土家族苗族自治州环境监测站的大气监测,应该是最早有关武陵源区域内大气状况调查之一。

② 调查观测地段选择在张家界国家森林公园接待区锣鼓塔,是因为锣鼓塔处在核心景区,且旅游接待设施比较集中,据此可以大致推断武陵源区域的大气质量。

③ 衡量大气质量的指标体系非常复杂,单项指标并不能说明整体大气质量。我国常用上海大气质量指数和修订过的生态旅游地大气质量指数作为衡量大气质量的标准。

④ 夏赞才.张家界现代旅游发展史研究[D].长沙:湖南师范大学,2004.

⑤ 数据来源:石强等.《旅游开发利用对张家界国家森林公园大气质量影响的综合评价》,结合武陵源区国民经济和社会发展统计公报整理而成。

威胁主要源于景区内的旅游服务设施以及周边村落生产生活的锅炉、灶具及机动交通工具废气的不合理排放。而该地又处于峡谷盆地地带,大气扩散条件差,使得大气污染逐年加重。

张家界市环境监测站对 1984—2003 年间锣鼓塔和黄石寨[①]两处的空气质量变化进行了监测,通过对比,可以发现锣鼓塔大气污染的程度及速度都远远高于黄石寨,黄石寨的空气质量各项指标大多数在国家一级标准限值内,而且历年变化不大,状态较为稳定。而锣鼓塔由于已经发展成为拥有众多旅游接待设施的旅游城镇,空气质量相对较差(表 4-8 和图 4-17)。

表 4-8　1984—2003 年武陵源核心景区空气质量监测情况[②]

监测点	住宿设施集中的锣鼓塔			游览设施集中的黄石寨		
监测指标	SO_2	TSP[③]	SO_x	SO_2	TSP	SO_x
1984 年	0.029	0.252	0.004	0.000	—	0.000
1988 年	0.017	0.055	0.010	0.007	0.030	0.006
1991 年	0.093	0.196	0.044	0.003	0.036	0.017
1994 年	0.141	0.202	0.004	0.002	0.036	0.036
1997 年	0.344	0.203	0.020	0.021	0.066	0.003
2000 年	0.171	0.066	0.012	0.026	0.049	0.005
2003 年	0.202	0.201	0.015	0.023	0.145	0.004

武陵源核心景区空气污染日益严重且受到来自各方面的批评,特别是 1998 年受到联合国的"黄牌警告"后,武陵源区政府下决心整治改造。1998 年起,公园管理处要求景区内所有燃煤炉、灶限期改为用油、用气、用电,随着对环境的重视和景区内接待设施的拆除,锣鼓塔区域的空气质量有所改善,二氧化硫从 1998 年的 366 吨下降到 2010 年每年 120 吨的排放量[④],这种影响得到了一定程度的缓解(见图 4-18)。张家界市环境监测站资料显示,1998—2010 年,空气污

---

①　锣鼓塔和黄石寨都位于武陵源核心景区,锣鼓塔地势较低,旅游接待设施集中;黄石寨地势高,游客游览活动集中。

②　资料来源:郑跃进.山岳型风景名胜区总体规划编审案例——以《武陵源风景名胜区总体规划(2005—2020)》编审为例[M].青阳出版社,2008.

③　TSP,英文 total suspended particulate 的缩写,即总悬浮微粒,又称总悬浮颗粒物。指用标准大容量颗粒采集器在滤膜上收集到的颗粒物的总质量。粒径小于 100 μm 的称为 TSP,粒径小于 10 μm 的称为 PM10(可吸入颗粒),粒径小于 2.5 μm 的称为 PM2.5。TSP 和 PM10、PM2.5 在粒径上存在着包含关系,PM10,PM2.5 为 TSP 的一部分。

④　资料来源:《张家界市武陵源区国民经济和社会发展统计公报》。

染综合指数呈下降趋势,武陵源景区 2012 年二氧化硫含量为 0.003 mg/m³,二氧化氮含量为 0.002 mg/m³,5—12 月可吸入颗粒物 0.004 mg/m³,最高值达 0.075 mg/m³[①]。按国家空气质量一级标准衡量,各项因子均未超标,但部分因子已接近或达到标准,结论为:武陵源风景区空气质量呈轻度污染状况。

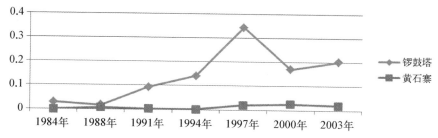

图 4 - 18　1984～2003 年锣鼓塔、黄石寨大气中 SO_2 变化情况

(图片来源:郑跃进.山岳型风景名胜区总体规划编审案例——以《武陵源风景名胜区总体规划(2005—2020)》编审为例)

4.3.2.3　景观美学的影响

(1) 自然景观美学价值是武陵源世界遗产的核心

《世界遗产公约》[②]认为,"世界自然遗产"应至少具有以下四项特质之一,第 Ⅰ 项:代表地球演变史上重要阶段的突出特征;第 Ⅱ 项:代表不同生态系统和动植物群体之重大演变发展过程的重要例证;第 Ⅲ 项:具有绝妙的自然现象或含有罕见的自然美景,在美学上有重要意义的地带;第 Ⅳ 项:对就地保护生物多样性具有重大意义的自然栖息地或具有突出普遍价值的濒危动植物生长地。

武陵源之所以能列入世界自然遗产,并不是因为自然遗产标准第 Ⅰ 项和第 Ⅱ 项"代表地球或生态系统演变史上重要发展",也不是因为第 Ⅳ 项标准"保护生物多样性",而是因为"具有绝妙的自然现象或含有罕见的自然美景"(世界自然遗产标准第 Ⅲ 项)。1998 年联合国教科文组织的考察报告[③]中也谈道:"武陵源肯定是个有杰出景观价值的风景区。考察组毫不怀疑这里的石英砂岩柱峰、岩

---

① 杨美霞.武陵源风景区旅游业的可持续发展与环境保护[J].云南财贸学院学报(社会科学版),2005 年.

② 1972 年 11 月 16 日,联合国教科文组织在巴黎第 17 届大会上通过了《保护世界文化和自然遗产公约》(Convention Concerning the Proteetion of the World Culture and Natural Heritage),这也就是我们所说的《世界遗产公约》。1976 年成立了政府间合作机构,即"世界遗产委员会"。世界遗产委员会每年确定世界范围内珍贵的自然和文化遗产,将其中具有突出普遍价值的列入《世界遗产名录》。

③ 联合国文教科组织于 1998 年 8 月、9 月先后考察了四川九寨沟、湖南武陵源世界遗产地,并形成了考察报告,武陵源考察报告是其中一部分。

溶地貌、生长在平缓斜坡上的密集的阔叶树林,这些都提供了具有世界价值的杰出的景观,列入世界自然遗产标准第Ⅲ项内是合理的。"

所以,以中内外罕见的石英砂岩峰林景观、溶岩地貌景观和密集的阔叶树林为核心内容的自然景观美学价值,是武陵源能列入世界自然遗产最重要的原始价值,也是武陵源旅游资源价值的核心。对于旅游者而言,观光旅游的本质特征决定了其自然风景美学的绝对价值。

(2)武陵源自然景观格局变化

在风景区景观空间格局模型研究中,常将景观类型划分为植被景观、农业景观和建筑景观三大类。武陵源作为以自然景观审美为主要功能的世界遗产,在自然景观审美中,植被是自然审美的基础,农业景观不有助于景观审美,而建筑作为人工景观,成为自然审美的最大干扰。武陵源旅游开发后,人类活动影响相当广泛而且深刻,旅游业及当地居民的人类活动成为影响武陵源景观格局的重要因素。根据其发展阶段,选取武陵源具有代表性的1977年、1987年、1998年、2004年和2007年五个时期的景观变化进行分析[①]。

① 植被景观稳定增长

武陵源自1978年旅游开发以来,随着风景区的划定和建设,植被覆盖率逐年提高,植被种植面积一直呈增长扩大之势,斑块破碎化程度逐渐降低,斑块质量逐渐提高。植被景观稳定增长(表4-9和图4-19)。

表4-9　1977—2007年武陵源景区植被覆盖景观特征[②]

	1977年	1987年	1998年	2004年	2007年
斑块面积(ha)	19 555.6	25 847.9	27 103.9	29 515.0	32 782.7
植被覆盖率	49.3%	65.1%	68.3%	73.4%	82.6%
斑块数(个)	669	921	900	385	611
最大斑块面积(ha)	15 875.3	22 568.6	23 009.6	28 179.0	30 803.7
最大斑块面积所占比	81.18%	87.31%	84.89%	95.47%	93.96%

---

① 1977年反映了武陵源在旅游开发之前强烈的农耕活动影响下的景观;1987年代表旅游业刚刚起步影响下的景观(1988年被国务院批准为国家重点风景名胜区,1992年被列入世界自然遗产名录,之后旅游业快速发展);1998年代表在不恰当的规划和管理下旅游活动和当地人类活动对研究区景观的深刻影响(1998年遭到世界遗产委员会的警告);2004年是研究区实施景区大拆迁后的景观;2007年是研究区在旅游发展的压力和当地居民的高强度影响下的景观。

② 资料来源:周年兴,黄震方,林振山.武陵源世界自然遗产旅游地景观格局变化[J].地理研究,2008.

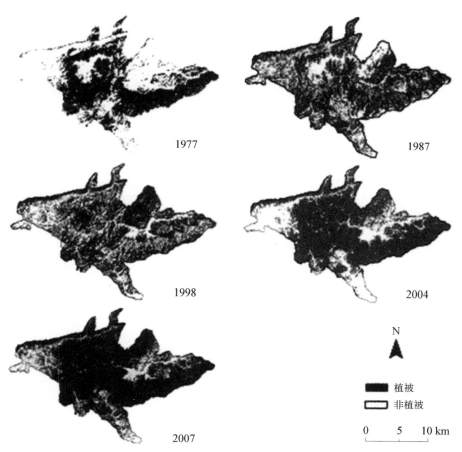

图 4‑19　武陵源历年植被覆盖率变化情况
（资料来源：武陵源区规划局）

1977 年旅游开发之前,武陵源境内毁林开荒、砍伐森林现象较为严重,区域内除石英砂岩峰林地貌、陡峭的岩体悬崖和一些坡度较大的地方外,大部分地区都有垦荒,村庄周围很少有成片植被,植被覆盖率只有 49.3%。

1982 年,成立张家界国家森林公园。随着旅游发展,当地政府开始植树造林,在一些缓冲区,尤其是中湖乡、协合乡和喻家嘴等地的植被覆盖有较大提高,许多自然条件比较差的旱地已经逐步成林。1987 年,武陵源植被覆盖率已达到了 65.1%。植被主要集中在张家界国家森林公园和索溪峪国营林场,天子山集体农场附近(核心景区)仍然是一大片人工景观。

1988 年国务院批准成立国家级风景名胜区后,武陵源植被覆盖率进一步提高。自 1989 年以来,共完成人工造林 1 868 公顷,1998 年图像显示核心景区内的植被覆盖率提高很多,尤其是天子山农场已经恢复了植被,植被覆盖率达到了68.3%。但是在一些村镇和旅游接待设施集中的地方,植被覆盖率进一步减少。

2004年,武陵源植被覆盖率达到了73.4%。随着《湖南省武陵源世界自然遗产保护条例》的颁布实施,从1999年10月开始全面禁止核心景区及其边缘的林木采伐,对武陵源风景区内外大约245公顷的土地进行了封山育林,自2000年以来,武陵源共实施退耕还林面积600公顷。

2007年武陵源植被覆盖率已经达到82.6%,植被覆盖率进一步提高。主要是因为缓冲区一些耕作条件较差的地方恢复为植被覆盖,尤其在中湖乡、协合乡等传统农业地区。由于农业效益低下和旅游业的快速发展,更多的农耕用地被征用为风景区生态保护用地。

② 农业景观逐年递减

农业景观是指人类农业生产活动影响而非建筑形态的土地利用,包括水田、旱地、荒地、人工改造的水域等类型。从斑块面积和所占比例来看,武陵源区域内农业景观的总体特征是面积逐年减少,农业景观破碎化趋势相当明显,其主要原因是农业景观逐渐被植被斑块所侵蚀,斑块数量增加,成为逐渐被蚕食的景观类型(表4-10和图4-19)。

表4-10 1977—2007年武陵源景区农业景观特征①

	1977年	1987年	1998年	2004年	2007年
斑块面积(ha)	19 253.2	12 430.0	10 982.4	9 696.1	5 999.7
农业景观所占比	48.5%	31.3%	27.7%	24.4%	15.1%
斑块数(个)	188	518	484	142	258
最大斑块面积(ha)	6 526.9	2 238.6	1 332.3	3 516.8	2 015.8
最大斑块面积所占比	33.9%	18.0%	12.1%	36.3%	33.6%

从表4-10可以看出,1977年旅游开发以前,武陵源区域内具有较强烈的农业活动,农业景观占到了总面积的48.5%。农业生产活动主要发生在景区内的河流峡谷地带、山林缓坡和山顶平地。

1977—1987年间,农业景观迅速减少,1987年只占总面积的31.31%,减少

---

① 资料来源:周年兴,黄震方,林振山.武陵源世界自然遗产旅游地景观格局变化[J].地理研究,2008.

的主要原因是部分山林缓坡地带的旱地得以恢复了森林植被。同时,在一些边缘低地,建筑也占据了部分农业景观。

1987—1998 年间,农业景观进一步减少,1998 年只占总面积的 27.7%。减少的主要原因是核心景区内的退耕还林,最明显的变化是天子山农场已经显著减少,外围农业景观面积也进一步减少。

1998—2004 年间,核心景区内的农业景观仅有少数几个斑块,减少最为明显。2004 年农业景观仅占 24.4%。

2004—2007 年间,农业景观在缓冲区减少较为明显,主要是缓冲区一些耕作条件较差的地方已经恢复为植被覆盖,2007 年农业景观仅占 15.1%。

随着自然遗产型景区的建设和发展,为了保护自然资源和生态环境,武陵源加强了风景区的封山育林和退耕还林工作,这也就意味着有更多的农民耕地被征用为景区保护用地,从而影响了农民的农业生产和收入水平。

③ 建筑景观的变化

虽然建筑景观在武陵源自然景观空间格局中所占比例不大,但是是人类活动影响最深刻、破坏最严重的景观类型,其景观特征变化见表 4 - 11。

表 4 - 11　1977—2007 年武陵源景区建筑景观特征①

	1977 年	1987 年	1998 年	2004 年	2007 年
斑块面积(ha)	1 485.2	1 039.9	1 112.4	1 126.2	1 046.9
建筑密度	3.74%	2.62%	2.80%	2.84%	2.64%
斑块数(个)	1 023	642	623	335	542
最大斑块面积(ha)	8.61	24.23	82.29	196.13	122.19
最大斑块面积所占比	0.58%	2.33%	7.39%	17.41%	11.67%

从表 4 - 11 可以看出,1977 年建筑景观斑块数多,最大斑块面积小,说明当时农村居民点相当分散,这种分散性与传统农业生产密切相关。

1977—1998 年间,是武陵源现代旅游业从刚起步到快速发展的阶段,也是武陵源核心景区城市化最快的阶段。由于政府当时没有对接待设施建设进行有序控制导致了盲目建设和发展,带来了旅游服务设施建设的高潮。截至 1998 年,武陵源住宿接待床位总数达到了 12 474 张,其中核心景区及其上游地带有

---

① 资料来源:周年兴,黄震方,林振山.武陵源世界自然遗产旅游地景观格局变化[J].地理研究,2008.

79家宾馆、招待所,床位数已经达到7 585张,此外还有612家商铺,52家管理服务机构,325家家庭旅馆(表4-12)。

表4-12　1998年武陵源核心景区旅游接待设施情况①

名　称	性　质	家	占有面积 (m²)	建筑面积 (m²)	餐位数 (个)	床位数 (张)
天子山	国有	11	67 266	20 843	880	789
	私营	10	5 927	4 710	460	293
	总计	21	73 193	25 553	1 340	1 082
张家界	国有	30	220 845	107 750	4 030	3 395
	私营	2	2 264	820	70	61
	总计	32	223 110	108 570	4 100	3 456
袁家界	国有	2	25 987	2 650	240	203
	私营	21	25 041	7 740	990	807
	总计	23	51 028	10 390	1 230	1 010
杨家界	国有	3	21 245	7 250	270	218
	私营	13	3 796	3 220	380	299
	总计	16	25 041	10 470	650	517
索溪峪	国有	42	462 803	133 255	5 408	4 779
	私营	23	38 208	35 800	2 163	1 630
	总计	65	501 011	169 055	7 571	6 409
总　计	国有	88	798 147	271 748	10 828	9 384
	私营	69	75 237	52 290	4 063	3 090
	总计	157	873 385	324 038	14 891	12 474

　　武陵源城市化倾向主要表现发生在锣鼓塔、索溪峪等景区主要入口处,以及天子山、袁家寨、水绕四门等核心景区内。比如,从天子山风云宾馆步行到贺龙公园不到500米的道路两侧(此距离内不乏特级景源),"深圳富丽山庄、南方宾馆等十多家宾馆比肩而立,两边的自然风景被遮挡,白晃晃的外墙瓷砖和五颜六

---

① 资料来源:武陵源区拆迁办公室。

色的旅游商品特别耀眼"①,通信电力设施环山公路沿线裸露,村庄的环境卫生差,这些都极大破坏了景区的自然生态环境,严重破坏视觉景观(见图4-20)。

图4-20 武陵源核心景区内至今还未拆的家庭旅馆

(图片来源:自拍)

在袁家界的"天下第一桥"(特级景源)景点前,坐落着众多的酒店、饭店等接待设施,拥挤着贩卖各种旅游纪念品、红薯玉米、烤鱼香肠的小商小贩。为招徕生意,各家店铺不惜动用音响设备,嘈杂的声音打破了景区的宁静,让人难以感受到"天下第一桥"的宁静感②。

"水绕四门"(特级景源)的状况也大致如此。峰峦高耸的山谷间,排满了几十家门店,其中占地6 116平方米,投资达2 100多万元的古汉山庄依山而建,这些人工建筑严重破坏了风景区的原始自然性,影响了人们对"水绕四门"景区石峰林的审美价值。

1998年联合国专家考察武陵源时提出尖锐的批评③:"武陵源的自然环境已变成像个被围困的孤岛"。"在峡谷入口处和天子山这样的山顶上,城市化对自然界正在产生难以估计的影响。""影响景区最主要的因素是在各主要进口处和某些山的顶峰(如天子山)新增的旅客设施。"结论是:"武陵源现在是一个旅游设施泛滥的世界遗产景区,美学影响是显著的。大部分景区现在像是一个城市郊区的植物园或公园。"

受到联合国世界遗产委员会专家的"黄牌警告"后,在各方压力下,当地政府决定将核心景区内违章建筑物全部拆除,五年内计划拆除核心景区建筑共3.4×10^5平方米。2001年武陵源环境大整治时,当地政府主要采取了分散隐蔽安置、统一规划建房安置两种方式,大拆迁并没有使建筑占地显著减少。该斑块发生了某些改变,其内部增加了自然斑块,周边形成了组团发展模式,其中最大斑块

---

① 聂建波. 世界自然遗产地武陵源景区内建筑拆迁、居民迁移研究[D]. 长沙:湖南师范大学,2009.
② 聂建波. 世界自然遗产地武陵源景区内建筑拆迁、居民迁移研究[D]. 长沙:湖南师范大学,2009.
③ 1998年9月联合国文教科组织对武陵源世界自然遗产地的考察报告。

索溪峪的建筑景观变化从图4-21可以看出。从表4-11可以发现,1998年后,武陵源核心景区内建筑景观斑块面积逐年减少,斑块数量逐年减少,但是最大斑块面积及所占比例增大,说明建筑景观从分散型的点状向集聚型的块状演变的趋势。

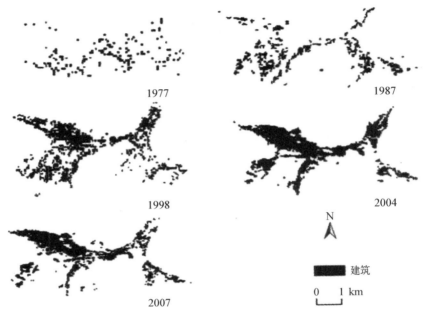

图4-21　索溪峪旅游镇历年建筑景观变化情况
(资料来源:武陵源区规划局)

　　有人类旅游活动存在,就必然会对自然环境产生影响。现代旅游发展以来,对武陵源造成最严重的破坏就是自然遗产景观美学价值的破坏。自然景观美学是武陵源成为世界自然遗产的核心价值所在,如何保护和提升自然遗产的美学价值是风景区可持续发展的关键。

4.3.3　社会环境的影响

4.3.3.1　武陵源居民构成及其聚居方式

　　武陵源属于亚热带山区气候,资源丰富,自古就有一定数量的人口在景区内居住。他们祖祖辈辈在这里繁衍,开荒种田、开山采石、伐林打猎,依靠传统的农业生产谋生。经过长期发展,在武陵源及其周边地区逐渐形成了一些自然村落和集镇。

　　武陵源主要以农业人口或村镇方式聚居,近年来,受旅游经济的影响,武陵源成为区域内极具吸引力的聚合点。吸引着外来人口流入景区范围内,景区内居民点规模也逐渐增大。根据其成因和发展历程,武陵源居民构成及其聚居方式可以分为以下四类(见表4-13)。

表 4 - 13　武陵源居民构成及其聚居方式

序　号		形成过程	社会结构稳定度	经济来源
原住民	传统原住民	氏族聚居缓慢形成	十分稳定	传统农业林业生产
	传统迁入居民	解放后因国营农场、国营林场和水利工程的建设而迁入	稳定	传统农业林业生产
外来人员	经商户	因旅游经济吸引力而聚居,在相对短暂时期内形成	不稳定	从事旅游经营活动和旅游服务工作
	服务人员			
游客	旅游者	观光旅游和休养度假	非常不稳定	其他
	休养者			
政府工作人员	各种事业单位、科研机构	行政管理和教育科研的需要	稳定	国家财政

(1)原住民

原住民是指在武陵源风景名胜区范围划定之前,就已经世世代代居住在景区范围内及周边地区,至今仍有田土或林地的原有居民。原住民又分传统原住居民和传统迁入居民两类。

① 传统原住居民

传统原住居民,又称为"世居户①",是指因氏族聚居而缓慢形成的居民。这类居民包括世世代代居住在武陵源的原住少数民族,如苗族、白族等;也包括历史上屯垦和战争等原因而迁住的汉族,武陵源的原住汉族多数来自江西,几百年前为了屯垦边疆而留守定居②。

传统原住居民普遍文化水平低下,对于武陵源来说具有两面性:一方面,他们传统而原始的生产生活活动,很大程度地依赖于景区的自然生态资源,对于自然遗产地的生态环境具有较大的负面效应。从另一方面来看,这类居民与自然遗产地有着密不可分的关系,甚至成为景区人文特色的必不可少部分,传统而富有地域特色的生活状态和风俗习惯,形成了一种强有力的旅游吸引物,成为武陵

---

①　世居户:是指一直在此居住生活,至今仍有田土的居民,而在风景区内没有田土,从事旅游经营活动的非本地居民都不是世居户。

②　湖南省建设厅.湘西历史城镇、村寨与建筑[M].北京:中国建筑工业出版社,2008.

源人文景观资源的重要组成部分。

② 传统迁入居民

传统迁入居民,是指在武陵源风景名胜区范围划定之前,迁入遗产地范围内从事林业生产的居民。与传统原住居民不同的是,他们进入武陵源时间并不长,一般是在 20 世纪 50 年代以后。

这段时间,武陵源迁入了一定数量的人口,包括张家界国有林场、国有索溪峪"五七林场"以及天子山国营农场的居民①。这类居民文化水平不高,在景区内从事农业、林业生产,以生产单位为聚居模式,形成较为固定的社会关系。随着时间的推移,传统迁入居民与传统原住居民相融合,形成相似的生产生活模式。由于他们长期居住在景区内,其生产生活方式对风景区的生态环境也造成一定的压力。

(2)外来人员

因旅游经济吸引力而聚居,在相对短暂时期内形成。

① 经商户

由于风景区旅游开发所带来的收入落差和利益差异,一些外来人口在经济利益的驱动下,迁往武陵源进行商业开发。这些人员主要目的是为了获取经营机会,追求利润最大化,其行为对自然遗产型景区的生态环境造成一定的破坏。

② 服务人员

随着风景区的建设和旅游服务的需要,一定数量外来人员进入武陵源定居并从事服务类工作,形成了这一类型居民。相对原住民,这类居民大多数受过旅游专业训练,文化程度较高,服务素质较好,具有较强的竞争力。

(3)旅游者和休养者

旅游者和休养者是因为旅游观光和休养度假的需要而在景区内作短暂的逗留。尽管这部分游客不稳定,但在当前竞争日益激烈的旅游市场中,他们拥有一定的话语权,其价值取向和游览习惯的变化,对武陵源的社会和自然环境造成直接的影响。为了扩大景区接待能力,当游客与当地居民的资源消耗总量超过生态承载力范围时,在管理者为了追求经济利益最大化的过程中,往往将减少居民数量作为唯一的手段。

---

① 1957 年大跃进时期,当时的大庸县委提出了"社社办林场"的口号,规划在张家界、猪石头等几座大山创办林场。1958 年 4 月,国有张家界林场成立。1973 年,慈利县"五七干校"改为国营索溪峪"五七林场",同年,为了利用索溪峪丰富的水利资源,慈利县决定在索溪峪修建宝峰湖水库。

（4）政府工作人员

在我国现行管理体制下，自然遗产型景区的维护和经营，需要一定规模的管理运营机制。因此，除了上述三种基本的居民外，还存在着一些特殊性质的居民点，包括行政事业单位、科研教育机构等。这类居民相当一部分是遗产地的原居民转化过来，他们负责制定政策、分配资源、维护景区管理工作。

4.3.3.2　武陵源居民社会主要矛盾及具体体现

（1）武陵源居民社会的主要矛盾

通过实地调研和分析，本书认为武陵源居民社会各种问题的根源就在于自然遗产资源的保护与利用的矛盾，这对矛盾始终贯穿于武陵源现代旅游发展的整个过程，这也是武陵源及其周边村镇发展动力和制约的主要因素。

一方面，武陵源作为世界自然遗产，是大自然经过几千万年甚至上亿年，在特定的自然条件演绎而成，具有稀缺性和不可再生性，风景资源和生态环境的保护必须放在第一位。另一方面，由于自然遗产型景区集中了价值最高的风景资源，在市场经济条件下，自然风景资源的潜在商业价值日益显化，不可避免地会引发自然遗产资源保护与开发之间的矛盾。

由于武陵源风景区与周边村镇在空间上的紧密性，在环境和资源上的共享性，使得周边地区的村民成为与风景区接触最频繁、联系最紧密的利益相关者之一。然而现实中，风景区的经营者和管理者与周边地区村镇追求的发展目标并不一致。景区及其周边农民希望通过武陵源的旅游开发来带动村镇的发展，从而使他们的生活水平得以提高。而经营者和管理者则希望维护风景区的声誉和形象，通过保护性开发实现风景区可持续发展的同时，争取经济利益的最大化。正是因为风景区的管理者与周边地区的村镇追求的发展目标不一致，造成了他们之间的矛盾和冲突（图4‐22）。

图4‐22　自然遗产型景区与周边村镇发展目标不一致

（图片来源：自绘）

（2）武陵源居民社会矛盾具体表现

① 景区与周边村民生产经营之间的矛盾

一方面，村民不当的生产经营活动对武陵源自然生态环境产生了较大破坏。一是村民不当的生产活动。如村民毁林开荒、开山取石等活动带来的山体和森林毁坏，周边乡镇企业的发展会严重污染景区的环境资源等（见图4-23）。二是村民不当的经营活动。部分村民在旅游服务和经营活动中降低产品和服务的质量标准，欺诈游客等，这些不当的生产经营活动都会影响武陵源的声誉和形象。

图4-23 村民开山采石对景区自然的破坏

（图片来源：自拍）

另一方面，为了更好地保护自然遗产资源，武陵源严格限制了景区及其周边地区第一、第二产业发展机会。同时，由于生态恢复、生态培育的需要，武陵源实行封山育林、退耕还林政策，保护区内的耕地被征用为风景区保护用地，致使农民的耕地减少，严重影响了村民的农业生产活动。而武陵源旅游业发展使周边农民寄希望于旅游业能够增加就业机会和家庭收入，90%以上的被访谈村民希望能够参与旅游业。出于对自然遗产资源保护要求，风景区管理者对村民从事旅游经营活动有严格要求，加之村民自身条件限制，只有很少一部分人能参与旅游发展，引起了村民强烈的不满。

② 景区与周边村民日常生活之间的矛盾

一方面，景区及其周边地区村民不当的日常生活活动对武陵源的自然生态环境产生了较大的破坏。如当地村民住宅布局不合理，建筑用地扩张无序，建筑风格与景区不相协调，一些乱搭乱建、违章建设等行为严重破坏武陵源自然景观风貌。此外，村民日常生活污水、生活垃圾也会对风景区的生态环境造成破坏（图4-24）。

而另一方面，为了保护武陵源自然景观风貌和生态环境，景区及其周边地区村民的日常生活受到限制。如严格控制村镇的人口数量，限制农村宅基地的审批，禁止在景区内搭建和翻修房屋，禁止修坟立碑，禁止乱扔垃圾、乱倒生活污

溪流边的生活垃圾　　　　　　　生活垃圾污染了溪流

图 4‑24　村民不当的生活对景区自然的破坏

(图片来源：自拍)

水,禁止农用车出入,限制售票口以外的村民及亲友进出景区等等,造成了周边村民上学、就医、生活上的不方便。

③ 景区有与周边村民社会文化之间的矛盾

一方面,武陵源现代旅游开发带了大量外来游客,在促进当地经济繁荣的同时,也对当地传统文化产生了较大的冲击。武陵源及其周边农村出现一股"异域化""现代化"的建设风潮,建筑式样单一,丧失了地域特色。

另一方面,由于村民大多数教育文化程度较低,判断能力有限,在经济利益的诱惑下,容易产生了缺失诚信、惟利是图等问题。村民在旅游服务经营过程中产生恶性竞争,经营户之间发生恶性竞争,相互抢客,降低服务质量,甚至对游客进行欺诈。这些现象都严重影响到武陵源在旅游者心目中的形象。

④ 村民与政府管理之间的矛盾

村民与政府管理部门之间的矛盾表现在两方面:一是村民参与的保障机制不健全;二是双方沟通方式不当以及村民对政府缺乏足够的信任。一方面,在风景区规划与建设过程中,对于风景区的居民社会问题,政府的关注度不够,一些专家、规划师的研究还处于一种相对浅显的阶段,对如何解决风景名胜区的居民社会问题刻意避免,要么就将问题简单化,不考虑实际情况,片面追求某种"最佳"状态,将居民社会复杂型的风景区等同于居民社会简单型和无居民社会性的风景区,用"禁止"、"限制"的条款,在实践中并没有操作性。当地政府和管理部门为了保护风景区的生态环境,往往把村民排斥在风景区的发展计划以外,甚至为了开发建设而强行征地和拆迁,容易引起当地村民强烈的不满。

由于政府没有建立社区居民参与旅游开发建设的保障机制,社区居民并没有了解和参与到风景区的旅游开发规划、决策和实施的过程中,对政府存在一定的不信任感,村民的利益也得不到保障,造成了风景区管理者与社区居民之间的矛盾。从武陵源现代旅游发展过程来看,虽然政府和管理部门现在开始对社区利益和社区参与旅游发展越来越关注,但是这种关注与西方的社区参与体制还是有较大区别的。在中国现有的社会文化背景下,社区居民参与大多还停留在关注利益分配、咨询社区意见的阶段。在规划方法上,仍然是自上而下,这既是意识问题,又是制度问题,说明政府和农民之间缺乏有效的沟通渠道。由于农民对于规划和政策了解程度不一,加上认知和理解能力比较弱,对政府存在一定的不信任感,一些农民情愿相信坊间流传的小道消息以及部分政府干部透露的零散信息。

表 4-14　武陵源风景区与周边农村居民之间矛盾的具体体现

	矛盾的具体表现
生产经营	限制当地第一、第二产业的发展,农民就业困难,增收困难
	限制土地利用,农民土地减少,影响农业生产,景区无补偿
	禁止开山、采石、开荒等破坏景观、植被和地形地貌的活动
	开发建设征用农民土地,景区补偿不到位
	禁止随意开办家庭旅馆,禁止随意扩建、搭建经营大棚
	景区内禁止拉客、宰客、抢客、拉车、围车叫卖等不良经营行为
	禁止随意摆摊
	对农民参与旅游业服务有严格要求,限制居民参与旅游业
日常生活	为保护资源,限制农民宅基地的审批
	禁止在景区内乱搭乱建房屋,翻新房、修坟立碑等破坏风景区景观的行为
	禁止乱扔垃圾、乱倒生活污水
	景区对售票口以外的居民及亲友进出景区的管理规定,给居民日常生活带来不便
社会文化	景区开发对当地社会文化造成冲击,失去了传统的文化
	社区居民不良旅游经营行为损害了景区形象声誉
	当地商业气息加重,容易产生了诚信缺失、惟利是图等问题
政策管理	政府和农民之间缺乏有效的沟通渠道,大部分村民不了解相关政策和规划
	村民参与的保障机制不健全
	对政府存在一定的不信任感,一些农民比较相信坊间流传的内幕消息
	村民没有参与风景区的旅游开发规划、决策和实施的过程
	就业、资源分配不公平造成社区居民不满

作者根据相关资料整理。

4.3.3.3　武陵源居民社会矛盾产生的原因

（1）武陵源落后的区域经济发展水平

武陵源地处偏僻山区,交通闭塞,基础设施滞后,农业生产条件差,生态环境脆弱,市场空间狭小,长期以来整个区域经济极端落后。2001 年,张家界市 2 区 2 县(永定区、武陵源区、慈利县和桑植县)全部列入"湖南省国家和省级扶贫开发工作重点县"[①]行列(图 4 - 25 和表 4 - 15)。2012 年 3 月公布的 592 个国家级贫困县名单中[②],张家界市的桑植县"榜上有名"。这说明无论是在启动阶段还是在其高速发展阶段,甚至在今后很长一段时期,武陵源在现代旅游发展过程中,其区域经济背景长期处在落后的发展水平之下。

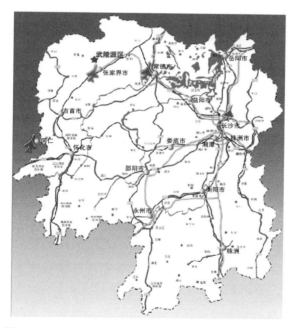

图 4 - 25　湖南省国家和省级扶贫开发工作重点县分布

(图片来源:湖南省扶贫开发办公室,2001 年)

---

①　湖南省扶贫开发办公室,2001 年。
②　国家级贫困县,是国家为扶持贫困地区设立的一种标准。全国共有 592 个国家贫困县(旗、市)。国家级贫困县的资格需经过中华人民共和国国务院扶贫开发领导小组办公室认定,审批工作在 1986 年、1994 年、2006 年和 2012 年共进行过四次。在 1986 年和 1994 年,国家分两次确定了 331 个和 592 个国家级贫困县,其目的是为了集中力量保证供给贫困县,防止扶贫资金的分散使用。标准确认以县为单位,1985 年年人均收入低于 150 元的县,1994 年基本上延续了这个标准,1992 年年人均纯收入超过 700 元的,一律退出国家级贫困县,低于 400 元的县,全部纳入国家级贫困县。根据国务院发布的 2006 年版《中国农村扶贫开发概要》,达到标准的县级行政区总共有 592 个,2012 年 3 月,国家级贫困县调整名单出炉,调出 38 区县,但总数不变。

表 4-15　湖南省国家和省级扶贫开发工作重点县分布①

行政区域	国家级和省级扶贫开发重点工作县名称	个　数
株洲市	炎陵县、茶陵县	2
邵阳市	隆回县、邵阳县、城步苗族自治县、新邵县、新宁县	5
岳阳市	平江县	1
常德市	石门县	1
张家界市	桑植县、慈利县、永定区、武陵源区	4
益阳市	安化县	1
郴州市	汝城县、桂东县、宜章县、安仁县	4
永州市	新田县、江华瑶族自治县、宁远县、双牌县	4
怀化市	沅陵县、通道侗族自治县、辰溪县、新晃侗族自治县、芷江侗族自治县、麻阳苗族自治县	6
娄底市	新化县、涟源市	2
湘西土家族苗族自治州(吉首市)	古丈县、泸溪县、保靖县、永顺县、龙山县、凤凰县、花垣县、吉首市	8

　　而从资源上来讲,武陵源的旅游资源价值是世界级的,但这一世界级的旅游资源区位,与极端落后的区域经济基础,形成了两个"自然"位差:自然资源和自然经济。正是世界级旅游资源赋存与落后的区域经济水平这一基本背景,决定了武陵源风景区在现代旅游发展中必然面临由此而产生的一系列矛盾。比如自然遗产资源的保护与开发的矛盾、旅游经济利益与生态环境代价的矛盾、城市化的要求与传统农业经济的矛盾、低市场化程度与现代旅游发展的高度市场化的矛盾等,这些矛盾始终贯穿在武陵源现代旅游发展的整个过程中。

　　因此,武陵源现代旅游的发展正是建立在贫困偏僻的广大农村这块土地上的基本区情,自然遗产型景区处在贫困与环境保护问题的夹击之中,人口压力和强烈的经济发展需求是武陵源自然遗产保护和开发面临的最大挑战,当地政府和群众迫切要求开发风景资源以获取经济回报,具有强烈的开发诉求。

　　(2)以政府为主导的发展模式

　　武陵源地处偏僻,区域经济落后,地方财政不足,这些基本现实基础决定了

---

① 资料来源:湖南省扶贫开发办公室,2001 年。

武陵源如果没有国家政策和外来财政的支持,尽管拥有世界级的旅游资源,要完全依托自身力量来发展经济是不可能的,这也是类似于武陵源的国内自然遗产型景区"以政府为主导"发展模式的关键原因。

　　武陵源落后的区域经济基础决定了风景区的前期开发与建设不可能依靠自身的经济力量支持,而必须依靠中央、湖南省政府以及区域外的资本来推动。所以,武陵源风景区建立一开始,就是以地方政府为主导的行政行为。其主要动力是地方政府通过向上级主管部门争取到各种各样的"牌子",特别是国家级、世界级的"牌子"更具有吸引力。这些"牌子"可以提高地方区域的知名度,向各级主管部门要资金、要政策、要项目,可以吸引更多开发商招商引资,为区域经济建设服务。随着上级主管部门对武陵源的拨款与投资增大,其对风景区的"行业管理和指导"也就日益加强。这一过程实质上就是地方政府与上级政府部门共同介入风景区治理的过程,被有些人戏称为"要牌子、定班子、找银子、抢位子、做老子"①的过程(图 4-26)。武陵源区政府和风景名胜区管理处成立后,管辖区内另一个同级别的管理机构——张家界国家森林公园管理处的存在,说明了武陵源权力机构的利益争夺将继续存在。

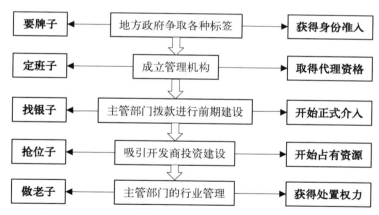

图 4-26　政府在风景区现代旅游发展过程中的角色转换

(图片来源:自绘)

(3) 村镇处于风景区管理体系最下端,利益极易被忽视

　　在武陵源现行管理体系中,村镇处于风景区管理体系的最下端,其利益极易被忽视。细分下,武陵源风景名胜区管理局和张家界国家森林公园管理处分别

---

① 张朝枝.旅游与遗产保护——政府治理视角的理论与实证[M].北京:中国旅游出版社,2007.

对风景区拥有管理权、经营权;武陵源区人民政府对各级乡镇街道、村委会或居委会和村民行使管理权和监督权;作为世界自然遗产,武陵源比周边地区的村镇则具有优先发展的权利;村镇或社区处于风景区管理体系的最下端,意味着其在最弱势权利地位,周边农民或居民的合法权益最易受到侵犯(图4-27)。

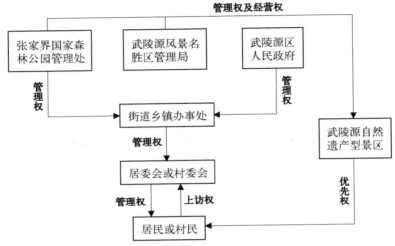

图4-27　武陵源自然遗产型景区与周边村镇的管理体系
(图片来源:自绘)

　　在这样一种管理体系下,处于上端的管理部门掌握了风景区资源的所有权和经营权,在处理自然遗产资源保护与开发的问题时,倾向于寻求自身经济利益最大化,相关政策的制定尽量考虑自身利益的实现,忽视了处于弱势地位农民的利益。农民由于缺少资本,又没有话语权,只能被动服从上级管理部门的规定和要求,在利益的分享中基本处于边缘位置,致使当地农民对政府管理部门产生不满,进而引发社会矛盾,这些都与当前构建景区和谐社会的目标相悖。

4.4　武陵源及其周边农村居住环境和谐发展的研究内容

4.4.1　武陵源及其周边农村居住环境的三大关键问题

　　问题的提出是研究展开的基础,同时也是对前期研究的总结和发展,进而为自然遗产型景区及其周边农村居住环境的下一步研究提供线索。

"以问题为导向"的工作方法就是从复杂的、不断变化的事物,抓住其主要矛盾;以问题为中心,将主要矛盾进行分解,把复杂事物分解为若干方面;然后寻找解决问题的理论和方法,并具体化为行动,形成切实的工作纲领;最后将事物综合为整体,随时根据变化的情况,不断调整所得到的结果。

本书通过实地调研和分析比较,认为武陵源及其周边农村居住环境问题的主要矛盾在于自然遗产型景区资源保护与利用,这对矛盾贯穿于武陵源现代旅游发展的整个过程,也是自然遗产型景区及其周边农村居住环境发展动力和制约因素。这对主要矛盾具体表现在以下三个关键问题:

(1)景区人口增多,城镇化现象严重。

(2)村镇建设无序,住宅建设缺失地域特色。

(3)农民的生产生活空间变窄。

上述问题是分析与研究的结果,三个关键问题相辅相成,从宏观、中观和微观三个层面上揭示了自然遗产型景区及其周边农村居住环境发展的主要社会矛盾。进一步落实到物质层面,寻找解决问题的具体方法,并提出相应的策略,形成了本书研究的主要脉络。

4.4.1.1　景区人口增多,城镇化现象严重

(1)问题的主要体现

① 过多的居民点分布,致使景区生态环境恶化

在旅游经济的刺激下,武陵源核心景区内居民人口逐渐增加,居民点规模越来越大,成为人口增长的高峰区域。由于居民点过多,导致风景区的自然资源超载利用,引发了一系列环境和生态问题。如武陵源的地表结构发生变化,水环境恶化,空气质量下降,生物的多样性受到破坏等。

② 城镇化现象严重,影响自然风景美学价值

随着旅游业的日益兴起,武陵源核心景区城镇化现象严重,核心景区内新的集镇街区不断形成,出现城市化、商业化、人工化现象等,核心景区内的"山中小城"、"天上街市"使得往日清净典雅的人间仙境变成了闹市,极大地破坏了武陵源风景资源及环境空间的整体性。随着这些集镇街区越建越多,"自然"特征愈来愈少,而"城镇"、"集市"特征却越来越明显,自然风景美学价值严重降低。

(2)问题的研究意义

"景区人口增多,城镇化现象严重",从宏观层面上反映了武陵源及其周边地区农村居住环境问题,表现在宏观物质空间形态上,则是自然遗产型景区及其周边

农村居民点的集聚与分散变化情况。如果把农村居民点空间视为一个"点"(as a specific point),这就需要在更宽广的空间背景中,从时间和空间两个维度上,来观察区域内各个农村居民点的地域空间关系及其变化情况。这里关注的是在特定地理环境下各村落在景区的空间位置、规模大小以及聚散组合等空间变化规律。

4.4.1.2　村镇建设无序,住宅建设缺失地域特色

(1) 问题的主要体现

① 农村住房建设无序,布局不合理

武陵源及其周边地区的农村住宅建筑设计水平低下,住宅布局很不合理。由于我国农村居住环境建设缺乏有效的规划和管理,导致居住用地扩张无序,土地利用效率低,房子越建越大,越建越高。为了争取门面,抢客源,村民纷纷把房屋建在主要景点附近、景区的出入口、交通便捷的村口或者主要交通干道两边,造成村庄失去了边界,规模失控。这些农村住宅大多属于粗放式、破坏性的建设,对武陵源的生态环境和自然景观美学价值造成严重的损害。

② 建筑式样单一,缺失地域特色

随着城市文化和外来文化的入侵,武陵源及其周边农村住宅出现一股"异域化""现代化"的建设风潮,建筑式样单一,缺失地域特色。这种盲目的建设手法,无论从造型、风格、色调、体量等各方面,都与自然环境不相协调,对当地传统人文资源造成了极大的破坏,从而导致武陵源传统文脉断裂与遗失。

(2) 问题的研究意义

"农村住房建设无序,住宅建设缺失地域特色",从中观层面上体现出来的农村居住环境问题。这些问题是显性的,它给游客更多的是直观的外在视觉感受,可以通过村落环境、整体布局、建筑外观及其构造细部等方面体现出来。武陵源作为世界自然遗产地,自然景观美学是其核心价值,如何保护和提升自然景区的美学价值,是武陵源现代旅游可持续发展的关键,反映在空间形态上,就是武陵源及其周边村庄景观风貌的保护与建设问题。

4.4.1.3　农民生产生活空间变窄

(1) 问题的主要体现

① 景区的建立压缩了村民的生存发展空间

为了更好地保护生态环境和风景资源,自然遗产型景区一旦划定设立,大面积的生态养护和退耕还林成为必然趋势。随着武陵源及其周边地区资源保护力

度的加大和保护范围的扩大,村民祖祖辈辈赖以生存的物质生产资源不断地减少,其生产经营及其生活方式受到了限制。武陵源及其周边的村镇不仅失去了发展第一产业和第二产业的机会,其从事旅游经营活动也受到严格限制,村民的生存发展空间变得越来越窄,生活变得困难。因此,当地村民要求发展经济的强烈诉求与风景区在土地利用、自然遗产资源保护等方面的矛盾,随着旅游业的发展而日益突出。

② 景区内"无居民化"是一把"双刃剑"

在我国的现行管理体制下,村镇处于自然遗产型景区管理体系的末端,当地村民的合法权益最易受到侵犯。当风景区出现问题时,管理者出于保护遗产资源的需要或者追求利益的最大化,往往将风景区内"无居民化"或者减少居民数量作为解决问题的唯一手段。而搬迁下山,对于村民来说是一个艰难的适应过程,大多数农民对下山后的生活来源表示担忧。许多拆迁户下山后没有生活来源,重新回到景区从事旅游活动。有些村民为了谋生,甚至坑蒙拐骗、强买强卖、滋事偷盗、打骂游客,严重损害了武陵源的声誉,有悖于和谐景区的建设和发展。

（2）问题的研究意义

依托旅游业的发展,武陵源以农业生产为主的经济模式转向以旅游服务为主的经济模式,而产业转型过程也就伴随着农民的居住模式也发生了转变。在武陵源及其周边农村地区,出现了新的居住模式——旅游经营性户型。从微观层面上探讨农民在风景区的发展中的生存问题,可以通过农村居住功能空间的转化实现住宅的旅游服务功能。

4.4.2　研究层面

武陵源及其周边农村居住环境是一个不断变化的复杂系统,它包含了三个方面的内容：（1）农民居住生活直接使用的、有形的实体环境；（2）实体周围的自然环境；（3）农民及其生产生活所构成的社会环境。

在建立"生态—经济—社会"整体和谐发展的自然遗产型景区及其农村居住环境建设理念指导下,本书从生态、经济和社会三个方面分析了武陵源及其周边农村居住环境发展现状和存在的问题,指出武陵源及其周边农村居住环境问题的主要矛盾在于自然遗产资源的保护与利用。然后从宏观、中观、微观三个层面上将"主要矛盾"分解为"景区城市化现象严重""村镇建设无序"以及"农民生存发展"三大关键问题；最后以问题为导向,采用"社会问题—空间形态"的研究方法,落实到

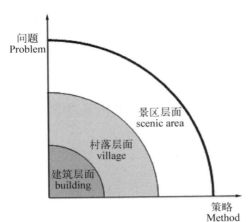

图4-28 武陵源及其周边农村居住环境和谐发展的研究层面

（图片来源：自绘）

物质空间形态，从景区层面、村落层面和建筑层面上构成了武陵源及其周边农村居住环境的"村镇空间结构演变"、"村庄景观风貌建设"以及"农民居住功能空间设计"三个方面的研究内容。

武陵源及其周边农村居住环境的主要矛盾体现在自然遗产资源的保护与开发利用，具体落实到物质空间层面，分解为宏观、中观和微观三个层次，围绕景区（scenic area）、村落（village）和建筑（building）三个层面上进行研究，构成了武陵源及其周边农村居住环境和谐发展的研究核心（图4-28）。

4.4.2.1 景区层面

宏观层面上的农村居住环境研究是把其看作是一个"面（area）"，从景区层面和区域尺度上研究武陵源及其周边农村居民点的空间结构变化及发展特征。从时间和空间两个维度上，观察区域内各个农村居民点的地域空间关系，如空间位置、规模大小以及其聚散组合等空间变化规律。

景区层面主要针对武陵源核心景区人口增多，城镇化现象严重等问题，表现在空间形态上则是风景区及其周边农村居民点的集聚与分散变化。从传统农业经济下的自由分散式布局形态，到现代旅游经济驱动下的向核心景区集聚扩张，再到在自然资源环境保护压力下的环景区周边地区控制性发展，从宏观层面上反映了武陵源及其周边村镇空间结构的发展演变趋势与特征，进而揭示了自然遗产型景区及其周边农村居住空间模式演变的内在机制。

4.4.2.2 村落层面

中观层面上的农村居住环境研究是把其看作是一个"块（block）"，从村落层面上来研究武陵源风景区农村居民点所处的村落环境、布局形态、规模尺度以及建筑单体的造型、风格、色调和体量等方面内容，它的研究范围中等，与村落的空间尺度相符合。

村落层面主要针对武陵源及其周边地区农村住宅建设无序，布局散乱，建筑外观单一,缺失地域文化特色,与自然环境不协调等问题,从中观层面上探讨自然遗产型景区及其周边村落景观风貌建设和保护策略。

4.4.2.3　建筑层面

微观层面上的农村居住环境研究是把其看作是一个"点(point)",从建筑层面上研究了在现代旅游经济的影响下,武陵源及其周边农村住宅单体的功能空间类型以及各个功能空间的平面设计、功能布局和空间尺度,这个层面是农民较多接触的场所,也是农民直接生活和活动的地方。

建筑层面主要针对武陵源及其周边农村住宅的功能空间配置落后、平面布局不合理,难以适应现代旅游经济作用下的农民生产和生活方式的变化等问题,从微观层面上探讨自然遗产型景区及其周边农村住宅居住功能空间的转变及设计。

三个层面研究的内容不同,体现的角度也不一样。景区层面所反映的是在现代旅游经济的主导下,武陵源及其周边农村居民点的空间结构演变特征及其规律;村落层面所反映的是武陵源及其周边村落景观风貌的保护与建设问题;建筑层面作为细微层次而直接关联着农村住宅功能空间的转化及功能设计问题。任何一个系统都是从整体到局部的综合与统一,三者的综合与统一构成了武陵源及其周边农村居住环境核心发展研究的整体。

4.4.3　研究内容

表 4-16　武陵源及其周边农村居住环境和谐发展的研究内容

主要矛盾	三大关键问题	空间物质形态表现	建筑与规划设计策略	
自然遗产资源保护与利用的矛盾	景区层面	景区人口增多,城镇化现象严重	村镇空间结构模式研究	武陵源及其周边村镇空间结构演变	空间结构演变过程 空间结构演变特征 空间结构演变机制
		村镇空间结构的集聚与分散		武陵源及其周边村镇发展类型	根据村镇的空间区位划分 根据村镇的发展定位划分 根据村镇的功能特性划分
				武陵源及其周边村镇发展影响因素	影响发展的主要因素 景区周边村镇更新标准 景区周边村镇发展策略
				武陵源及其周边村镇发展更新	发展更新原则 发展更新类型 发展更新策略

主要矛盾	三大关键问题	空间物质形态表现	建筑与规划设计策略		
自然遗产资源保护与利用的矛盾	村落层面	村镇建设无序,缺失地域特色	村落景观风貌的建设与保护	村落景观风貌建设研究	武陵源景观风貌的构成与感知	景观风貌的构成 景观风貌的感知
					武陵源及其周边村落景观风貌影响分析	影响要素 影响类型
					武陵源及其周边村落景观风貌建设	聚落群体景观建设 建筑形体景观建设 建筑节点与细部建设
					武陵源及其周边村落景观风貌建设案例分析	核心区案例——丁香榕村 核心区案例——袁家寨子 缓冲区案例——双峰村村 建设区案例——高云小区
	建筑层面	农民生产生活空间变窄	农村居住功能空间的转化	农村居住功能空间设计研究	居住功能空间	居住行为层次 不同时期居住功能空间特征 居住功能空间的转化
					旅游业催生新的居住功能	旅游业对农村地区影响 景区周边农村居住生活形态
					武陵源及其周边农村住宅类型及特征	旅馆经营型农民居住模式 餐饮经营型农民居住模式 商铺经营型农民居住模式 商务经营型农民居住模式 出租经营型农民居住模式 公寓型农民居住模式
					武陵源及其周边农村居住功能空间设计	居住功能空间特征 居住功能空间尺度与布局 居住功能空间设计要点

4.5　本章小结

（1）为了更清晰地揭示自然遗产型景区及其周边农村居住环境和谐发展的机制与特征,本书选取湖南省张家界市武陵源进行实证研究。偏远的地理区位特征、世界级的自然景观资源、落后的经济基础、传统的社会文化形态及其历史背景,使武陵源及其周边农村居住环境研究具有典型意义。

(2)在实地调研武陵源及其周边农村居住环境发展现状的基础上,分析了武陵源及其周边农民参与现代旅游开发的历程,并归纳总结出竞争式参与、合作式参与、依附式参与和融合式参与四个发展阶段的特点。

(3)重点分析了现代旅游开发对武陵源及其周边农村地区的经济环境、生态环境和社会环境的影响。在经济环境上,以旅游业为龙头的第三产业已成为武陵源经济发展的支柱产业,但是景区及其周边村民的收入并没有与旅游收入保持同步增长;在生态环境上,现代旅游发展客观上对武陵源生态环境产生了比较大的影响,主要表现在景区内的水环境、空气环境和景观美学的破坏;在社会环境上,武陵源现代旅游发展建立在贫困偏僻的广大农村这块土地上,当地政府和群众迫切要求开发风景资源以获取经济回报,由于村民参与机制不完善,利益无法得到保障,进而引发了一系列社会矛盾。

(4)通过实地调研和比较分析,指出武陵源及其周边农村居住环境的主要矛盾在于自然遗产资源的保护与利用。然后从宏观、中观、微观三个层面上将"主要矛盾"分解为"景区城市化现象严重"、"村镇建设无序"以及"农民生存发展"三大关键问题;以问题为导向,采用"社会问题—空间形态"的研究方法,落实到物质空间形态,从景区层面、村落层面和建筑层面上,进一步确定了武陵源及其周边农村居住环境和谐发展的"村镇空间结构演变""村落景观风貌建设"以及"农村居住功能空间设计"三个方面的研究内容。

第5章

武陵源及其周边村镇空间结构模式研究

武陵源及其周边农村居住环境主要矛盾在于自然遗产资源的利用与保护，这对矛盾贯穿于武陵源现代旅游发展的整个过程中，表现在宏观物质空间形态上则是景区及其周边农村居民点的集聚与分散变化。武陵源及其周边农村居民点空间结构研究是从景区层面上进行的研究，把农村居民点空间视为一个"点"（as a specific point），将其放到较大的空间背景中，观察其在区域内各个居民点的地域空间相互关系，反映了在旅游经济的主导下，武陵源及其周边村镇空间结构演变特征及其规律。

5.1 武陵源及其周边村镇空间结构发展演变

武陵源现状居民多以农业人口聚居。农村居民点作为农民聚居的场所，是农民生活的最基本的场所，在风景区大比例尺度上，具有"点"的特征。本章在景区层面上，从时间和空间两个维度上，分析了武陵源在现代旅游开发近35年过程中，各个村镇的空间位置、规模大小、分布形态及其聚散组合等地域空间变化情况，探讨了武陵源及其周边农村居住点空间结构的发展演变特征，进而揭示自然遗产型景区及其周边农村居住空间结构演变的内在机制。

5.1.1 武陵源及其周边村镇空间结构发展演变过程

5.1.1.1 点状分散阶段（1978年之前）

此阶段发生在武陵源旅游开发之前。1978年之前，武陵源还是一个人迹罕至、鲜为人知的蛮荒之地，据相关资料，在1978年旅游开发之前，在近400平方公里的武陵源风景区内，包括文峰村、高云村、沙坪村等在内，世居户只有273

户,建筑面积 31 698 平方米,当地居民主要从事开山、耕种等传统的农业生产。由于武陵源处于崇山峻岭之间,在复杂的山地环境中,房屋不易于密集排布,居民点就顺着山势、溪流零星分布,呈现自然山地村落形态,空间形态表现为点状的孤立分散状,这种分散性与传统农业生产的自然经济密切相关(图 5-1)。

图 5-1　1959 年的索溪峪建筑密度
(图片来源:武陵源区规划局)

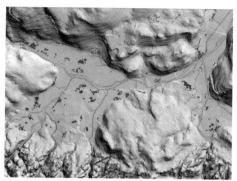

图 5-2　1997 年的索溪峪建筑密度
(图片来源:武陵源区规划局)

5.1.1.2　轴向扩展阶段(1979—1988)

此阶段主要发生在风景区旅游开发初期。1979 年由张家界国营林场开放接待游客起,到 1988 年武陵源国家重点风景名胜区成立,在这一阶段,景区处于开发初始阶段,景区内住宿、餐饮等旅游服务设施严重缺乏。一些头脑灵活的农民利用这一机遇,在风景区主要出入口处、交通主干道以及核心景点的周边建起了简易的旅游接待设施。据相关资料,截至 1989 年,武陵源一级保护区内旅游接待服务设施有 84 家,居民房 385 户,景区建筑面积达到了 85 987 平方米[1],主要集聚在张青公路(张家界市区至武陵源景区)、张家界森林公园入口处的锣鼓塔、索溪峪景区入口处的军地坪以及金鞭溪核心景区的水绕四门、十里画廊等,空间形态呈现沿主要交通线、溪流以及景区入口处轴向扩展聚集的特征(图 5-2)。

5.1.1.3　轴向填充阶段(1989—1998)

随着旅游业的进一步发展,为争夺地盘和客源,三个分属不同行政区域的景区边界的村民冲突不断。为解除争端,1988 年 8 月,张家界国家森林公园、索溪

----

① 资料来源:武陵源区拆迁办公室。

峪风景区和天子山风景区合并,成立了武陵源国家级风景名胜区。随着武陵源风景名胜区成立,无论从行政管理还是资源分配上都得到进一步整合,特别是1992 年被列入世界遗产之后,武陵源景区年平均接待旅客以 10% 速度递增。景区及其周边的农民纷纷放下祖传的锄犁,经营起餐饮业,办起了家庭旅馆,很多农民因此脱贫致富,政府将其作为典型大力宣传支持。在经济利益的驱动和当地政府的支持下,越来越多的当地居民抢占景区核心地带建房搭屋,接待游客。据相关资料统计,武陵源风景名胜区成立后,人口规模继续扩大,截至 1998 年,武陵源全区人口 47 755 人,其中 1 万多人居住在景区[①],在 1989—1998 年,武陵源风景区一级保护区内旅游接待服务设施从 84 家增加到了 124 家,居民房从385 户增加到 546 户,景区建筑面积从85 987 平方米翻了一倍(表 5-1),造成了核心景区城市化、商业化、人工化泛滥的局面,出现锣鼓塔的"宾馆镇"、石家檐的"天子山城"、御笔峰景区的"商业街"、袁家寨的"家庭旅馆村"、水绕四门的"接待站"等现象,农村居民点有向核心景区快速集中化的趋势,空间结构呈现轴向填充的特征,而武陵源自然生态环境和景观美学价值受到严重破坏(图 5-3)。

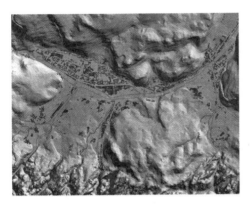

图 5-3　1997 年的索溪峪建筑密度

(图片来源:武陵源区规划局)

表 5-1　不同时期武陵源一级保护区内建筑物情况

时　　　期	接待设施(家)	常住居民(户)	总建筑面积(平方米)
第一阶段(1978 年之前)	0	273	31 698
第二阶段(1979—1989)	84	385	85 987
第三阶段(1990—1998)	124	546	191 000

资料来源:武陵源区拆迁办。

　　武陵源城市化倾向主要发生在锣鼓塔(张家界国家森林公园入口)、索溪峪(武陵源区人民政府驻地、武陵源风景区的东大门)、天子山和袁家寨(位于核心景区内,属于高台地景区,现有天子山索道和水绕四门观光电梯连接山上和山

---

① 张朝枝.旅游与遗产保护——政府治理视角的理论与实证[M].北京:中国旅游出版社,2006.

下)以及金鞭溪、张青公路等主要游览道和交通道路沿线。

对比 1959 年、1984 年、1989 年以及 1997 年的锣鼓塔、天子山、索溪峪的建筑景观变化图(图 5 - 4、图 5 - 5、图 5 - 6),可以反映出当时农民居民点向核心景区内快速聚集的情况。随着武陵源旅游业的发展,在这一阶段,农村聚落点及农业用地的分布也发生了改变,武陵源及其周边农村居民点的空间形态是从散点状的孤立型向心集聚型扩张,农村聚落点有集中化的趋势,逐步向核心景区和旅游接待地集聚,形成了旅游村镇,核心景区有城市化倾向。

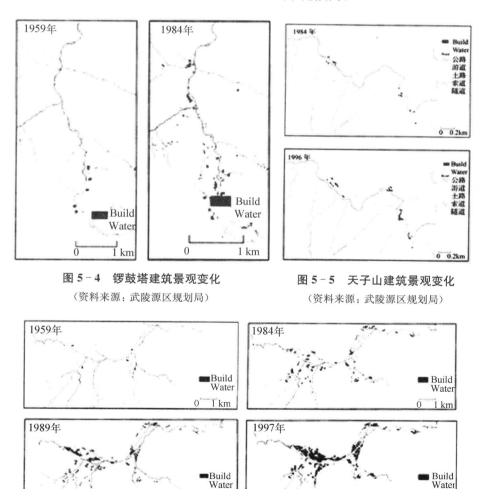

图 5 - 4　锣鼓塔建筑景观变化
(资料来源:武陵源区规划局)

图 5 - 5　天子山建筑景观变化
(资料来源:武陵源区规划局)

图 5 - 6　索溪峪建筑景观变化图
(资料来源:武陵源区规划局)

5.1.1.4 有机疏散阶段(1999—至今)

经过 80 年代、90 年代的快速膨胀,武陵源风景资源和生态环境遭到严重破坏。1998 年 9 月联合国教科文组织对这种现象提出了尖锐的批评,认为"武陵源现在是一个旅游设施泛滥的世界遗产景区"[①],武陵源核心景区城市化已经成为关系到这一世界级自然遗产地生死攸关的关键问题。

在时任国务院总理朱镕基亲自指导下,武陵源于 2001 年 10 月开始大规模的环境整治工作。拆迁计划分二期完成,第一期主要拆迁袁家界、水绕四门、天子山三大景区内的接待设施 59 户,世居户 377 户 1 162 人,拆迁面积 16.5 万平方米,截至 2003 年 8 月已基本完成。第二期主要拆迁张家界国家森林公园内黄石寨、金鞭溪以及索溪峪农场、杨家界区域内接待设施 65 家,世居户 169 户 629 人,拆迁面积 2.6 万平方米,原计划 2002 年年底完成[②],但由于多方面的原因,第二期拆迁工程尚未开始动工。

按照"山内景、山外商""山上游、山下住""山上做减法,山下做加法"等原则,当地政府主要采取了分散隐蔽安置和统一规划分户建房安置两种方式:一是按以人为本,循序渐进的原则,仍保留 124 户世居户在丁香榕、乌龙寨、张家界村等六处安置点,进行就近分散隐蔽安置,村民全部实现了退耕还林和停止农牧业生产,政府给予生活补贴。二是在当地政府引导下,鼓励村民下山,核心区共 377 世居户 1 162 人统一安置在风景区的外围地区,在索溪峪镇的高云村、沙坪村、吴家峪、喻家嘴等地兴建家庭旅游村或旅游经营社区,建立以家庭为单位的旅游服务点和家庭旅馆就业模式,把拆迁整治和移民建镇工作结合在一起。

在这一阶段,受到风景区自然环境容量限制,在政府行政干预和引导下,武陵源及其周边村镇的空间结构呈现核心景区内点状分散及环景区周边有序集聚两种状态并存的特征(图 5 - 7)。

5.1.2 武陵源及其周边村镇空间结构发展演变特征

5.1.2.1 空间结构演变特征

前文已述,武陵源及其周边农村居住环境的主要矛盾在于自然遗产资源的开发与保护,这对矛盾贯穿于风景区发展的整个过程,表现在空间结构上的态势:集聚与分散。在哲学领域,集聚与分散是一对对立又统一的矛盾范畴,集聚

---

① 1998 年 9 月联合国文教科组织对武陵源世界自然遗产地的考察报告。
② 张朝枝.旅游与遗产保护——政府治理视角的理论与实证[M].北京:中国旅游出版社,2006.

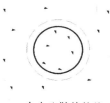
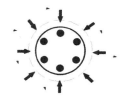

a. 自由分散的传统　　　b. 周边农民居住点向　　　c. 环景区周边控制
　　山地村落　　　　　　　景区内集聚　　　　　　　性发展

图 5 - 7　武陵源及其周边村镇空间结构变化

（图片来源：自绘）

与分散既相互对立，又相互作用，相互转化。各个村镇在空间位置、规模大小及其聚散组合等地域空间变化情况，反映了武陵源及其周边村镇空间结构的发展演变特征，进而揭示了其演变的内在机制。

　　通过前文对武陵源及其周边村镇空间结构演变过程的分析，加上对武陵源风景区索溪峪、锣鼓塔在 1959 年、1984 年及 1997 年三个不同时期的建筑密度变化比较（图 5 - 8a、图 5 - 8b），可以得到武陵源及其周边农村居住点空间结构演变过程为：从传统农业经济下的自由分散式布局；到在旅游经济的吸引下，风景区及其周边农村居住点自发无序地向核心景区集聚；再到在政府的行政干预

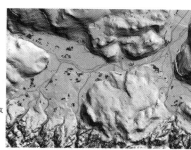
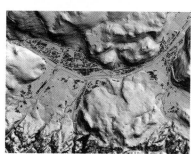

图 5 - 8a　索溪峪 3 个时期的建筑物分布比较图

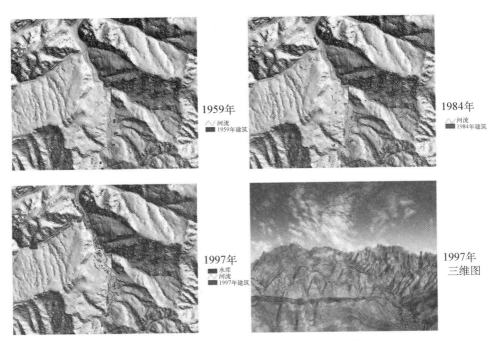

图5-8b　锣鼓塔3个时期的建筑物分布比较图

(资料来源：武陵源区规划局)

和指导下,风景区及其周边农村居住点向核心景区外扩展,空间模式呈现环景区周边地区块状控制性发展的形态。

　　武陵源及其周边村镇空间结构演变规律呈现从散点状的孤立型向块状的集聚型扩张,农村聚落点有集中化的趋势,从而形成了旅游村镇(索溪峪镇、天子山镇、中湖乡等)。空间结构形态从散点状的孤立型向块状的集聚型演变。综合来看,随着现代旅游的发展,集约化和有序化是自然遗产型景区及其周边村镇居住空间演变的主要趋势,"粗放、无序、分散"转向"整合、有序、集中"是其演变的主要特征(图5-9)。

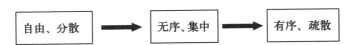

图5-9　武陵源及其周边村镇空间结构演变特征

(图片来源:自绘)

　　在武陵源及其周边村镇的发展过程中,始终受到两个作用力的制约与引导,即无意识的自然生长发展及有意识的人为控制,正是两者的交替作用而构成风景区及其周边村镇生长过程中的空间结构的演变规律。

5.1.2.2　空间结构分布特征

在现代旅游经济的影响下,武陵源及其周边村镇空间结构分布呈现以下三种特征。

(1)农村居民点的空间分布呈现以核心景区为圆心的圈层结构

在旅游经济的影响下,与核心景区的距离成为影响武陵源及其周边村镇空间结构发展演变的主要因素之一。以武陵源核心景区的黄石寨为圆心做同心圆(见图 5-10),在回转半径法数据的基础上,以黄石寨到张家界市中心的距离为横坐标,以某一距离上农村居民点数量为纵坐标,利用 AutoCAD 软件定性地做出农村居民点数量与空间距离对应的空间分布曲线图,借此分析此区域内农户群体居住空间(农村居民点)空间结构的分布特性。

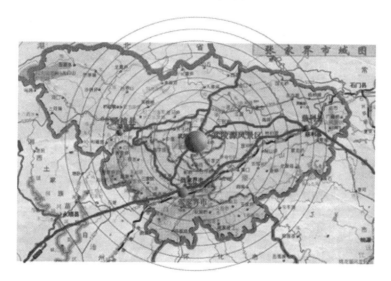

图 5-10　武陵源及其周边农村居民点空间分布

(图片来源:自绘)

根据空间分布曲线图,可以定性地发现以下特征:此区域农村居民点的空间分布呈现有规律的圈层结构。在距核心景区 15 千米距离之内(核心区和缓冲区),农民居住点数量分布呈现与距离递增的现象;在距核心景区约 20 千米处,出现了一个密集带(即建设区);在距核心景区内周边大于 20 千米范围(即外围控制区),呈现出与距离反衰减规律,即距离核心景区越远,农民居住点数量越少。这与武陵源对周边乡村经济影响随距离增大而减弱的规律是相符的(图5-11)。

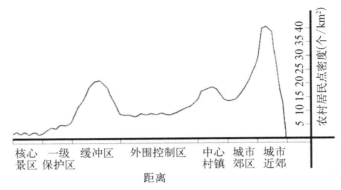

农村居民点密度（个/km²）

| 核心 | 一级 | 缓冲区 | 外围控制区 | 中心 | 城市 | 城市 |
| 景区 | 保护区 | | | 村镇 | 郊区 | 近郊 |

距离

图 5 - 11　武陵源及其周边农村居民点密度分布曲线

（图片来源：自绘）

随着距离风景区继续变大，由于受周边城市或中心村镇的影响，特别是距离张家界市中心越近，农民居住点数量分布越来越多（见图 5 - 11）。所以在武陵源核心景区与张家界市中心之间，农民居住点数量交替出现高峰和低谷。虽然受现行土地政策和户籍制度的管理，农民居住点的分布与行政区域的限制分不开，但是随着城市化建设的进程，距离市区或中心村镇越近，农民居住点数量分布就越多，在城市和中心村镇之间交替出现低谷。

（2）农村居民点的空间分布呈现环景区分散的组团形态

在旅游经济利益的驱动下，武陵源及其周边农村居住点自发无序地向核心景区集聚。由于自然遗产资源有限性的压力和生态环境保护的需要，在政府行政干预和相关政策法规约束下，武陵源及周边农村居民点分布变化表现出集中规模化和局部分散化并存的形态。

武陵源核心区和缓冲区内农村居民点分散程度较低，新增聚居居民点多数环风景区外围产生、呈现分散的组团形态。而距离一些旅游中心城镇如索溪峪镇、天子山镇等越近的地区，农村居民点扩张聚集程度表现越明显。在农村居民点分布呈现环景区分散组团形态的同时，核心区和缓冲区内仍有一些规模小、分布零散的居民点，呈现点状分散的形态（图 5 - 12a、图 5 - 12b）。

（3）农村居民点的空间分布呈现较强的现代交通取向

随着旅游经济的发展，武陵源及其周边的村民更愿意选择交通条件好的地区居住，距离交通主干道越近的地区，农村居民点分布越密集，农村居民点空间分布与扩张呈现较强的现代交通取向。

对于停留型或交通条件好的村镇，例如武陵源的岩门村、喻家嘴等，由于处于主要旅游线路或主要交通干道沿线,交通条件更具优势,相对而言,村民从事旅游服务业或务工经商的机会增加,村民的经济收入提高也更加显著。而对于文庄村、向家台村等交通条件一般的村镇,其主要产业仍然以传统农业为主,农民参与旅游业的程度很低,工业副业也几乎没有发展。农民的人均收入增长非常缓慢,明显低于交通条件好的村镇。总体来看,沿线型村镇受旅游开发的影响程度,主要取决于该村镇在风景区旅游线路组织和服务设施配置的条件和地位。

武陵源及其周边农村居民点空间分布呈现较为明显的交通干线区位集中指向,这类村镇在主要旅游线路或交通干道沿线布置,底层多为店铺经商。从空间形态上来看,呈现沿主要旅游线路或交通干道带状蔓延发展的态势(图5-12c)。

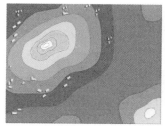 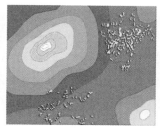 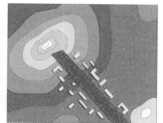

a. 景区内点状分散型　　　　b. 景区外围块状集聚型　　　　c. 景区线状嵌入型

图 5‐12　武陵源及其周边农村居民点的空间布局形态

(图片来源:作者自绘)

5.1.3　武陵源及其周边村镇空间结构发展演变机制

武陵源及其周边村镇居住空间结构的发展演变是农村居住空间形态变化的一种表述。从现象上看,集聚与分散是各个物质要素的空间组合格局变化,而从其实质内涵而言,它是一种复杂的社会现象,是人类经济活动、自然生态保护和社会关系现象发展过程中的物化形态,反映了在特定的地理环境条件下社会生产力的发展,是人类各种活动、自然因素和社会因素相互制约、相互作用的综合反映,是功能组织方式在空间上的具体表征。

武陵源及其周边村镇居住空间结构的演变与社会经济水平的发展存在着密切联系。在不同的社会经济发展阶段,由于影响村民进行居住区位选择的主导因素各不相同,自然遗产型景区及其周边村镇居住空间结构所表现出的特征也有很大差异。总之,武陵源及其周边村镇的居住空间形态经历了三个阶段的演变机制(表5-2)。

表5-2 武陵源及其周边农户居住空间的演变发展阶段

类型阶段	空间分布形态	空间功能定位	主导影响因素
自由分布阶段	分散型	农业生产	土地、林场等生产资源
无序拓展阶段	集中型	旅游服务	市场经济
有序转变阶段	规则型	多功能	政策法规、区域规划等

作者根据相关资料整理。

5.1.3.1 自由分布阶段

武陵源具有良好的人居环境,自古以来就有居民居住。旅游开发之前,村民主要从事农业生产种植。传统的农业生产条件和生活方式决定着农村居民点分布与农业土地之间形成了密不可分的联系,这一阶段,村民主要依赖土地和林地为生,劳动耕作的半径决定了其居住空间分散分布形态特征。

武陵源处于崇山峻岭之间,在复杂的山地环境中,房屋不易于密集排布。受特殊地形特点和土地利用格局的影响,农村居民点顺着山势、河谷三三两两分布,而呈现自然山地村落形态,其居住状态独立而互不相连。农村居民点空间分布呈现出自由、孤立和分散的特点,而这种分散性与农业生产的分散、自给自足的自然经济联系在一起。

5.1.3.2 无序拓展阶段

旅游业成了武陵源地方经济繁荣的主要动力后,武陵源及其周边的村民逐步脱离对农业资源分布区的依赖,在经济利益的驱动和当地政府的支持下,更多的农民参与旅游服务等行业,武陵源及其周边村镇的空间形态呈现从散点状的孤立型向块状的集聚型快速扩张特征,农村聚落点逐步向核心景区和旅游接待地集聚,这种转变影响着村民在居住区位的选择,在景区层面上加速了农村居住空间结构演变,并进一步影响着农村居民点的空间分布格局。在这一时期,武陵源及其周边农村居民点分布呈现出明显的市场趋向,农户聚居空间结构呈现非均质区域的不稳定特点,农村居民点呈现出自发无序向核心景区聚集的空间拓展特征。

5.1.3.3 有序转变阶段

阿摩斯·拉普卜特(Amos Rapoport)在《宅形与文化》中认为:影响住宅形式的因素中,物质因素(气候、地形、建造技术等)只有修正和次要的意义,而非物质因素(文化习俗、宗教信仰、社会经济)则是首要性的。当物质因素和技术手段的约束较多时,非物质因素发生的影响较弱;反之,社会及文化因素的作用较强[①]。当今社会,随着建筑技术的提高,住宅形式受物质因素(气候、结构)的限定越来越低,非物质文化因素也由过去的宗教信仰、血缘关系和社会等级,转为当下的社会经济、技术经济指标和法规制度等限制因素。

在武陵源及其周边村镇空间结构的发展演变中,始终受到两个作用力的制约与引导:市场经济下的自由生长发展及政府干预下的有意识人为控制,两者交替作用而构成武陵源及其周边村镇生长过程中的空间形式与发展阶段。随着武陵源现代旅游的进一步发展,由于自然遗产资源的有限性,过多的居民点聚集影响了环境,相关的政策法规起到了关键的作用,这也是社会发展到一定阶段的结果。自然遗产型景区作为一个系统,其客观建构具有一定的自律性。该系统的结构与能量并非固定不变,

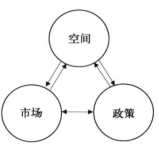

图 5 - 13 三者关系图
(图片来源:自绘)

在受到新物质、新能量和新信息的刺激下,发生着变异,空间结构进行着转化(图5 - 13)。

在现代社会里,总体规划、保护条例等相关的技术指标和管理体制成为影响武陵源及其周边村镇建设与发展的重要因素,这些因素构成了自然遗产型景区可持续发展的基础和出发点。2001 年 1 月 1 日,湖南省人大颁布《湖南省武陵源世界自然遗产保护条例》,规范了武陵源建设项目审批手续,使规划建设走上了法制化轨道,武陵源建设项目得到了控制,农村居民点呈现出有序的空间拓展特征,风景区品质得到了提升。在这一阶段,在行政主导的空间重构过程中,实施主体是政府各职能部门,所以自上而下的政府管理体制成为影响其空间重构过程的关键因素。

---

① 阿摩斯·拉普卜特(Amos Rapoport). 宅形与文化(《House Form and Culture》)[M]. 北京:中国建筑工业出版社,2008.

5.2 武陵源及其周边村镇发展类型

武陵源风景名胜区行政区域涉及了两镇两乡一处共 43 个行政村,根据以上的研究,可以把武陵源及其周边村镇分为以下几种发展类型。

5.2.1 根据村镇的空间区位划分

空间区位对于风景区及其周边村镇的发展具有很大的意义,根据村镇与景区的空间位置关系,可以分为核内型、邻核型、沿线型及外围型四种(表 5 - 3 和图 5 - 14)。

表 5 - 3 武陵源及其周边村镇根据空间类型划分

类 型	空间区位	细分类型	村或居委会	细分特征
核内型	核心景区	原生型	袁家界村、蔡家峪村、老屋场、百户堂村、插旗峪村、龙尾巴村、宝峰山村	历史上已经形成的村落
		迁居型	张家界村、铁厂村、抗金岩村、乡直	近年由外部迁入的居民形成
邻核型	邻核心景区	旅游型	中湖村、吴家峪、泗南峪村、宝峰路、画卷路等、喻家嘴	与游览服务区联系紧密
		独立性	文庄村、石家峪村、檀木岗村、宝月村、双峰村、金杜村、田富村、黄河村、杨家坪村、李家岗村、协和村、青龙垭村、鱼泉峪村、印家山村、车家山村、夜火村、三家峪村、双星村、向家坪村	相对独立发展
沿线型	主要旅游线路和交通干道沿线	通过型	土地峪村、黄家坪村、向家台村	极少游客会停留或停留时间短
		停留型	河口村、宝峰山村、文丰村、吴家峪、宝峰路、中湖村、岩门村、野鸡铺村	游客集散、中转或休憩的节点
外围型	核心景区外围		沙堤乡的郝坪村、教子垭镇的栗山峪村	位于风景区外围,旅游辐射影响不大

资料来源:根据相关资料整理。

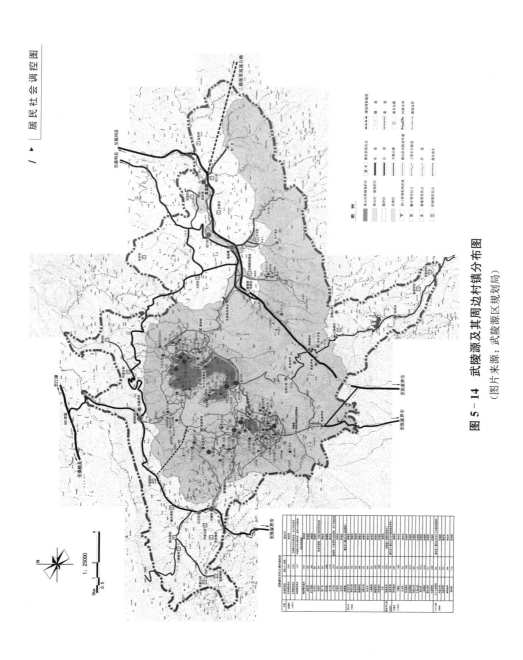

图 5 - 14　武陵源及其周边村镇分布图

（图片来源：武陵源区规划局）

5.2.1.1 核内型

这类村镇分布在核心景区内部(图 5 - 14 深灰色部分)。根据风景区的实际情况,按照其成因和发展历程,这类村镇可以进一步细分为两种不同的类型。

第一种,原生型。武陵源风景区内很早就有世居户聚居,从事着传统农业生产,其中一些古村落由于历史文化价值突出,本身就成为风景资源和核心景区的组成部分,如袁家界村、天子山的老屋场等。

第二种,迁居型。在旅游经济的吸引下,一些外来人口纷纷迁往核心景区,以获取更多的经营和工作机会,随着外来人口的不断迁入,武陵源核心景区内的村落规模迅速增大。

5.2.1.2 邻核型

这类村镇一般分布在核心景区的周边地区(见图 5 - 14 浅灰色部分)。根据其发展特点,可以进一步细分为两种不同的类型。

第一种,旅游型。一些村镇的区位条件优越,位于进入风景区的主要出入口,拥有良好的用地条件和水源条件,在布局和建设游览服务区时,往往会在这些村镇的周边建设游览设施,形成游览服务区,例如武陵源的索溪峪镇。

第二种,独立型。这类村镇在空间上处于核心景区周边,但是由于交通环境、旅游开发时间等因素的影响,仍然处于相对独立的比较封闭的发展状况,例如索溪峪的双峰村、金杜村等。

5.2.1.3 沿线型

这类村镇一般位于主要交通干线或者旅游线路附近,通常是游客的经过之地。根据其特点,沿线型村镇又可以细分为以下两种类型。

第一种,通过型。游客在旅游过程中沿途经过的普通村镇,这类村镇的旅游服务设施比较少,游客一般不会停留或者停留时间短,如天子山的向家台村、协和乡的土地峪村等。

第二种,停留型。游客在游览旅途中集散、中转或休憩的节点,这类村镇往往与风景区的游览服务区结合设置,旅游服务设施比较完善,如天子山的泗南峪村、索溪峪的吴家峪村等。

5.2.1.4 外围型

这类村镇通常分布在风景区的外围地区,与旅游景区的空间距离比较远,武

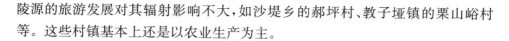

陵源的旅游发展对其辐射影响不大,如沙堤乡的郝坪村、教子垭镇的栗山峪村等。这些村镇基本上还是以农业生产为主。

5.2.2　根据村镇的发展定位划分

为了自然遗产型景区生态环境保护的需要,我国《风景名胜区规划规范》中的居民社会调控规划将风景区划定为无居民区、居民衰减区和居民控制区。在无居民区,不允许常住人口居住;在衰减区,分阶段地逐步减小常住人口数量;在控制区,分别定出允许居民数量的控制性指标。2004 年的《武陵源风景名胜区总体规划》依据景区的保护分区和分级要求,将武陵源及其周边的村镇分为搬迁型、萎缩型、控制型、聚居型等四种类型,用于控制各个类型的规模、布局和建设管理措施(表 5－4 及图 5－15)。

表 5－4　武陵源保护分区及其周边村镇的发展定位

景区分区	保护分级	村镇发展定位	保护要求
核心区	特级保护区	搬迁型	无任何建筑设施
	一级保护区	搬迁型、萎缩型	可建步游道、小型厕所和茶饮点
缓冲区	二级保护区	萎缩型、控制型	允许少量居民,建筑风貌严格控制
建设区	三级保护区	控制型、聚居型	控制居民数量、允许建设服务于景区的餐饮、住宿等配套设施
外围控制区	风景区范围以外,对遗产自然过程及审美游憩有影响区域	控制型、聚居型	允许村民居住、开展乡村旅游、新农村建设,建设服务于景区的农副产品和旅游商品加工基地

资料来源:根据相关资料整理。

5.2.2.1　搬迁型

搬迁型村镇一般位于武陵源特级保护区或一级保护区,此类村镇的存在对自然遗产型景区生态环境和景观美学有较大干扰,或者存在地质灾害危险,或者村落本身破坏严重而没有任何保留价值,无法适应风景区可持续发展,此类村镇必须搬迁。包括天子山居委会、蔡家峪村、袁家界村等共有居民 1 405 人[1]。

---

[1] 《武陵源风景名胜区总体规划(2005—2020)说明书》(2004 年北京大学景观设计研究院编制)。

搬迁型：袁家寨被强拆的农宅　　　主要游览线上被强拆的农宅　　　萎缩型：乌龙寨

萎缩型：丁香榕村　　　　　控制型：双峰村的农家乐　　　聚居型：喻家嘴农民公寓

图 5 - 15　武陵源及其周边村镇的发展类型

(图片来源：作者自拍)

5.2.2.2　萎缩型

武陵源核心区一级保护区内的所有居民点实行逐步萎缩的政策,严格控制人口数量,鼓励农民搬迁到山下,只出不进,其人口自然衰减,村落也自然衰亡。

对于萎缩型村镇,应该严格控制现有农民住宅改建、扩建,对于过渡期的村民按照就近分散、隐蔽安置的原则,依据农村住宅用地标准建设一层临时住房,并对住宅形式、色彩、层数、高度及建筑面积等都有严格控制。包括核心景区乌龙寨、袁家寨、丁香溶、老屋场、张家界村等,共有人口 8 200 人①。

5.2.2.3　控制型

控制型村镇一般位于缓冲区,离核心景区有一定距离,但是它们进一步发展会破坏景区的生态环境。控制型村镇应该严格控制用地规模、人口数量,建筑体量和风格,还需控制村民的生产和生活活动,调整产业结构,使之向有利于世界自然遗产保护的方向发展。双峰村、河口村等都属于此类村镇。

5.2.2.4　聚居型

聚居型村镇一般位于风景区的建设区或外围控制区,交通条件和建设条件

---

① 《武陵源风景名胜区总体规划(2005—2020)说明书》(2004 年北京大学景观设计研究院编制)。

良好,具有一定的经济发展基础,适合集中安置村民的生产生活。聚居型村镇功能一般定位为配置服务于风景区的餐饮、住宿等配套设施的旅游镇,由于这一地带对风景区的生态环境影响相对较小,位于交通主干道及主要出入口处,农民居住点宜于集中建设。武陵源的吴家峪、喻家嘴、宝峰路等都属于此类村镇。

5.2.3　根据村镇的功能特性划分

对于武陵源及其周边的村镇而言,旅游经济发展是村镇功能结构发生变化的主要因素。根据村镇的功能特性,将武陵源及其周边的村镇分为生产生活型、旅游服务型和综合服务型三种类型(图 5 - 16)。

农业生产型村镇:野火村　　　旅游服务型村镇:河口村　　　综合服务型村镇:索溪峪

图 5 - 16　武陵源及其周边功能各不相同的村镇

(图片来源:作者自拍)

5.2.3.1　生产生活型

武陵源生产生活型村镇包括农业生产型和工业生产型两类。工业生产型是旅游开发之前建设的一些工业村,如蔡家峪村、协和村等,1988 年武陵源风景名胜区建立以后,这些村镇已逐渐停止生产以减少对风景区自然环境的污染。农业生产型村镇一般位于武陵源缓冲区或者风景区外围地区,是武陵源目前存在最多的村镇,约占 61.9% 的比例①。大片的农田是风景区存在的自然环境,不仅作为武陵源生态保护的基础和依托,也是发展农业,特别是绿色农副产品的生产基地,以保证游客所需农副产品的供给。武陵源生产生活型村镇的村民大多仍保持着原有地域特色的农业生产和生活方式。如协和乡的杨家坪村、黄家坪村,中湖乡的宝月村、野火村等属于此类型村镇。

---

①　资料来源:武陵源建设局。

5.2.3.2　旅游服务型

对于大型自然遗产型景区而言,由于资源和交通等条件的限制,在风景区内部不可能形成很完善的旅游服务产业体系。于是在武陵源及其周边地区以及主要交通干道附近,逐渐形成一些以旅游接待服务为主的村镇。这类村镇以风景区为核心,把景区内的部分服务功能分离出来,吸引周边地区的村民参与旅游服务接待,从而带动风景区周边村镇的旅游住宿、餐饮、购物及配套服务设施建设。如武陵源风景区沙坪村、吴家峪的家庭旅馆村、高云村的商务经营社区、双峰村的农家乐就是此类型村镇。

5.2.3.3　综合服务型

综合服务型村镇规模较大,承担着武陵源的行政、文化、经济、教育、娱乐和生活综合服务中心,为自然遗产型景区管理委员会所在地,也是游客的集散地和主要的游客接待地,同时又是联系其他城镇和乡村的桥梁,对周边区域具有一定的中心村镇的作用,城市化程度相对较高。如武陵源的索溪峪镇、天子山的泗南镇等属于此类型村镇。

5.3　武陵源及其周边村镇发展影响因素

根据武陵源及其周边村镇演进过程和内在发展机制,可以将影响其发展演变的因素分为外在因素和内部因素。外在影响因素是指影响和制约村落发展的外在的因素,主要包括村镇的区位条件、对外交通条件、游客空间离散度(旅游线路组织)等;内部影响因素主要指村镇自身的发展状况,包括人口集聚程度、自然环境状况、聚落景观条件等。

5.3.1　外在影响因素

5.3.1.1　区位条件

村镇的区位条件是指村镇在自然遗产型景区的空间位置,是影响其发展的重要因素之一。位于不同区域的村镇,其未来发展方向有不同的定位,决定其更新的策略有所不同,更新的方向和侧重点也就不一样。

武陵源根据自然风景资源的保护等级而分为核心区、缓冲区、建设区和外围控制区(图5-17)。核心区又分为特级保护区和一级保护区(特级核心保护区

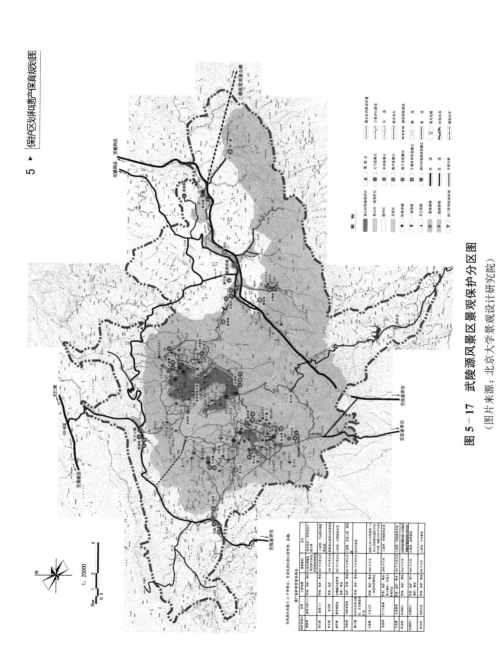

图 5 - 17　武陵源风景区景观保护分区图
（图片来源：北京大学景观设计研究院）

为深灰色区域，一级保护区为浅灰色区域），特级保护区相当于自然保护核心区，为石英砂岩峰林景观最集中，或者岩溶景观发育，或者具有重要的生物多样性保护意义的区域，是必须受到严格保护的区域，严禁任何与自然遗产资源保护无关的活动存在。

缓冲区属于二级保护区，相当于农业副业生产基地，该区域在核心区的外围地带，是核心区存在的环境，也应该受到认真的保护。核心区的视觉可达区域、河流水源区域都属于缓冲区，缓冲区的边界以流域作为分水岭以保证风景区生态的完整性。

建设区属于三级保护区，可以集中安排旅游服务和村民生产生活活动的区域。建设区选址一般远离核心区的边缘地带且位于河流的下游，对核心景区的生物与生态过程、水文地质过程、审美体验过程不造成明显影响和破坏，具有较好的城镇发展条件的区域。

武陵源外围控制区在风景区范围以外，外围保护地带北至茅花界山脉，东至三官寺乡，南至新桥镇，西至教子垭镇。外围区对自然遗产的自然过程及审美体验、观光游憩价值都有一定的影响。

5.3.1.2 游客空间离散度

游客在风景区空间离散的程度在一定程度上决定了周边村镇的发展方向，一般来说，空间上越接近游客的村镇，其发展旅游业的机会就越大，更易于从旅游发展中获得利益，这些村镇往往建设了一定规模的旅游服务接待设施，附近村民从事旅游业的就业机会更多，带动农民收入提高更为明显，从村镇综合发展水平来评价，也处于前列。

由于旅游开发时间的先后、景观游道和旅游设施的分布以及对外交通便利程度等情况，武陵源各个景区游客空间分布并不均匀（图5-18）。目前，武陵源风景区有张家界国家森林公园、吴家峪（索溪峪）、水绕四门、天子山和杨家界（野鸡铺）等五个景区入口。根据武陵源区旅游产业发展有限公司统计资料，在2003年前，大约98%的游客集聚在张家界国家森林公园和吴家峪两个出入口，2003年百龙观光电梯开通后，景区的旅游线路有所变化，水绕四门出入口游客数量有所增加，而天子山和杨家界两个北线入口由于区位和交通条件等客观原因，游客要少得多（表5-5）。从这个意义上来看，区域内旅游线路组织的变化，是影响游客在风景区空间离散度的重要因素。

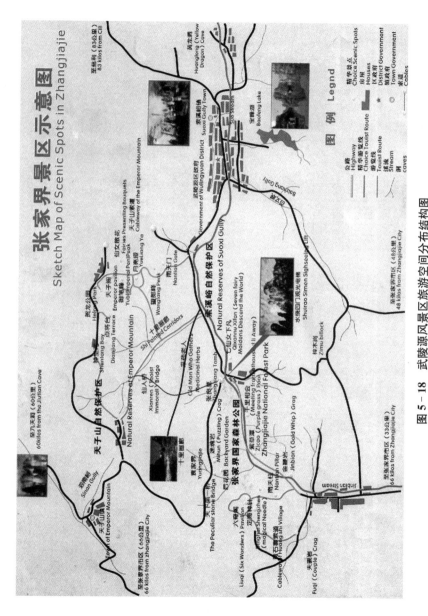

图 5-18　武陵源风景区旅游空间分布结构图

（图片来源：张家界市武陵源区地图）

表 5-5　武陵源景区五个门票站游客空间分布离散度比较

时　间	森林公园 (人)		吴家峪 (人)		水绕四门 (人)		天子山 (人)		杨家界 (人)	
2002 年 10 月(百龙电梯开通前)	198 996	53.9%	163 254	44.2%	1 500	0.4%	3 057	0.8%	2 363	0.6%
2003 年 10 月(百龙电梯开通后)	210 054	52.2%	184 875	46.0%	6 463	1.6%	22	0%	912	0.3%

资料来源：武陵源区旅游产业发展有限公司门票分公司。

5.3.1.3　对外交通条件

对外交通条件会影响村镇的发展状况。位于风景区主干道或主要游览道上的村镇，对风景区景观风貌影响和视线干扰比较大，而对外交通的便利程度，在一定程度上决定了村镇是否能获得更多的旅游发展机会，从而也影响村镇的发展方向。

一般来说，沿线停留型村镇，如武陵源的高云小区等，由于处于主要旅游线路或交通干路沿线，交通条件更具优势，村民从事旅游服务业机会相对较多，其综合发展水平比较高。而一些外围型村镇，如武陵源风景区的协和村等，一般很难从旅游开发中获取机会和利益，经济产业仍然以传统农业占绝对优势，农民生活水平提高缓慢，村镇综合发展水平低下。

交通条件并不是固定不变的，而是动态变化的过程。武陵源环山公路[①]的建设，加快了武陵源风景区北部中湖乡和天子山镇等服务区的发展建设，加强了三个旅游镇之间联系，平衡和分流各个门票口和景区的游客数量，使区域旅游线路组织产生重要变化，改变南富北穷的现状，对风景区的可持续发展十分有利。

5.3.2　内部影响因素

5.3.2.1　人口聚集程度

人口聚集程度也会影响村镇的发展。武陵源风景区涉及两镇两乡一处共43 个行政村，384 个自然村，现状绝大多数以自然村落形式集聚，总人口 54 434人，其中农村户籍 37 192 人，占总人数的 68.32%。武陵源及其周边自然村落人

---

①　在武陵源风景区的南部，有张青公路和张常高速公路，经济相对比较发达。武陵源风景区的北侧，前往中湖乡和天子山镇的是一条简易公路，塌方时有发生，不能满足外环线与景区联系的需要。

口聚集情况见表 5 - 6。

表 5 - 6　武陵源景区及其周边自然村落人口集聚情况表

规　　模	50 人以下	50—100 人	101—300 人	301—500 人	501—1 000 人	总　计
村落个数(个)	30	178	172	3	1	384
所占比例	7.8%	46.3%	44.8%	0.8%	0.3%	100%

数据来源:武陵源建设局。

从表 6 - 6 可以看出,武陵源区域内现状自然村落个数多,人口规模不大,全区共有自然村落 384 个,平均每个村落人口规模为 86 人,绝大多数村落人口为 50—100 人以内,100 人以下的村落总个数为 208 占总个数的 51.2%,这与武陵源山区地域特点密切相关。从行政村规模来看,武陵源区行政村共 43 个,人口规模大多在 500—1 500 人之间,占全部行政村的 55%。对于人口数量少的村落应该考虑合并或者搬迁,对于人口数量多的村落可以适当地引导发展,甚至可以带动周边村落一起发展。

5.3.2.2　自然环境条件

村镇的自然环境条件主要是指村镇是否存在容易发生水灾、地质灾害,或者居住生活环境条件等情况。

武陵源属于地质灾害多发区。据资料记载和调查统计,武陵源主要的地质灾害有滑坡、崩塌、泥石流、地面裂缝和地面岩溶塌陷等五种。已造成较大损失或影响的主要是滑坡、崩塌和泥石流三种。易发生水灾、地质灾害的村落不适宜村民继续居住,应该采取搬迁政策。武陵源风景区的老木峪村在 2005 年发生山体滑坡,已经实施过一次大的搬迁,部分村民搬出了原来村落,摆脱了地质灾害所带来的困扰(图 5 - 19)。

图 5 - 19　老木峪村灾后重建
(图片来源:作者自拍)

居住生活环境条件是指基础服务设施,供水供电、环境卫生及对外交通条件等情况。对于所处的地理位置偏僻或者规模太小,村户居住分散的村落,由于未来也不太可能大规模建设相应基础设施,这类村落也应该及时搬迁整合到规模较大、基础设施较完善的村镇当中去。武陵源区域内目前存在地质灾害、居住环境缺水等问题的村落如表5-7所示。

表5-7　武陵源及其周边村落自然环境条件状况

序　号	影　响　原　因	村　落　名　称	村落个数
1	地质灾害（塌方、滑坡）	迎宾路居委会的茶杯洞，宝峰山村的荷家莎、木香峪，抗金岩的李家湾，黄家坪的马放峪，野鸡铺居委会的拖船垭、香子溪，檀木岗的堰垭，宝月村的柏子湾，杨家界的王家湾、寨峪	11个
2	环境问题（饮水困难、旱灾）	李家岗的前中岗、上中岗、大田垭，三家峪的向家坡，车家山的老屋，檀木岗的赵家坡、李家湾	7个

数据来源：武陵源区建设局。

5.3.2.3　聚落景观条件

图5-20　袁家寨子成为旅游景点
（图片来源：作者自拍）

有些村落拥有特殊的自然或者人文景源，可以作为新的景点开展观光旅游活动。这类村落把聚落景观发展成为旅游资源，合理适当地利用这一资源优势，开展人文景观或生态农业观光旅游，不仅丰富了旅游类型，给村落也带来经济发展的机会。所以聚落景观条件很大程度上决定了村落的发展方向以及功能性质（图5-20）。除了聚落景观可以成为风景资源，村落周围自然资源包括生产性景观也可以成为风景资源。

5.4　武陵源及其周边村镇发展更新

5.4.1　武陵源及其周边村镇发展更新原则

在自然遗产型景区及其周边农村居住环境和谐发展的设计理念指导下，武陵源及其周边村镇发展更新原则体现在生态性发展原则、经济性发展原则和社会发展原则三个方面。

5.4.1.1　生态性原则

自然遗产型景区的风景资源具有唯一性,一旦破坏很难恢复。因此生态性发展原则是武陵源及其周边农村居住环境可持续发展最重要的原则,要保护好景区的生态环境,必须合理编制风景区的土地利用规划,建立空间管制区域,严格控制风景保护用地、风景恢复用地和林地、耕地等农业生产用地。

（1）分区保护发展

依据自然景观资源的保护级别,将武陵源风景区分为核心区、缓冲区和建设区,依据发展定位,将武陵源及其周边村镇分为拆迁型、控制型(萎缩型)和发展型。武陵源可以采用"分类调控、分区规划"原则,采用"山上游、山下住"、"山上做减法,山下做加法"等策略,对武陵源及其周边村镇进行分类分区调整,确定不同区域村镇的发展目标、功能定位及发展规模。

（2）合理的规模控制

居住人口规模、建筑风貌和产业性质都会影响武陵源及其周边村镇的发展更新方向。武陵源应严格控制用地规模和人口规模,控制建筑物数量、体量和风格,使村镇景观要与景区自然景观风貌相协调。同时还要控制村民生产和生活活动,调整产业结构,在合理规划的指导下,使之有利于世界自然遗产可持续发展。

5.4.1.2　经济性原则

（1）正确的产业引导

不同区域的村镇应有不同的产业引导,发展合理的产业生产,在不影响生态环境的基础之上提高区域的经济收入和村民的生活水平。核心区主要发展目标为生态保护林地,为保护风景资源创造良好的自然生态环境。缓冲区产业可以大力发展生态农业和休闲农业,对现有集中成片的耕地进行整理,主要从事优质精品和无公害农产品的种植。对于具有旅游发展潜力的村落,应结合旅游产业,大力开发旅游产品,在不影响生态环境的前提下,发展游览、饮食、住宿、购物、娱乐、保健等各种游览服务设施。

（2）空间上的整合

武陵源应根据村镇的地域分布、空间关系和旅游经济进行综合部署,形成合理、完善而又有自身特点的整体布局。武陵源及其周边分布着数量不一的村镇,从空间结构来看,这类村镇最好与游览服务区空间联系紧密,在统一规划部署和旅游经济的作用下,村镇与游览服务区相互靠拢,形成空间的交叉融合甚至重叠,空间上融为一体。因此,村镇与旅游产业能否在空间上整合,对于武陵源的和谐发展至关重要(图5-21)。

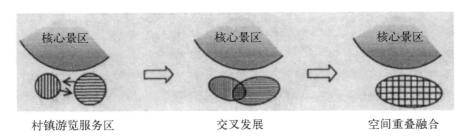

核心景区　　　　　　　　核心景区　　　　　　　　核心景区

村镇游览服务区　　　　　　交叉发展　　　　　　空间重叠融合

图5-21　村镇与旅游产业空间上的整合

(图片来源:陈勇.风景名胜区发展控制区的演进与规划调控)

5.4.1.3　社会性原则

(1)以人为本的原则

武陵源及其周边村镇的村民,特别是核心景区的世居户,文化水平较低,在外谋生和自我发展能力差。在武陵源旅游发展中应该充分体现以人为本的原则,以改善村民居住环境、提高村民生活水平为重要目标,被迫搬迁的居民应该得到相应的补偿,安排新的居住安置地点,失去传统农业耕作的居民应该得到一定的就业培训和工作岗位安排。

(2)村民参与原则

在制定方案前要走访调查,应该充分听取当地村民的意见,然后设计多个方案进行沟通探讨,在交流沟通后最终确定方案,并且在建设的过程中保证村民的有效参与和监督。同时,村民也应该积极配合改善村落的各方面的状况,只有村民的积极参与,规划才能得以更好地实施。

5.4.2　武陵源及其周边村镇发展更新类型划分

通过实地调研和相关资源收集,对武陵源及其周边村镇发展更新类型进行系统分类研究。根据自然遗产型景区三大类保护分区:核心区、缓冲区和建设区,再结合村镇的三大发展类型:搬迁型、控制型(萎缩型)和发展型,三三交互,将武陵源及其周边的村镇的发展更新类型分为9种(图5-22和表5-8)。

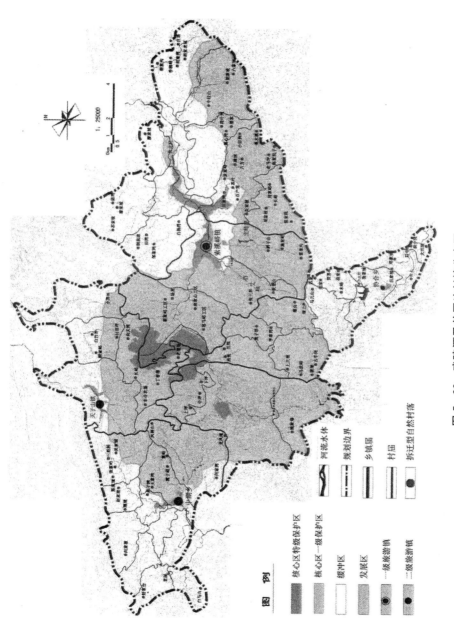

图 5－22　武陵源及其周边村镇分布图

（图片来源：武陵源区建设局）

表 5-8　武陵源及其周边村镇发展更新类型划分

	搬 迁 型	控制型（或萎缩型）	发 展 型
核心区	核心区搬迁型	核心区萎缩型	核心区发展型
缓冲区	缓冲区搬迁型	缓冲区控制型	缓冲区发展型
建设区	建设区搬迁型	建设区控制型	建设区发展型

5.4.2.1　核心区村镇发展更新类型

核心区是自然景观资源最集中和具有重要生物多样性保护意义的区域，对于自然遗产型景区来说，保护核心景区的自然生态环境和景观美学价值是其首要任务，一切与保护生态环境无关的活动都应该禁止和控制。因此，在核心区优先考虑拆迁型村镇，几乎不考虑发展型村镇。考虑到居住在核心景区世居户①的特殊情况，以人为本，对核心景区内的原住民实行逐步萎缩的政策，对于过渡时期的村民一般就近分散安置在核心景区的边缘且隐蔽地带。核心区村镇发展更新类型划分标准见表 5-9。

表 5-9　核心区村镇发展更新的分类标准

影响因子 ＼ 类型	▲拆迁型	萎缩型	发展型
区位条件	核心区中心地带	●边缘地带且隐蔽	——
交通状况	不便利	便利	便利
人口聚集程度	——	50—100 人 ●世居户	50—100 人 ●世居户
有无地质灾害	存在地质灾害	●无地质灾害	●无地质灾害
基础设施状况	无基础设施	基础设施较完善	基础设施较完善
建筑状况	建筑质量差	建筑质量一般	建筑质量较好
社会经济	——	以第一产业为主	以第三产业为主
旅游资源	●无保留价值的村落	——	●有保留价值的村落

（注：优先考虑带"▲"类型的村落，"●"表示这类村落必须满足的条件）

---

①　世居户是指一直居住在风景区，而且是有田地的居民。没有田土并以旅游经营服务为目的的非本地居民都不是世居居民。

（1）核心区拆迁型村镇位于核心区特级保护区,由于对自然遗产型景区的生态环境和景观美学价值产生较大的影响,此类村镇必须搬迁。对于核心区内存在地质灾害危险,或者供水供电等基础生活设施落后,又没有任何景观保留价值的村镇,这类村镇也必须搬迁。

（2）核心区萎缩型村镇主要针对核心区内的世居户,人口规模在 50—100 人村镇。此类村镇必须严格控制人数,只出不进,采取逐步萎缩控制其发展的政策。一般是将世居原居民就近分散,隐蔽安置在核心景区的边缘地带,对风景区的生态环境和视觉影响不大。

（3）在核心区几乎不存在发展型村镇,但是对于具有一定旅游观光价值或文化特色的村落或寨子可以考虑保留,通过产业转型、资源整合,将村镇景观化改造后作为新的旅游景点。

5.4.2.2　缓冲区村镇发展更新类型

缓冲区作为自然遗产真实性和完整性的辅助性保护区,允许一定的村落和农田的存在,但是这类村镇进一步发展可能会对风景区的自然环境产生压力。因此,缓冲区优先考虑控制型,除非自身发展条件太差,有必要拆除的村落进行合并拆迁以外,其他的村落都应该保留,划分条件见表 5－10。

表 5－10　缓冲区村镇发展更新的分类标准

影响因子 ＼ 类型	拆迁型	▲控制型	发展型
区位条件	——		靠近规划建设区、村民委员会的所在地
交通状况	不便利	一般	●便利
人口聚集程度	小于 50 人	50—200 人	●大于 100 人
有无地质灾害	存在地质灾害	●无地质灾害	●无地质灾害
基础设施状况	●基础设施差	基础设施一般	●基础设施较完善
建筑状况	建筑质量差	建筑质量一般	建筑质量较好
社会经济	——	以第一产业为主	以第三产业为主
旅游资源	●无保留价值的村落	——	▲有保留价值的村落

（注:优先考虑带"▲"类型的村落,"●"表示这类村落必须满足的条件）

（1）缓冲区拆迁型村镇一般是指人口规模小于 50 人,人口集聚程度不高,基础服务设施落后的村落,或者受地质灾害及其他自然灾害影响严重的村落,或者交通不便,农业生产条件极差,生活环境恶劣,几乎没有生活福利设施的村落,这类村落可以考虑与其他发展条件较好的村镇进行整合。

(2)缓冲区控制型村镇一般是指无严重自然地质灾害,人口规模50—200人,交通区位条件一般,无较大发展潜力的村落,但是此类村镇进一步发展可能会对风景区的生态环境造成压力。

(3)缓冲区发展型村镇一般是村民委员会的所在地,人口规模较大,交通条件较好,具有一定发展条件的村落。此类村镇村落可以为本村和附近村落提供基本生活服务设施,对于空间上已连接成片的村落,并且进一步扩大不影响风景区的生态环境,可以考虑合并。

5.4.2.3　建设区村镇发展更新类型

建设区一般是远离核心区,位于河流下游且具有良好的交通条件和建设发展条件的区域。建设区以发展型为主,存在少数拆迁型和控制型村镇,建设区村镇发展更新类型划分条件见表5-11。

表 5-11　建设区村镇发展更新的分类标准

影响因子 ＼ 类型	拆迁型	控制型	▲发展型
区位条件	靠近河道或主要道路有碍景观	建设区边缘地带	建设区中心地带
交通状况	交通不方便	交通条件一般	●便利
人口聚集程度	——	100 人以下	——
有无地质灾害	●存在地质灾害	无地质灾害	●无地质灾害
基础设施状况	●无基础设施	基础设施一般	●基础设施较完善
建筑状况	建筑质量差	建筑质量一般	建筑质量较好
社会经济	——	以第一产业为主	以第三产业为主
旅游资源	●无保留价值的村落	无保留价值的村落	——

(注:优先考虑带"▲"类型的村落,"●"表示这类村落必须满足的条件)

(1)建设区拆迁型村镇主要是指存在地质灾害或其他自然灾害影响严重,或者靠近河道或主要道路有碍景观,或者是建筑质量及环境很差并且基础设施缺乏无法满足建设区发展需求的村镇。

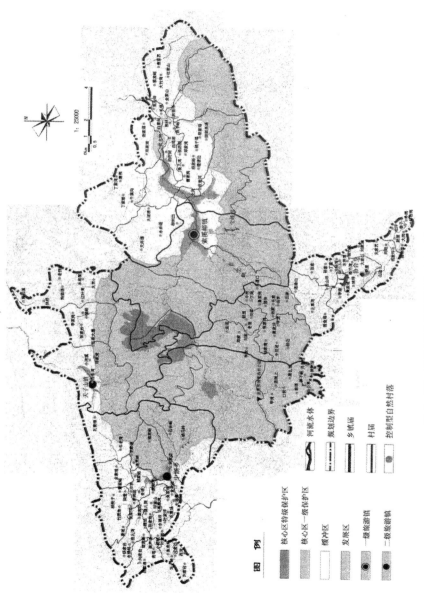

图 5 - 23 武陵源及其周边拆迁型村镇分布图
（图片来源：武陵源区建设局）

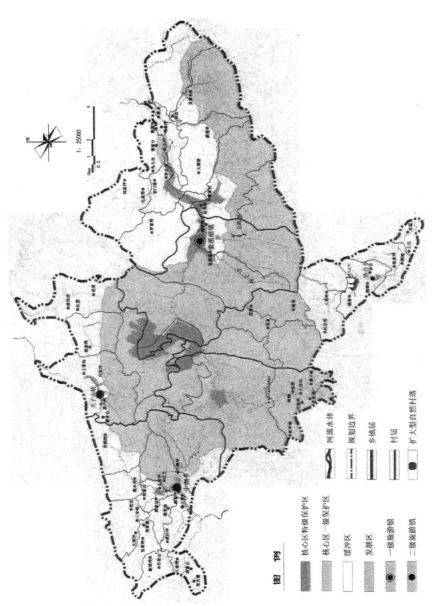

图 5 - 24 武陵源及其周边控制型村镇分布图

（图片来源：武陵源区建设局）

（2）建设区控制型村镇主要是指位于建设区边缘地带，人口规模不大，交通区位条件一般的村镇。为了防止建设区扩张，在建设区外围地区应控制部分村镇的发展，为未来的发展建设预留空间。

（3）建设区发展型是指位于建设区中心地带，交通便利，区位条件优越，基础服务设施完善，具有一定的经济基础和较大的发展潜力的村镇。这种村镇承担着一定的中心村镇作用，对周边农村有一定的吸引力，具有集聚作用。

5.4.3　武陵源及其周边村镇发展更新策略

综合村落区位条件和发展定位两个方面，将武陵源及其周边村落景观风貌的发展更新类型分为九种类型，对于处在不同区位的不同发展类型的村落，其发展更新的策略也不尽相同。

5.4.3.1　核心区村镇发展更新策略

（1）核心区拆迁型——生态修复、异地迁建

对于位于核心区保护区内，特别是在核心区特级保护区，对自然遗产景观和生态环境有较大干扰的村镇，必须实行拆迁的政策。在村民搬迁之后，原址应该得到合理的风景恢复，被拆除的村落基地进行植被和地貌的恢复，以更好地创造自然遗产型景区的生态环境。

村民搬迁下山后，应在区域内选择交通便捷、具有良好经济发展基础的用地建设新的住宅安置点，然后根据拆迁户数确定安置区的规模大小，并提供完备的基础设施。对已失去耕地的村民除了相应补偿外，政府还应该有一定的就业培训和工作岗位安排。武陵源主要安置点集中在建设区附近，如索溪峪镇的喻家嘴安置区、高云小区、施家峪安置区、烽火岗安置区，协和乡的协和安置区，中湖乡的中湖坪安置区，天子山镇的菊芦湾安置区等。

（2）核心区萎缩型——隐蔽安置、退耕还林

对于生活在核心景区一级保护区或者核心区边缘地带的世居居民，考虑到以人为本、渐进式发展的原则，对村民实行隐蔽安置、逐步萎缩的政策。由于类村镇处在核心区，不适合进一步扩大发展，应严格控制人口数量和农民住宅建设，对于过渡期的居民分户按照就近、隐蔽、分散的原则建设临时住房，并对住宅的建设规模、建筑面积、立面造型和细部色彩等都有严格的控制，如天子山的丁香榕村、杨家界的乌龙寨等。

由于生态恢复、生态培育的需要,武陵源核心区内实行了封山育林、退耕还林的政策,由于核心区内的农民耕地被征用为风景区保护用地,村民的生产生活受到限制,村民的生活相对比较贫困,长期以来对自然遗产地保护并不利。相关部门应给予这些村民一定的生活补贴,并为他们提供合适的工作岗位和技艺培训,为这些居民的提供必需的生活保障。

(3)核心区发展型——景观化改造、旅游观光

核心区一些具有较好的旅游观光价值的村镇或者寨子,可以将其保留进行景观改造来发展旅游业。此类村镇将原住的居民迁出,原有村镇整体保留下来,进行景观化改造,可以作为博物馆进行民俗展览或者设置民俗参与活动等,将村落景观的各种元素、空间严格复原其原本模样,最大限度还原村落原生态风貌,如袁家界的袁家寨子、天子山的空中花园等。

袁家寨子以村镇级集体资产为基础,将山上的房屋通过折价入股等形式,构建股份制公司,开展旅游投资、物业出租、旅游服务等经营活动。同时政府为村民提供就业培训,引导和鼓励村民参与旅游观光、文化娱乐、创意产业等相关的新型服务业,整体提高村民的经济收入。

5.4.3.2 缓冲区村镇发展更新策略

(1)缓冲区拆迁型——就近整合、联合发展

对于缓冲区一些规模小、交通不便、基础设施落后,或者存在地质灾害隐患的零星村、不便村,应该对它们进行就近资源整合。拆除现有村落,将其合并到附近发展条件良好的村落,共用公共服务设施,联合发展,形成相对集中、功能完整的农村居民点。如索溪峪镇中小池塘边合并到大池塘边,胡家垴、田胡茶场合并到新屋,高东评、毛塔、溪龙一起合并到中间靠公路的地方。对于搬迁后村镇原址及村镇周围的耕地应及时做好生态修复工作。

(2)缓冲区控制型——规模控制、生态农业

缓冲区属于二级保护区,相当于农业生产区,是自然遗产真实性和完整性的辅助保护区域,应该合理控制缓冲区的建设规模,优先考虑控制型村镇。缓冲区控制型村镇控制规模较小,在充分尊重居民意愿的前提下,鼓励人口向外搬迁,村落基础设施不优先建设,在一定范围内与发展型村落共用基础设施。同时控制建筑物的数量和高度,尽可能与风景区的自然景观相协调。同时对村民的生产生活活动进行合理的控制和引导,调整产业结构,鼓励村民发展生态农业生产以及生态保护林地生产。

（3）缓冲区发展型——资源整合、休闲观光

对于缓冲区一些交通条件便利，具有良好建设条件的村镇，可以通过整合资源，将缓冲区零星的、散居的自然村落集中到发展型的村镇，集中公共基础服务设施，联合发展建设。缓冲区发展型村镇应该合理规划布局产业生产，优先考虑组团式建设，发展无公害的蔬菜基地和生态农业生产。对于交通方便，具有自然和人文旅游资源的村镇，充分挖掘村落的自然旅游资源和人文景观资源，在不影响自然生态环境的前提下，合理发展农业休闲观光旅游业，如索溪峪的双峰村、双星村等村镇。

5.4.3.3　建设区村镇发展更新策略

（1）建设区拆迁型——拆迁重建、全面改造

破坏严重，生活环境差乱，基础设施落后，已不能适应建设区发展的村镇，例如危房、易摊棚、简易房等；或者存在地质灾害等隐患，村镇景观风貌与自然遗产型景区极度不协调，严重影响村容村貌的现代楼房；或者建在河道两旁有碍景观，影响环境的农村住宅都应予以拆除。拆除后重建的建筑应根据武陵源风景区总体规划的要求，进行建筑风貌全面改造，使其外观与武陵源整体景观风貌协调。

（2）建设区控制型——预留空间、控制密度

由于建设区还承担着核心区和缓冲区拆迁居民的安置新建区的建设，为了防止建设区无序的扩张，在建设区外围地区控制部分村镇的发展，为未来的发展建设预留空间。

在建设区外围控制部分村镇实行低密度建设，既保证了建设区周围的整体环境优美，又平衡了建设区的整体开发建设强度。建设区控制型村镇可适当发展生态农业产业，生态保护林地建设。

（3）建设区发展型——规模集中、旅游基地

建设区因其良好的交通优势、较完善的公共服务配套设施、良好的经济基础，适合较大规模的集中发展，吸引周围村落向其聚集，集中发展服务于风景区的餐饮、住宿等配套设施，使其成为自然遗产型景区另一个经济增长极。

建设区发展型村镇可以适当考虑发展家庭旅馆和餐饮店等旅游服务设施，建设成为旅游服务型的村镇，这样既能够使风景区不可再生的自然资源和生态环境免受破坏，又可以保证村民的经济利益，提高村民的生活水平。家庭旅馆建

筑风格应严格控制,内部按照旅游服务需求改造建筑内部结构。

5.5　本　章　小　结

武陵源及其周边农村居住环境各种矛盾的根源在于自然遗产资源的利用与保护,这对矛盾贯穿于自然遗产型景区发展的整个过程,表现在空间形态上则是风景区及其周边农村居民点的集聚与分散变化情况。本章主要针对武陵源核心景区人口增多,城镇化现象严重等问题,从景区层面上探讨武陵源及其周边村镇空间结构模式发展演变特征。

(1)首先从宏观层面上把农村居民点空间视为一个点(as a specific point),将其放到较大的空间背景中,观察其在区域内各个居民点的地域空间关系,从时间和空间两个维度上,分析在武陵源在旅游开发三十年多里,在旅游经济的影响下,农村居民点的空间位置、规模大小、分布形态及其聚散组合等地域空间变化情况,探讨了景区周边农村居住点空间模式的发展演变趋势与特征,进而揭示景区周边农村居住空间模式演变的内在机制。

(2)根据村镇的空间区位,将武陵源及其周边村镇分为核内型、邻核型、沿线型及外围型等四种类型;根据村镇的发展定位,将武陵源及其周边的村镇分为搬迁型、萎缩型、控制型、聚居型等四种类型;根据村镇的功能特性,将武陵源及其周边的村镇分为生产生活型、旅游服务型和综合服务型三种类型,并分别对村镇的类型特点进行了分析。

(3)根据武陵源及其周边村镇空间结构演变规律及内在发展机制,将影响武陵源及其周边村镇发展更新的因素分为外在因素和内部因素。外在影响因素是指影响和制约村落发展的外在的因素,主要包括村镇的区位条件、对外交通条件、游客空间离散度(旅游线路组织)等;内部影响因素主要指村镇自身的发展状况,包括人口集聚程度、自然环境状况、聚落景观条件等。

(4)通过实地调研和文献资源整理收集,分析了影响景区及其周边村镇发展更新的各种因素,将武陵源景区及其周边村镇发展更新类型进行系统分类研究。根据自然遗产型景区的三大类保护分区:核心区、缓冲区和建设区,再结合村镇的三大发展类型:搬迁型、控制型(萎缩型)和发展型,三三交互,将武陵源及其周边村镇的发展更新类型分为九种,并针对这九种类型的自然村落给出了不同的发展更新策略(表5-12)。

表 5－12　武陵源及其周边村镇发展更新策略

类　型	核　心　区		
	拆迁型村镇	萎缩型村镇	发展型村镇
更新原因	对自然遗产和生态环境有较大影响或者存在地质灾害隐患的村镇	对自然遗产和生态环境没有直接影响,且是世居户的村镇	对自然遗产没有直接影响,且具有一定旅游观光价值的村寨
更新原则	生态环境保护原则、以人为本原则、渐进式发展原则		
更新策略	生态修复、异地迁建	隐蔽安置、退耕还林	景观化改造、旅游观光
规模控制	——	100 人以下	100 人以下
产业引导	村镇拆迁后,原村镇遗址用当地优势树种进行生态修复	严格控制人口数量和住宅建设,进行生态树林修复,村民从事服务行业	利用原有村落进行景观化改造,发展旅游观光产业
类　型	缓　冲　区		
	拆迁型村镇	控制型村镇	发展型村镇
更新原因	规模小、交通不便、基础设施落后或者存在地质灾害隐患的零星村镇	交通条件及基础服务设施一般的村镇	交通条件良好,基础设施完善,具有一定建设条件的村镇
更新原则	可持续发展原则、因地制宜原则、资源整合原则		
更新策略	就近整合、综合改建	规模控制、退耕还林	资源整合、休闲观光
规模控制	——	200 人以下	500 人以下
产业引导	就近村镇资源整合,拆迁后原村落遗址用当地优势树种进行生态修复	控制建设规模,发展生态农业生产以及生态保护林地生产	通过整合资源,集中公共服务设施,联合发展,发展农业休闲旅游产业
类　型	建　设　区		
	拆迁型村镇	控制型村镇	发展型村镇
更新原因	建筑破坏严重,生活环境差,破坏河道景观的村镇	防止建设区无序扩张,控制部分村镇发展,为未来预留空间	具有良好交通和较完善的公共服务配套设施,适合较大规模的集中发展
更新原则	适度开发节约土地的原则、环境、社会、经济协调发展原则		
更新策略	拆迁重建、全面改造	预留空间、控制密度	服务接待、规模集中
规模控制	——	500 人以下	——
产业引导	进行建筑风貌全面改造,使其外观与自然景区风貌整体协调	控制建筑密度,平衡建设区的开发强度,发展生态农业产业和保护林地	发展以旅游接待服务为主的家庭旅馆村、旅游商务社区

第6章

武陵源及其周边村落景观风貌建设研究

武陵源及其周边村落景观风貌建设研究，主要是针对自然遗产型景区及其周边农村住宅建设无序，建筑式样单一，与自然环境不协调等问题，以及村落对自然遗产型景区景观风貌的影响，其所处的区位环境、形态布局、建筑外观及其构件细部等，在村落层面上探讨了自然遗产型景区及其周边村落景观风貌的建设策略。

6.1　武陵源景观风貌的构成与感知

6.1.1　武陵源景观风貌构成

武陵源保存了近乎原始状态的优美风景环境、生物环境及其生态系统，其周边地区逐渐形成一些自然村落和集镇，构成了独特的人文景观资源。因此，武陵源景观风貌主要由自然景观风貌和村落景观风貌两大类构成。

6.1.1.1　自然景观风貌

自然景观风貌是人们对风景区内的自然景观要素所呈现状态的整体感知。武陵源的自然景观要素主要包含了地形和地貌、水文、气候、生物等，它们共同构成了风景区自然景观基底，反映出区域范围内优美的景观风貌特征（图6-1）。

（1）地景景观

地形和地貌是武陵源自然景观风貌构成的基本要素，它们构成了风景区地域景观的宏观面貌。武陵源是一个以中外罕见的石英砂岩峰林景观为主，以岩溶地貌景观为辅，兼有大量地质历史遗迹景观的自然遗产地。武陵源

图 6-1　武陵源的自然景观风貌

(图片来源:《世界遗产武陵源》)

以奇峰、怪石、幽谷、秀水、溶洞五绝闻名于世,共有石峰 3 103 座,峰体分布在海拔 500—1 100 米,高度由几十米至 400 米不等。像金鞭岩、黄龙洞这样的世界级特级景源有 10 处,一级景源 45 处,二级景源 99 处[①],举目远眺,峰峦如林,造型奇特,幽谷叠翠,峡深莫测,峭壁万仞,具有极高的科学价值和美学价值。

(2)天景景观

武陵源属中亚热带季风气候,降雨多,气候温湿,终年云雾缭绕。由于海拔相对较高,极容易形成高山云雾等景象,春夏季节时晴时雨,形成云海、云瀑、云涛等奇观,群峰在无边无际云海中时隐时现,时而云海,千峰万壑任沉浮;时而薄纱,深深浅浅尽飘渺,如蓬莱仙岛,似玉宇琼楼,景观万千,变幻莫测,形成一幅幅优美的山水画面。

(3)水景景观

水景是自然景观构成中最生动和活力的要素之一。武陵源素有“秀水八百”之称,全区整个水系发源于袁家寨、天子山一带高地,风景区内水系纵横,雨量充沛,大小溪流 25 条,潭泉 31 处,人工湖泊 2 处。流泉、石潭、绿涧、飞瀑随处可

<hr>

①　郑跃文.世界遗产武陵源[M].深圳出版社发行集团,海天出版社,2009.

见,一泻三跌,飞珠溅玉,清澈明丽,格外爽心悦目。高峡平湖,湖岸奇峰四围,泛舟荡桨,湖光倒影,心旷神怡。而这些溪流泉水,清静碧透,盛夏之时,徘徊溪边,更是让人流连不已。

(4) 生景景观

① 林茂树丰

武陵源境内多为风化淤积土壤,土壤表层腐殖质积聚,有机质含量高,因此天然林发育良好,区域内植物品种丰富。主要植物类型属于中亚热带北部常绿阔叶林,林茂木繁,森林覆盖率高达85%,植被覆盖率99%,其中高等植物有3 000余种,蕨类植物190多种,裸子植物32种,被子植物1 415种,木本植物770多种①。古树名木有四人合围的珙桐,百年银杏,还有古老的鹅掌楸,珍贵的香果木、楠木等,保存原始次生森林植被群落两处,自成一天然植物园。

② 珍禽异兽

武陵源是一座生物宝库,境内植物垂直分带明显,群落完整,生态稳定平衡,给野生动物提供了良好的栖息环境。这里生长着大量野生动物,其中陆生脊椎动物116种,属于国家重点保护动物就有30种②,具有极高的观赏性和景观价值。

6.1.1.2 村落景观风貌构成

村落景观风貌是人们对武陵源及其周边村落景观要素与周边环境组合在一起所呈现状态的整体感知。村落景观风貌主要包含了村落环境、形态布局、建筑外观以及传统民俗文化等要素的外在展示。武陵源及其周边村落景观风貌的构成要素可以分为生活性景观、生产性景观和非物质文化景观三大类,其中以村落建筑景观风貌为主的生活性景观为村落景观风貌构成的重要因素之一(图6-2)。

(1) 生产性景观

生产性景观是指以村落周边的自然生态环境为基础,依据其地形地貌条件而进行农业生产,构成了地域特色的农业生产性景观。武陵源属于山岳型自然遗产型景区,生产性景观主要有林地景观、水体景观以及田园景观等(图6-3)。

---

① 数据来源:《武陵源风景名胜区总体规划说明书(2005~2020)》(2004年北京大学景观设计研究院编制)。

② 郑跃文.世界遗产武陵源[M].深圳出版社发行集团,海天出版社,2009.

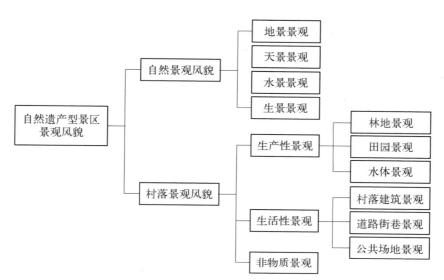

图 6-2　武陵源景观风貌的要素构成

（自绘）

图 6-3　武陵源及其周边农村生产性景观

（图片来源：自拍）

在自然景观审美中，密集的植被是构成武陵源自然景观资源的基础。在2004年编制的《武陵源风景名胜区的土地利用规划》中，武陵源生态保护林地面积 124.5 km²,以原始次森林和人工经济林为主,其中人工经济林占 31.32%①。由于生态保护和生态培育的需要,武陵源在 20 世纪 80 年代就实现了封山育林、退耕还林政策。在恢复森林植被时,选择了一些具有特殊经济价值的林木和果木,如银木栋、木荷、厚皮香、山柳等。这样既结合了生产,又可以有效地保护生态林地,构成了武陵源的景观风貌。

由于武陵源处于崇山峻岭之间,山体陡峭,高差大,垂直地带显著,容易形成极有美感的天台田园景观和梯田景观。在一些山间比较平坦的盆地里,一片片鱼塘、一层层水田和茶园等,放眼望去,山岭沟壑间,层层叠叠,高低错落,色彩随着季节的更替而变幻无穷。在风景区里的村落周围和边缘,种植瓜蔬花果的园地,春日夏时,吐露芬芳,为景区增色。

(2) 生活性景观

武陵源的村落生活性景观层次主要由村落建筑景观、道路街巷景观和公共场地景观等要素构成。村落生活性景观是人类生活的积淀,反映了武陵源传统文化生活特色,具有较强的人文景观特征。

① 村落建筑景观

武陵源是一个以土家族为主的少数民族聚居地,具有自己独特的历史文化背景和社会文化形态。武陵源境内地形复杂,沟壑纵横,在这种自然环境中,土家人结合地理条件,顺应自然,依山就势,形成了独特的湘西土家吊脚楼。吊脚楼依山就势、高高低低地坐落在山脚下或河畔旁,也有些零零星星地分散在半山腰间,灰黑色的小青瓦、深褐色的檐口、柱子和门窗,整个村落笼罩在起伏的山体和茂密的树林中。村落的整体布局、建筑形式、色彩运用都是自然遗产型景区村落景观风貌中富有韵味和美感的部分,反映了当地人们生产与生活方式,构成了武陵源富有地域特色的村落建筑景观(图 6-4)。

随着旅游经济的发展,由于受到城市和外来文化的影响,武陵源及其周边村落景观风貌呈现"异域化"的趋势。村镇建设无序发展,建设规模难以控制,有时出现建筑尺度偏大,建筑形式单一等现象,无论从造型、风格、色调、体量等各方面,都与自然环境不协调,自然遗产型景区及其周边村落景观风貌建设混乱,形成消极的景观效果,严重破坏了景观美学境界,降低了武陵源风景景观的品位。

---

① 数据来源:《武陵源风景名胜区总体规划说明书(2005—2020)》(2004 年北京大学景观设计研究院编制)。

图 6-4　武陵源及其周边村落的建筑景观

（图片来源：自拍）

② 道路街巷景观

道路街巷不仅承担了村落内部及与外界联系的交通功能,也是展示村落景观风貌和村民生产生活场景的主要廊道空间。武陵源境内有张青公路、省道、县道、乡道、街巷以及田埂等不同级别的道路,它们承担各不相同功能,构成乡村的空间网络骨架。由于受到武陵源山区地形的影响,村落内道路街巷的曲直、高低随着地形的走势而有着很丰富的变化,各家各户的朝向、入口方向和位置都不同,构成了丰富的村落景观风貌效果(图 6-5)。

③ 公共场地景观

村落中的公共场地主要是用来进行公共交往性活动的场所,常常位于交通比较便利的位置,道路街巷除了满足交通功能外,也是村民活动频繁的区域。村民家门前或前院是人们与外界交流的场所,街道的"十字"路口、"丁字"路口或者小商店前面,往往成为村民驻足、交谈活动较频繁的场所。而村口前的小广场,小溪边的大树和石凳,也成为村民聚集、喝茶、聊天和下棋的场所。这些体现了浓厚的地方生活气息,构成了一幅极具生活情趣的景观画面(图 6-6)。

（3）非物质文化景观

非物质景观要素是指村民生产生活的行为以及与之相关的历史文化,表现为与他们精神世界息息相关的民俗、宗教、舞蹈、语言和工艺等。

图6-5　武陵源及其周边村落的道路街巷景观
（图片来源：自拍）

图6-6　武陵源及其周边村落公共场地景观
（图片来源：自拍）

　　武陵源是一个以土家族为主要人口的少数民族聚居地区，当地居民祖祖辈辈生活在山地环境，在相对封闭的氛围下，经过长期的历史沉淀，形成了自己独特的历史文化背景和社会文化形态。武陵源到现在仍然还保留着有着明显地方特色的某些传统习俗，如传统节庆的"社巴节"、悦耳动听的民间歌谣、优美古老的"摆手舞"，还有"四月八""仗鼓舞""接龙舞""毛古斯"以及武术硬气功等民间习俗和艺术，构成了武陵源地域性的人文景观风貌要素（图6-7）。

图 6‑7　武陵源丰富的土家文化景观风貌

6.1.2　武陵源景观风貌的感知

武陵源景观风貌的感知是指包括自然和人文在内的各种景观构成要素的空间整体形象的视觉和心理感受。这种感知不仅来自当地居民,更多来自外来游客的感知和认同,外来游客和当地居民是景观风貌认知的两大主体。

6.1.2.1　景观风貌的视觉特征

景观风貌特征作为自然遗产型景区的外在展示,首先体现出的是人们视觉上的感知,即物体与视觉行为紧密联系的属性特征,包括形状、尺寸、色彩、质感等物体外的视觉感受。其次,景观风貌的视觉感知受到人们观察所处的环境条件的影响,包括位置、方位、视觉距离等,如:变换的视点或视角使同一个物体在视野中产生不同的形状或面貌;观察者与某一形式之间的距离,决定了它看上去的大小;某一形式周围的视野,影响着识别和理解形式的能力。因此,武陵源及其周边村落景观风貌,从宏观、微观上可分为环境景观视觉特征和建筑景观视觉特征两部分。

（1）环境景观视觉特征

武陵源属于山岳型景区,最典型的村落景观视觉特征应该是以青山、绿水等自然景观为背景,村落被包围于山水之间的景色。在风景区里,村落成为风景区

图 6-8 村落与周边环境融为一体
(图片来源:自拍)

的一个景观元素,村落和风景区互为图底。人们欣赏风景区村落景观风貌,首先映入眼帘的是周边环境这个大背景,其次才是村落布局、建筑外观、门窗装饰细部等景观要素,村落往往成为风景区"画龙点睛"的一笔(图 6-8)。

村落景观环境具有明显的地域性特征,我国大多数乡村的人居环境就是村落与周边的地理环境有机结合的一种地表空间表现,在青山绿水、蓝天白云、茂林繁木、错落有致的村落等组成的多维度空间中,呈现出丰富地域特征的空间整体视觉形象,如云雾缠绕的山乡、水网交错的水乡、地势坦荡的牧乡,都反映出我国乡村地区富有特色的自然地理景观和地域性特征。

(2)建筑景观视觉特征

武陵源及其周边村落景观风貌的建筑视觉特征主要反映在住宅群落与住宅单体建筑的层次感。

住宅群落的层次感,表现为极为丰富的村落布局和建筑组团的轮廓,是村落整体形象的体现。武陵源境内地形复杂,村落布局顺应自然地形,不同高度上的房屋顺地势呈多行阶梯式排列,随地形变化自由布局灵活空间。而民居布局也是随着山区地势自由分布,错落有致,层次丰富。

住宅单体建筑的层次感,即建筑的体量尺度、外墙面的光影,加之门廊、山墙、洞口的设置和院落的层叠,出现了层次丰富的构成形态以及明暗变化的色彩关系。在建筑装饰构件和色彩方面,武陵源及其周边村落的建筑色彩以淡雅为主,采用材料的本色或自然色。灰黑色的小青瓦、白粉墙或灰砂的墙面,再配上枣红色或深褐色的檐口、柱子和门窗框,朴素耐看,与周边自然环境协调统一。在村民的自主参与设计下,在传统民居的基础上,现代农村住宅外观变得更加丰富而有层次(图 6-9)。

图 6-9 武陵源乌龙寨的农民住宅
(图片来源:自拍)

6.1.2.2　旅游消费语境下的村落风貌

（1）村落风貌

在中文语境中，"风"是"内涵"，是村落社会人文取向的非物质特征的概括，是社会风俗、风土人情、传统文化等方面的表现，是村落村民所处环境的情感寄托；"貌"是"外在"，是村落物质环境特征的综合表现，是村落整体及构成元素的形态和空间的总和，是"风"的载体。有形的"貌"与无形的"风"，两者相辅相成，有机结合形成特有的文化内涵和精神取向的村落景观风貌①。

建筑风格是指建筑的内容和外貌方面所反映的特征，主要在于建筑的平面布局、形态构成、艺术处理和手法运用等方面所显示的独创和完善的意境。梁思成说："所谓建筑风格，或是建筑的时代的、地方或民族的形式，或是建筑的整个表现。"因此，建筑风格因不同时代的政治、社会、经济、建筑材料和建筑技术等的制约以及建筑设计的思想、观点和艺术素养等而有所不同。

"地方民族特色"是指具有地方特点的民族文化。具有地方特点的民族文化常常被视为地方独有的"本土文化"。

（2）旅游消费语境下的村落风貌

当地村民在村落环境中出生、成长，熟悉村落景观风貌的每一个环节，掌握景观风貌的自然规律和社会特征，并通过景观之间的关系进行推断，对自己周围的村落景观风貌具有亲切感和文化认同感。

对于外来城市游客来说，他们对村落景观风貌的感知主要通过电视广播、文字图片和广告宣传等方式获取，或者来自亲身的体验和感受。一般情况下，外来城市游客对景区周边的村落景观风貌的印象不仅停留在传统的田园牧歌般的生活景象上，甚至对少数民族文化还有种猎奇的心理，反映出人们对传统村落景观风貌和乡村田园风光的眷恋和向往。

目前，我国开始迈入大众消费的时代，消费已经从简单的衣食住行逐渐转移到了对文化和艺术的消费，旅游消费语境下的建筑风格，除了满足不仅是单纯物质和功能性的消费，如住宿、餐饮，更是一种文化上、心理上和体验上的消费。

在一些旅游经济较发达地区，农民在经营农家餐馆或农家乐时，总是有意无意地在住宅里添加一些具有民族地域特色的符号，如坡屋顶、实木花格窗扇、十字木穿坊、吊柱等用以招徕生意。自然遗产型景区及其周边地区农村住宅形式对传统地域文化的唤起，是当今社会对商业消费时代的一种回应和态度（图 6 - 10）。

---

① 俞孔坚.基于生态基础设施的城市风貌景观[J].城市规划，2008.

图 6-10 武陵源张青公路两旁的农民住宅

（图片来源：自拍）

　　武陵源及其周边村落景观风貌的"格调"是由各个景观构成要素：山岳、天空、溪水、树林、村落共同形成的，代表了武陵源独有的、差异化的景观个性和风貌特色，并由此彰显出地域民族文化的人文精神魅力，以激起外来城市游客第一视觉所产生的印象和心灵触动。

6.2　武陵源及其周边村落景观风貌影响分析

　　自然遗产型景区是风景资源集中、自然环境优美、供人游览观赏以及进行科学活动的地域，而村落作为一种人工景观，是自然审美的最大干扰因素，对武陵源自然景观风貌和生态环境的影响很明显。

6.2.1　影响要素

6.2.1.1　区位条件

　　村落的区位条件对武陵源自然景观风貌的影响程度有很大的差别。一般情况下，距离核心景区越近，影响程度就越大。根据村落的区位条件，可以将自然遗产型景区划分为四个区域[①]：一级生态景观敏感区、二级生态景观敏感区、开发建设区和外围控制区。风景区不同的区域,村落景观风貌建设的要求就不一样,未来的发展方向就会有不同的定位(图 6‑11)。

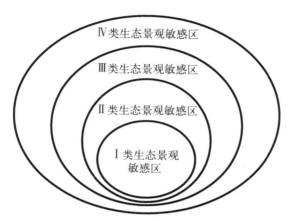

图 6‑11　武陵源自然景观保护分区图

Ⅰ类生态景观敏感区(核心区)——该区域对于风景区的生态保护和景观特色十分敏感,一旦出现破坏干扰,不仅影响该区域,可能给整个风景区生态系统带来严重损害。该区域应采取绝对保护,禁止开发建设和大量游客的活动。

Ⅱ类生态景观敏感区(缓冲区)——该区域对于风景区的生态保护和景观特色有重要作用。采取相对保护,适当控制活动强度和游人数量的方式。

Ⅲ类生态景观敏感区(建设区)——该区域能承受一定人类干扰,可以建设旅游活动所需的住宿、餐饮等设施。在这一区域里,强调低强度的土地开发和低密度的旅游活动,尽量减少对基地生态环境破坏,积极建设具有地方特色和自然情趣的建筑景观[②]。

Ⅳ类生态景观敏感区(外围控制区)——在风景区范围以外,对自然遗产的自然过程(水文地质、大气、生物和生态过程)及审美体验、观光游憩价值有影响的区域。它是以有利于保护世界遗产的完整性为目标,其范围已超出武陵源的行政边界,在更大的范围内对自然遗产进行环境保护。

①　1973 年,瑞士景观规划设计师 Rihard Roster 提出旅游开发的同心圆理论,在这一理论中,他把国家公园从里到外分成三个部分:核心保护区、游憩缓冲区和密集游憩区。1988 年,C. A. Gunn 提出了国家公园的旅游分区模式,将公园分成重点资源保护区、低利用荒野区、分散游憩区、密集游憩区和服务社区。我国常用的区域划分为:核心区、缓冲区、建设区和外围控制区。其实,这几种划分原则实质是一致的。

②　刘滨谊.自然原始景观与旅游规划设计:新疆喀纳斯湖[M].南京:东南大学出版社,2002.

6.2.1.2 可达性

可达性意味着两个方面,即交通的可达性和视线的可达性。

（1）交通可达性

一般来说,村落的交通状况好坏会影响村落的未来发展方向。位于主要干道沿线、主要游览线或者景区主要出入口附近的村落,经济发展状况良好,村落的发展建设比较快,容易出现建设无序混乱,风貌失控的现象,对于这类村落应该合理控制。比如从武陵源东边的索溪峪镇到西南边的张家界森林公园入口处,这是武陵源区境内最重要的交通主道路,沿线的村落景观风貌对风景区整体景观品质起着重要的作用,沿线的村落可成为游客暂时的停留驻地,村落景观建设与自然景观协调尤为重要。

（2）视线可达性

有些村落虽然交通可达性并不好,但位于主要公路、游览道路或索道的视线可到达区域,视线可到达区域内的村落也会影响景区的整体景观质量。《武陵源风景名胜总体规划（2005—2020）》对游客可能会出现的公路、铺装道路、索道以及未铺装道路的可见度进行了分析（图6-12）,黑色的区域表示不可见,黄色的区域表示可见。在对存在于道路视觉可达区域的村落景观建设也需要控制,以保证与风景区自然风貌的协调。

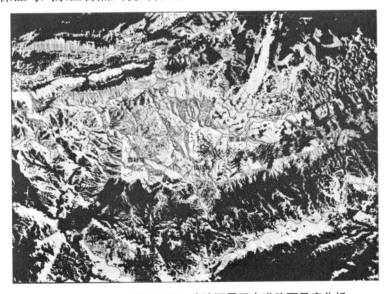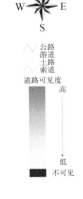

图6-12 武陵源景区内道路可见度分析

（图片来源:《武陵源风景名胜区总体规划（2005—2020）》）

一般来说,可达性较好的村落,相对可达性不好的村落经济要发达一些,这些村落应注意城镇化问题;可达性不好的村落根据其村落所在的区域可以进行不同的调整,如果在建设区,可以加强道路的建设;如果在核心区或缓冲区,交通可达性不好,视线可达度高,可以考虑村落整体搬迁。

6.2.1.3　视线影响

对村落景观风貌的感受与观察者所处的条件影响较大,如观测视角、观测距离等。变换的视点或距离会使同一个物体在视野中产生不同的形状或面貌。村落建筑的体量、色彩、样式在不同距离范围对自然遗产型景区景观的影响不同。

一般来说,在纯净的空气中,人眼可以看见 27 千米外的一点烛光,若在高山顶上,眼力可以扩大到 320 千米处。在大于 5 千米的距离,可识别的主要是体量,在 8—10 千米范围中比较好识别的是多层楼房;在 5—8 千米范围内,易识别的是建筑群体,建筑的色彩是建筑群体色彩的集合,所以色彩也对景观影响都较大,而建筑样式的影响力较小;在 0.5—4 千米范围内,样式影响力逐渐上升,但仍以体量和色彩为主导;在 250 米以内,样式的影响力最大(表 6-1、图 6-13)。

表 6-1　人肉眼可识别物体的距离①

目　标	距　离	目　标	距　离
多层楼房	8—10 千米	单个的人	2 千米
平　房	5—8 千米	帽子	400 米
房子门窗	4 千米	眼、鼻、手指	60 米

宏观尺度的村庄与环境关系

中观尺度的建筑体量式样

微观尺度的细部图案

图 6-13　村庄在不同范围对建筑的感受不同

(图片来源:自拍)

---

① 资料来源:http://www. Baidu. Com/question.

（1）宏观尺度上，人的视觉可以感受到村落整体布局、规模大小、建筑组团轮廓、村落的整体色调（特别是屋顶）以及村落群体与周边环境的关系等。

（2）中观尺度上，人的视觉可以感受到建筑的体量、式样、尺度、建筑立面（包括材料、颜色）、檐口、阳台等。

（3）微观尺度上，人的视觉可以感受到门窗的式样、细部的环纹图案等。

所以，村落的体量、色彩在各种尺度内对环境的影响都很大，而样式、构件细部在中观和微观尺度产生较大影响。

6.2.2 影响类型

根据对景观风貌和生态环境的影响程度，武陵源及其周边村落可以分为干扰型、无关型和促进型三种类型。

6.2.2.1 干扰型

根据村落在自然遗产型景区中的区位，可以将干扰型村落分为直接干扰型和间接干扰型两类。

（1）直接干扰型

这类村落往往距离核心景区较近，或者位于主要交通干道或者主要游览道路沿线，对武陵源的景观美学价值或生态环境造成了直接影响。由于这类村落在空间上更方便接近游客，村民收入比较高，吸引了更多的村民聚集。村镇的建设也难以控制，容易造成景观风貌失控、发展混乱的现象。

（2）间接干扰型

这类村落距离核心景区较远，从地理位置来讲，并没有对武陵源的景观视觉效果造成直接影响。但是这类村落的存在对自然遗产型景区的生态环境产生了间接的干扰。如锣鼓塔旅游接待服务区位于武陵源主要溪流金鞭溪的上流，其生活污水对溪流的水质产生极大的破坏。

干扰型村落是武陵源社会居民点调控规划中的重点整治对象，属于搬迁型村镇（图6-14）。

6.2.2.2 无关型

无关型是指位置较偏僻，对武陵源景观视觉效果和生态环境的破坏不大，同时受风景区旅游开发的辐射影响比较小的村落。此类村落被纳入武陵源社会居民点调控规划中的萎缩型或控制型村镇。

严重破坏核心景区自然景观而被强拆的农民住宅

生活污水流入溪流　　　　　　　　住宅建筑风貌与景区自然景观不协调

图 6‐14　武陵源干扰型农民住宅

（图片来源：作者自拍）

无关型村落虽然对武陵源影响不大，但是其进一步发展会对风景区的生态环境产生压力。由于受限制太多，村民大多生活比较贫困。从长远来看，若不加以正确引导，容易向干扰型村落发展，从而对武陵源整体风貌建设产生不利影响。

6.2.2.3　促进型

这类村落是一种较为理想的状态，村落与武陵源的景观资源有很好的融入，不仅在视觉上"画龙点睛"，还可以为景区提供旅游服务接待。此类村落又可分为促进保护型和促进发展型两类。

（1）促进保护型

促进保护型是具有较好的旅游观光价值的村落。此类村落往往视为自然遗产型景区景观的构成因素和保护对象，村落本身可以作为供游人欣赏的景观，与自然遗产型景区形成相互促进的关系，成为风景区景观资源的补充。

（2）促进发展型

有的村落因在新农村发展建设中实施整治，或受到自然灾害的影响而迁建，在整治或迁建过程中注重乡村特色建设，实施了产业转型。此类村落常被纳入自然遗产型景区的游览服务系统，成为武陵源景区内新兴的旅游服务点，不但促进了风景区和村落风貌的协调，而且提升了村落的经济水平。

6.3　武陵源及其周边村落景观风貌建设

武陵源及其周边村落景观风貌作为一种整体景观,其比例尺度、屋顶形式、建筑体量、建筑色彩、建筑风格等与周围自然环境共同形成了自然遗产型景区景观风貌。按照从整体到局部、从主体到细部的人们对空间认知过程,村落景观风貌的基本要素可以分为聚落群体(居民点)、建筑形体(包括立面和屋顶)、建筑节点和细部三个部分。

6.3.1　聚落群体景观建设

6.3.1.1　与环境的关系

作为自然遗产型景区,武陵源景观风貌建设最基本的原则就是:必须保证风景区内自然风景资源和原生风景资源的绝对主体地位,出现非原生的风景资源都是对自然遗产型景区景观风貌的破坏。

图 6‐15　村庄依山而建

（图片来源:作者自拍）

武陵源属于山岳型风景区,最典型的村落群体景观应当是在山、水、树等自然景观为背景下的聚居环境,村落被包围于青山绿水之间,村落本身就构成了风景区的一个景观元素。村落立足于环境中,同时必然会对背景景观面貌产生影响。两者和谐的关系是村落形态与背景达到"共融"的效果,如果与背景结合得不好,则有可能成为视觉污染源。

武陵源农村住宅大多建在山坡上,为了使街道平整以便于使用,同时便于交通和生活生产活动,一般村落作平行等高线布局,住宅基本沿着山体的等高线布置,依山而建,顺应山势,形成层层叠叠、鳞次栉比的建筑群体效果(图 6‐15)。

6.3.1.2　村落的边界

在一片美丽的自然环境中,村落往往被要求其高度、体量、色彩与周边环境相协调(图 6-16)。实际上,作为建筑物与自然环境划分限定不同空间的围合界面,也是村落与环境是否协调的一个关键因素。村落应当融入大自然中,不应该喧宾夺主,从这方面来讲,它是没有"形体",而它又是有边界的,体现了村落的规模和尺度要求,因此在村落的边界体现了以下三个特征。

图 6-16　村庄的边界

(图片来源:作者自拍)

(1)村落的高度

村落的边界应当不越过周边的绿色边界,也不应当越过它的高度边界。高大的乔木和茂密的灌木应该把村落围合起来,也就是说,村落建筑物的高度最好不要超过 10 米,这正好是一般乔木的自然高度。

(2)村落的宽度

村落应当各自独立,地理区域上不应当连成一片。单个的或规模小村落,如果是村落之间不连成一片的话,就不会在广袤的开放空间里形成支配性的建筑景观。如果没有恰当的规划,村落与村落连成一片而成为一个建筑板块,就有可能反客为主,取代自然景观。村落应当组团式布置,村落内部布局相对紧凑,严格控制人口和土地使用,从而形成规模较小的村落,使村落不可能超过原有边界向外蔓延。从户外尺度来说,一个独立的村落应该处在一个比它大 10 倍以上的开放空间里,村落各自独立,在广袤的空间里,这些村落只不过是一些星星点点,在形体上不可能成为支配性的建筑景观。

(3)过境道路不应当直接穿村而过

我国农民建房喜欢靠近公路,如果不加以控制,住房沿着道路一字排开布局,村落就有可能沿着道路蔓延扩张,尤其是在道路两边设置商业设施,会吸引更多的服务设施,那样村落会变得"无边无尽"。如果过境道路与村落适当分离,就可以控制它们的规模和边界,使村落有"形体"暴露在外,可以远距离观看,远距离欣赏,使村落装在"绿盒子"里,成为景观元素。

武陵源境内的各种等级道路街巷,对乡村环境和景观格局产生较大的影响,特别是穿越村落内部的过境高等级道路势必会形成两侧房屋规则排列的整齐空间。即使没有过境道路的村落,也会在主要道路旁演化为典型的的街道空间(图 6-17)。

6.3.1.3 村落形态布局

村落层面的空间形态布局是指村镇的建筑群落及其内部的公共空间(街巷格局、道路交叉口、广场等)、山地、河流等物质要素构成的空间脉络。武陵源及其周边地区村落的空

图 6-17 索溪峪旅游镇的街道空间
(图片来源:自拍)

间形态可分为以下四种。

(1)点状散居形态

在传统农业经济下,农业生产条件决定了其居住生活形态,农村居民点空间分布呈现出自由、孤立和分散特点,由于地形复杂,农户零散地分布在一定区域内,三五户农户聚居,村落呈现点状散居的分布形态。从远处望去,山坡上零星的房屋点缀于郁郁葱葱的树丛间,与自然环境相互渗透,别有一番滋味(图 6-18a)。

武陵源自然遗产型成立后,为了保护风景区的自然景观风貌和生态环境,核心景区内的村落逐渐衰减,留在核心景区的村落分散隐蔽安置,村落形态呈现小组群状或散点状。

(2)分散团聚形态

由于自然景观风貌保护的需要,武陵源及其周边村落聚集程度并不高,呈现环核心景区组团式布局形态。组团与组团之间存在一定距离,一般呈多核心状或单核心组团环绕风景区分布。分布在丘陵有变化地形的村落,由于道路、农田、水系的分割以及地形等的阻碍,村落规模大小不等,其发展趋势是各个中心的结构趋于紧凑,进而联系更加紧密(图 6-18b)。

(3)线状延伸形态

受地形和道路、河流等通道的影响,村落沿通道两侧用地相对平缓的区域平行于等高线发展,呈现"一字形""L形"或村镇布局,这是武陵源常见的一种村镇布局形态。这类村落形态上呈狭长的带状,村落布局顺应自然地形,两头沿等高线方向延伸,同一高度上的房屋随等高线的走向连成一行,不同高度上的房屋顺地势向上呈多行阶梯式排列,随地形变化自由布局灵活空间。而民居布局也是随着山区地势自由分布,形成了丰富的村落景观风貌(图 6-18c)。

a. 点状散居形态　　　　　　　　　　　　b. 分散团聚形态

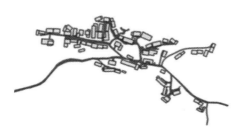

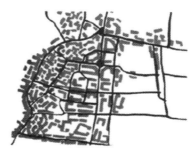

c. 线状延伸形态　　　　　　　　　　　　d. 面状聚集形态

图 6‑18　武陵源及其周边村庄形态布局

(图片来源：局部自绘)

（4）面状聚集形态

此类村镇为中心旅游村镇，一般选址于较为平坦的建设区或外围地区，交通条件和建设条件良好，具有一定的经济发展基础，适合集中安置村民生产生活的村镇。此类村镇基础服务设施相对集中，人口聚集程度较高，村落空间布局呈现面状聚集形态（图 6‑18d）。

6.3.2　建筑形体景观建设

建筑形体景观包括建筑单体的形制、尺度与体量、立面和屋顶形式以及其组合方式。武陵源传统住宅具有一般民居共同元素，如坡屋顶、院落、"回"字形门窗等，同时具有其民族化、地域化特征，如吊脚楼、挑廊、穿枋等，这些基本元素按照一定的方式构成了一家一户的住宅单体，并通过不同的变异和组合形式构成丰富多彩的建筑空间形态，成为武陵源及其周边村落景观风貌的重要部分。

6.3.2.1　建筑形制

由于地域条件和文化习俗不同，各地民居的基本形制各不相同。湘西土家族传统民居主要平面形制有"一字形""L 形""门字形"和"四合院"四种（图6-19），其中以"L 形""门字形"两种类型居多。湘西吊脚楼要比正屋相对矮小轻巧，"L 形"是在正屋一侧的厢房设吊脚楼，为不对称形式；"门字形"是在正屋两侧厢房设吊脚楼。由这四种基本平面类型在水平方向或垂直方向拼接，还可以衍生出多种平面类型（图6-20）。

| 一字形 | L形 | 门字形 | 四合院 |

图 6-19 武陵源地区的居住建筑基本形制

（图片来源：自绘）

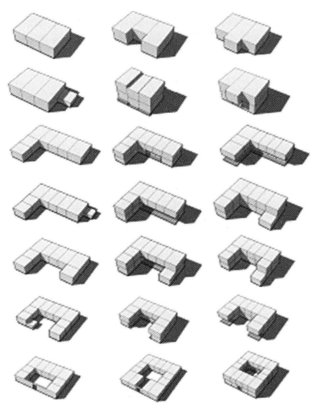

图 6-20 武陵源地区居住建筑平面形制的组合

（图片来源：自绘）

（1）一字形

"一字形"平面一般由 3 至 5 个开间组成,悬山屋顶,也有端部加建坡屋的,大都平行等高线布局。有的"一字形"平面由于地形限制,不得不垂直于等高线布置的,则大多依据地形将坡下部分多建一层,下面作杂屋使用。

（2）L 形

"L 形"平面主体一般平行等高线布局,多为一层,伸出的一翼结合地形高差做成两层,下层做杂屋,上层两面或三面挑出围廊形成吊脚楼,上部檐口齐平,主体部分多用悬山顶,伸出一翼多做成歇山屋顶,两个翼角翘起,形成"转角楼"。

（3）门字形

传统的"门字形"平面常为家庭人口较多或富裕户采用,在"一字形"平面发展起来,两端伸出的两翼平面上一段不强求对称,而是根据实际需要进行布局,甚至两翼不是同时修建而是分期逐步添建而成,俗称为撮箕口。

（4）四合院

在撮箕口的口部用杂物或围墙围合成四合院,当中设八字朝门。这种形式由于建筑面积更大,布局封闭,在新建的民居中不多采用。

6.3.2.2　建筑体量与组合

武陵源境内地形复杂,山势陡峭,地表潮湿,同时少土少地,在这样的居住环境下,形成了武陵源地区独特的吊脚楼建筑。

（1）干栏式

"干栏式"吊脚楼,即底层架空,上层居住的一种建筑形式。"干栏式"吊脚楼设在悬崖陡坡、溪水河流等地形复杂的基地上,用细长而大小不等的支柱,弥补地形不足,形成了武陵源土家族独特的建筑风格(图 6 - 21)。

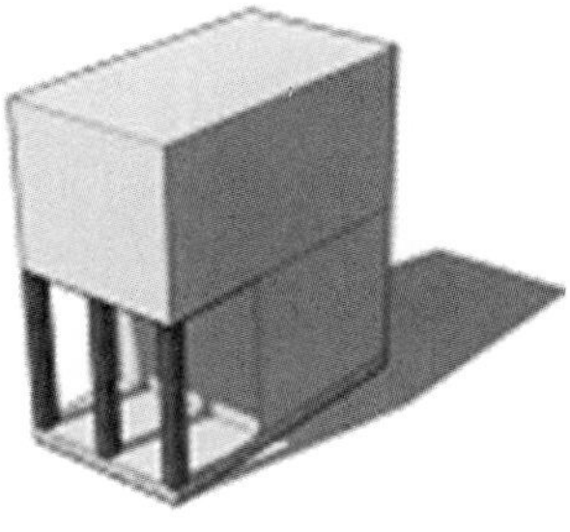

（2）挑廊式

图 6 - 21　干栏式

（图片来源:自绘）

"挑廊式"吊脚楼的主体部分位于较为平整的基地上,二层向外挑出一廊而得名。"挑廊式"吊脚楼一般有二三层楼高,分别在其正面或侧面设廊出挑,挑廊吊柱由挑枋承托,出檐的深度一般有两挑两步或三挑两步,与现代住宅的阳台或外廊类似。"挑廊式"吊脚楼造型轻巧,装饰精细,空透轻灵。而吊脚楼与主体的结合形式,有正屋一侧吊脚楼、左右不对称吊脚楼以及左右对称吊脚楼等形式,其中以正屋一侧吊脚楼最为常见(图6-22)。

6.3.2.3　高度与层次

建筑高度应与所处的风貌分区的具体要求相符合,建议以低层、多层为宜。

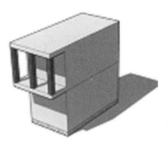

图6-22　挑廊式
(图片来源:自绘)

(1)建筑体量应与风景区山水环境尺度相谐调。新建单体建筑应保持良好的比例关系,不要出现过大、过长的形体。沿街的建筑体量与尺度应与街道的长度、宽度结合。

(2)在风貌规划区域内任何建筑,都必须与周边群体建筑充分协调。

(3)对于需改造的建筑应保持所需改造部位构件的尺度比例(图6-23)。

尺度:

主要街道

宽度(D)5—7 m

高度(H)6—10 m(屋顶高度除外)

面阔(W)3≥D/H≥1,2≥W/D≥1

次要街道

宽度(D)3—5 m

高度(H)3—8 m(屋顶高度除外)

面阔(W)1.5≥D/H,1≥W/D

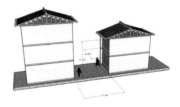

图6-23　住宅的比例与尺度
(图片来源:自绘)

6.3.2.4　建筑立面

立面与屋顶围合了建筑的体量,是建筑形式的主要外部表达。

建筑立面表达的特征包括:建筑高度、长度、宽度、比例与竖向收分关系、建筑外形的水平与垂直划分、对称轴线、开口部位与方式、凹凸物、色彩、材料及材料质感等。其中立面上的开口(门窗)、凹凸物的处理可在空间上对形体产生影响,在基本形制的基础上创造出各异的立面形式,如窗上加壁柜,斜出窗栅,窗下凸出宽窗台;出挑楼层设置栏杆、窗栅、檐口栏杆;临水挑出平台、拉杆;山墙面凸出挑廊、楼梯间、靠背栏杆、厨房杂物等。空间处理与材质表达相结合,加上地域性的特征,产生了丰富多彩的农村住宅形式(图 6-24)。

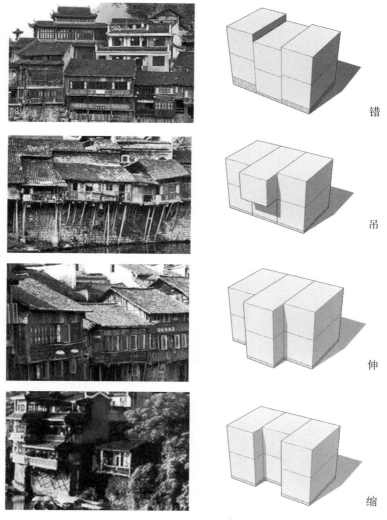

错

吊

伸

缩

图 6-24　武陵源地区富有土家族特色的建筑主色彩

(图片来源:根据《张家界市城市风貌规划》改绘)

错:通过基地高度的不同,再垂直方向上表现出错落有致的建筑形态。

吊:充分利用高差,将局部建筑伸出建筑主体,形成"吊脚楼"的形式。

伸:平面上将局部建筑伸出建筑主体,实现视线上的层次感。

缩:平面上将建筑局部缩进建筑主体中,实现灰空间效果。

6.3.2.5 建筑屋顶

屋顶作为建筑的第五立面,除了具有覆盖作用外,在建筑物的体量比例中占有重要的地位,作为建筑形体收头的最后一部分,在很大程度上直接影响到人的第一视觉感受。富有地域特色的屋顶成为武陵源及其周边村镇景观风貌构成的重要元素之一。

武陵源地处山区,传统民居以坡屋顶为主,坡屋顶形式变化多样,简单的坡顶经过穿插组合后形成各种复杂的屋顶形式,创造了顶举折和屋面起翘、出翘,形成如鸟翼伸展的檐角和屋顶各部分柔和优美的曲线(图6-25)。同时,屋脊的脊端都加上适当的雕饰,檐口的瓦也加以装饰性的处理,不仅丰富了天际线,高低起伏、错落有致,而且在功能上和形式上也比较客观地适应了各种地区的生活方式和文化喜好。除了屋顶的视觉造型直接影响着建筑整体的视觉造型,其屋檐的装饰、阴影、屋型及色彩等均创造了建筑物的本体美,与周边起伏的群山相呼应,形成了独特的韵律感。

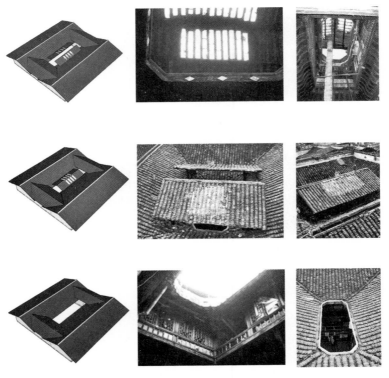

图6-25 武陵源地区民居中的屋顶式样

(图片来源:根据《张家界市城市风貌规划》)

6.3.3　建筑节点与细部

住宅的建筑节点和细部是农村居住环境构成体系中的最小单元,也是构成武陵源景观风貌的一个重要因素。建筑的节点和细部,包括色彩、材料、门窗等细部装饰构件,可以表达当地的传统工艺制作水平和文化内容,如民俗美术工艺在色彩、形象、线条等方面的运用等,都可以向外来游客展示富有地域特色的土家文化和风俗习惯。

6.3.3.1　建筑色彩

对于自然遗产型景区而言,必须保证景区内的原生风景资源的绝对主体地位。自然景观是武陵源最核心价值体现的基础,建筑作为异质体进入自然环境,其色调应该与景区内的峰岳、土壤、岩石、植被、云彩和天空等自然景观色调协调。所以,景区及其周边村镇的居住建筑追求自然、古朴的色调,这种对自然的尊重,才有利于形成村落与自然环境的浑然一体的场景。武陵源及其周边农村住宅常用的色谱有主色和辅助色两种类型。

（1）建筑主色调

建筑的主调色谱一般是指建筑主体的色谱,如墙面、屋顶、街巷的地面等大面积建筑构件所带有的色调。武陵源及其周边农村住宅基本上都处于自然生态的环境中,农村住宅外墙、街道地面和屋顶的颜色是构成村落最基本的色彩,所以,建筑主色彩的选择应考虑与周围自然环境色彩的影响,并与之相协调。避免大面积地使用纯度高、色彩艳丽的颜色,否则,给自然遗产型景区的整体景观风貌带来极大的视觉污染(图 6-26)。

① 建筑外墙色彩:保持自然的纯净,避免鲜艳色彩修饰,以灰白、赭石或白色等天然石材、土壤的色调为主,即使是用于防护层的油漆、粉刷等人工色,也应尽量选择素淡的色调。

② 街道地面色彩:灰墙与灰瓦构成了建筑的基调。地面色彩也应以灰色、赭石为主,在用色上尽量保持乡土材料的原有色调和质感。

③ 建筑屋顶色彩:考虑到登高远眺和俯视鸟瞰的效果,村落建筑群体的屋顶(又称为建筑的第五立面)色彩很重要。武陵源属于山岳型自然遗产型景区,建筑屋顶常采用传统的坡屋面,色彩要比外立面和地面的颜色要深,以灰黑色、灰蓝色和综灰色调为主,在同一基调下,呈现灰度多层次的变化和质感的对比,使聚落和自然环境能够成为有机统一体。

图 6－26　武陵源富有土家族特色的建筑主色彩

(图片来源：根据《张家界市城市风貌规划》改绘)

（2）建筑辅助色调

建筑辅助色调是指与建筑主体相配合的其他元素色谱，如门、窗、栏杆等的颜色。地方传统色彩是一个地区特有的色彩，它不光取决于当地的气候及自然条件的景观色彩，也取决于社会民族文化习俗，它往往依附于建筑装饰、节日庆典、服饰、工艺品、日用品等，是当地居民自己所创造的世代传袭色彩文化。

在湘西传统民居的吊脚楼建筑中，柱、门窗、檐口、栏杆等建筑构件常常采用以湘西少数民族文化为背景的土红、深赫、赭石等色调，或者采用仿木色系，尽量降低色彩的饱和度，与自然山水环境相匹配。

湘西土家、苗族少数民族文化中常有一些色彩绚丽充满喜庆的色彩，如传统蜡染服饰的红色、蓝色等，在建筑的局部装饰物中，如出挑的招牌、大红灯笼、对联等物件点缀其中，局部的淡黄、灰绿、暗红色的勾边装饰在自然环境中显示了人的活力，给建筑和整个环境增添了一丝亮色与生气，起到了"万绿丛中一点红"的效果（图 6－27）。

6.3.3.2　材料

武陵源传统民居在发展过程中，地方材料和资源为本地建筑提出了许多的条件和限制，造就了富有地域特色的居住建筑。就地取材、地方特色建筑材料的运用是构成村落景观风貌的重要条件之一。

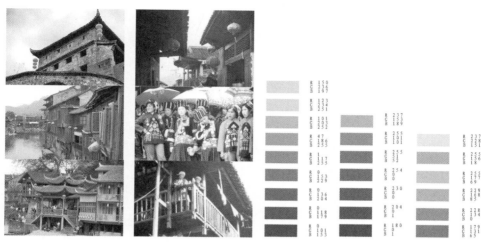

图6-27　武陵源富有地域特色的建筑辅助色彩
（图片来源：张家界市规划管理局.《张家界市城市风貌规划》）

武陵源地区建筑一般都采用当地生产的材料，地方材料的运用，不仅可以开发和利用当地优势资源，发挥地域性优势，节省交通运输成本，降低建筑造价。同时从营造村落景观风貌的角度来看，地方材料大多比较质朴，具有乡土特色，如采用土砖、卵石、砂岩和木材等这些天然材料，就能更好地和周边的自然环境融合，赋予武陵源及其周边农村住宅浓郁的地方生活气息，形成具有地域特色的建筑风格（图6-28）。

图6-28　武陵源传统民居中常用的地方材料
（图片来源：根据《张家界市城市风貌规划》改绘）

（1）地方材料和乡土材料是最具乡土特色的材料。

（2）清水砖墙或仿清水砖墙的装饰也能达到不错的效果。

（3）墙面粉刷素色(青色、灰色、白色)涂料能取得协调的效果。

（4）色彩艳亮或反光的材料及瓷砖均不宜作为外墙材料。

（5）提倡节能环保的材料。

6.3.3.3 门窗

武陵源地区传统民居的门窗一般采用木质材料,实木花格门窗扇,涂刷板栗色的油漆,体现了人工与自然的完美结合,但这些小木作需要花大量的时间和精巧的技能,不适应现代农村住宅的建设方式。武陵源及其周边的村落建设在选择门窗材料时,应当注意:

（1）门窗玻璃应当采用无色或白色玻璃,避免使用茶色或彩色玻璃。

（2）门窗框架尽量采用原木或仿原木质感色泽的材料,避免金属和塑钢等现代材料,否则很难与周边自然景观整体协调。

（3）门窗框架可以吸取传统窗棂纹样和工艺要素,色彩尽量体现自然木质原色或传统民间色彩。

武陵源地区的土家窗饰有"图必有意,意必吉祥"之说。独特的装饰内涵使其在造型上成为约定俗成的形象模式,工艺形态具有很高的艺术价值。在调查中发现,当地对窗饰的处理多以"回形"和"井形"窗为主(图6-29)。

形式一："回形"窗　　　　　　　　形式二："井形"窗

图6-29　武陵源地区传统民居中常用的窗饰

花窗窗格利用棂条纹样的组合相互拼联组织成造型精美的各种图案,这些图案的取材广泛,常用的以方格纹为基调变化,有平纹、斜纹和井字纹等图案(图6-30)。

图 6 - 30　武陵源山区传统民居中常用的窗格
(图片来源:《张家界市民族特色建筑元素符号的提炼运用研究》)

6.3.3.4　构件细部

在武陵源土家族传统民居中,房屋的梁架、柱础、栏杆上常常有许多建筑构件,这些细部装饰透露出浓厚的地域人文底蕴,丰富了村落景观风貌特色。

(1) 吊脚楼

武陵源地区山多地少,沟壑纵横,土气多瘴疠,山有毒草沙蛩蝮蛇,生存环境恶劣。在这样的居住环境下,形成了武陵源地区传统吊脚楼独特的建筑风格。"扶弱不扶强"反映住宅与地形的关系,"强"是指地形较规则、平坦的地方,"弱"则是指地形不规则,常常有高差、陡坎、溪沟的地方。对地形"弱"者加以扶持,便是很好地结合了地形。而"扶弱"的方法,主要是加一个吊脚楼,或者是偏厦、侧屋,目的是弥补地形之不足,充分利用了地形,同时丰富了建筑空间与外观。如何将吊脚楼与现代农村住宅的阳台及外走廊联系起来,是对武陵源传统吊脚楼的一种新的诠释。目前,吊脚楼出现了多种多样的形式。

① 挑廊式吊脚楼

因在二层向外挑出而得名,是土家吊脚楼的主要建造方式(图 6 - 31)。

② 干栏式吊脚楼

利用原有的外走廊或挑出的阳台,通过加柱子、檐口而形成吊脚楼
(图 6 - 32)。

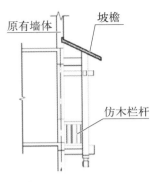

图 6－31　武陵源民居挑廊式吊脚楼局部

（图片来源：《张家界市民族特色建筑元素符号的提炼运用研究》）

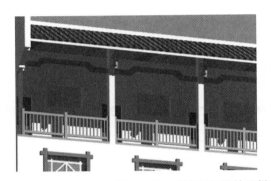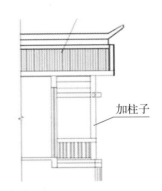

图 6－32　武陵源民居的干栏式吊脚楼局部

（图片来源：《张家界市民族特色建筑元素符号的提炼运用研究》）

（2）檐部和廊部装饰

七字挑、十字挑、穿枋、吊脚垂柱、挑枋是武陵源土家族传统民居中内檐、外檐的重点部位，它的重点在于外形上的修饰，以突出建筑的效果。

① 七字挑、十字挑

七字挑、十字挑是檐口、外廊装饰中最常见的，它包含了梁柱、吊脚垂柱、柱头、挑枋等构件在内（图 6－33）。

② 穿枋

在武陵源传统民居中，穿枋的形式多种多样，常用的穿枋式样有穿枋带有"拱形"的式样和穿枋为"直线形"的式样（图 6－34）。

③ 仿木穿斗

在湖南、四川、广西、贵州等地区，穿斗木结构是当地传统民居建筑的一大特

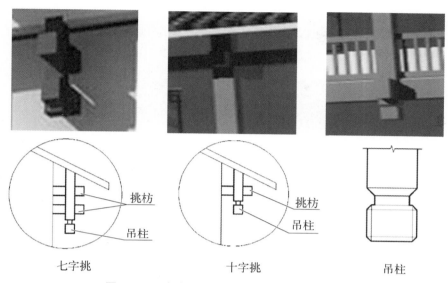

图 6‑33　武陵源民居的七字挑和十字挑局部

（图片来源：《张家界市民族特色建筑元素符号的提炼运用研究》）

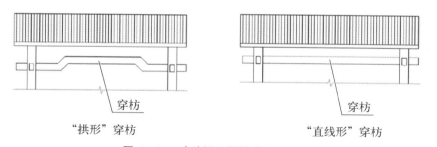

图 6‑34　武陵源民居的穿枋示意图

（图片来源：《张家界市民族特色建筑元素符号的提炼运用研究》）

色。在现代民居的立面设计中，可以对传统民居中的木穿斗结构形式进行形态上的仿制。比如，在"人字坡"的白墙或灰墙上，贴上栗色或灰色的仿木穿斗装饰，以强化当地传统民居风格，也是屋内结构的一种象征性示意（图 6‑35）。

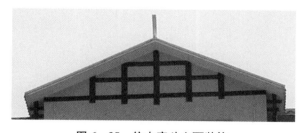

图 6‑35　仿木穿斗立面装饰

（图片来源：《张家界市民族特色建筑元素符号的提炼运用研究》）

④ 栏杆

在武陵源土家族传统民居建筑中,栏杆是一个富于变化的构筑物,常与吊脚楼一起组成丰富形式,主要形式为横木和直木(图6-36)。

起防护作用的栏杆　　　　起装饰作用的"栏杆"

图 6 - 36　武陵源民居的栏杆局部

(图片来源:《张家界市民族特色建筑元素符号的提炼运用研究》)

6.4　武陵源及其周边村落景观风貌建设案例分析

6.4.1　核心区村落景观风貌建设案例——丁香榕村

6.4.1.1　村落概况

(1)地理环境

丁香榕村位于武陵源风景区西北部,距离二级景区天池山600米处,属于对自然遗产型景区干扰型村落。丁香榕村地势较高,位于海拔高1 000多米的一个偏僻的山坳里,距离风景区北入口(天子山镇门票站)5公里,全村村域面积大约为0.13 km²(图6-37)。

(2)社会经济

丁香榕村属于天子山镇天子山居委会的管辖范围,全村有35户,常住人口163人。原有丁香榕村域面积比较大,村民居住用地分散在天子山四周,对核心景区生态环境和景观风貌产生较大的压

图 6 - 37　丁香榕村在风景区的区位

(图片来源:自绘)

力。2001 年武陵源环境大整治时,在核心景区内保留 124 户世居户,隐蔽安置在丁香榕、乌龙寨、向家湾、老屋场等六处,丁香榕村是隐蔽安置点之一(图 6-38)。

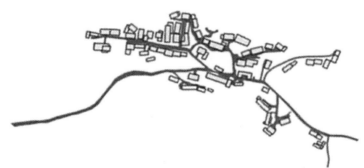

图 6-38　丁香榕村总平面图

(图片来源:作者根据 google earth 绘制)

6.4.1.2　村落景观风貌建设模式

从区位来讲,丁香榕村位于核心景区,对自然遗产型景区的景观风貌和生态环境造成了直接干扰,属于严重干扰型村落。为了自然遗产型景区的生态保护和可持续发展,武陵源对丁香榕村采取了隐蔽安置策略,使丁香榕村从干扰型村落转化为无关型村落。丁香榕村的存在对风景区影响不大,景区与村落两者"各行其道,影响甚微","景村关系"从相互冲突关系转为相互没有关系(图 6-39)。

图 6-39　丁香榕村景观风貌建设模式

(图片来源:自绘)

6.4.1.3 村落景观风貌建设

隐蔽安置式村落景观风貌的建设原则应该是谦虚和卑贱,不张扬,不喧宾夺主,尽量躲在大自然后面。武陵源对隐蔽安置在核心景区的村落在区位选址、建设规模、建筑面积和建筑风格上都做了严格控制。

（1）村落选址

作为核心景区的隐蔽安置,丁香榕村选址在交通较为方便、绿化条件较好、视线隐蔽的山坳中。主要景观道路与村落分离,村落的地势也比主要景观道路低,住宅顺应地形布置,层层叠叠,错落有致。

（2）村落规模

作为隐蔽安置的村落,严格控制其建设规模,每个村落的住户数量控制在20—40 户较合适。村落应当各自独立,村落与村落之间有一定距离,地理空间上不应当连成一片。丁香榕村每户宅基地面积不得超过长×宽＝120 平方米（包括外檐出挑）,村落住户数量为 36 户。

（3）建筑风格

隐蔽安置在核心景区的村落,建筑立面低调谦虚,建筑层高控制在 6 米以下,建筑外观应当色彩淡雅,采用"坡屋顶、小青瓦、浅灰墙"的统一标准,与自然景观风貌相协调。丁香榕村建筑层数控制为一层或一层半,大多数住宅前配有褐红色的穿枋、十字挑等一些简单而富有地域特色的构件装饰（图 6-40）。

丁香榕村位置很偏僻

靠近景观道路的房子被拆

一层坡屋顶住宅

住宅外观淡雅

简单的装饰

自行加建改善居住条件

图 6-40　丁香榕村的景观风貌

（图片来源：作者自拍）

6.4.1.4　村落景观风貌建设存在的问题

（1）经济贫困

出于保护核心景区生态环境的需要,丁香榕村严格控制人口增长和生产建设,保护区实行封山育林、退耕还林,农民耕地被征用为风景区保护用地,禁止在景区内耕种农田、砍伐树木,严格限制村民从事旅游服务业活动。村民失去了经济来源,大部分人依靠政府每人每月 200 元的生态保护费维持生活,有的不得已外出打工,生活比较困难。

（2）住房简陋

丁香榕村地处核心景区,严格控制了建筑的数量、层数和形式,不准原址新建、加建住房。村民要求改善住房条件、提高生活水平的愿望受到限制,有的村民还居住在破旧危房里,村民改善居住环境的愿望无法得到满足。

（3）社会服务设施配套缺乏

丁香榕村隐蔽安置在核心景区,村落规模小,教育、医疗及文化娱乐等社会基础服务设施十分缺乏,村民的生活非常不方便。

6.4.2　核心区村落景观风貌建设案例——袁家寨子

6.4.2.1　村落概况

（1）地理环境

袁家界村位于武陵源核心景区的特级保护区内,全村总面积 8.16 平方公里。袁家界地处武陵源连接山上和山下的高台地带,平均海拔 1 074 米,世界一级景点"天下第一桥""迷魂台""空中花园""后花园"等散落在其中(图 6-41)。

图 6-41　袁家寨位于武陵源核心景区

（图片来源：自绘）

（2）社会经济

在武陵源旅游开发前,袁家界是原大庸县中湖乡的一个生产大队,1988 年风景名胜区成立后划归张家界国家森林管理处管辖。袁家界村村域面积比较分散,共有 3 个村民小组,分为上坪、中坪和下坪。全村有 162 户世居户,常住人口 487 人,居民住房面积约 5.1 万平方米。由于地处核心景区的中心,主要经济收入来自旅游服务,最高峰时全村有 125 户开设了家庭旅馆、餐饮点和旅游品商店,旅游住宿床位达到 2 510 张,是全区经济发展水平最好的村落之一。

6.4.2.2　村落景观建设发展中存在的问题

武陵源作为一个大型风景区,游客不可能在一天内游完所有景点,而袁家界地处连接山上与山下的高台地带,游客常常喜欢在此留宿,因此,武陵源旅游开发以来,袁家界一直是武陵源核心景区城市化问题最严重的村落。20 世纪 90 年代末,这里曾经聚集上百幢建筑,形成了颇有规模的"家庭旅馆村""旅游商品一条街",从对面的黄石寨看袁家界,一片杂乱无章、五颜六色的建筑物十分刺眼,对武陵源的自然景观风貌造成了极大的破坏,在 1998 年受到联合国教科文组织的尖锐批评,袁家界村属于严重干扰形村落(图 6-42)。

图 6-42　袁家寨的景观风貌

(图片来源:作者自拍)

2001 年,武陵源开始对袁家界进行环境大整治,将袁家界沿主要景观道路两侧的上百栋房屋全部拆除,全村 106 世居户被就近分散隐蔽安置在中坪、下坪等地,试图将袁家界村从严重干扰型村落转化为无关型村落。

对于袁家界来说,实行隐蔽安置的实际效果并不好。村民没有生活来源,为了谋生,有的村民在重要景点附近偷偷设摊摆点,坑蒙拐骗,以次充好。有的村民则想方设法将自己住房改造成家庭旅馆,进行旅游接待服务活动,产生了大量污水,流入杨家界景区。以前困扰袁家界的污染环境、扰乱市场等问题又回来了,风景区与村民之间矛盾不断,造成"两败俱伤"的局面。

6.4.2.3   村落景观风貌建设模式

（1）发展契机

2010 年,张家界市被列为国家旅游综合改革试点城市,也是"武陵山片区扶贫攻坚项目"的重要组成部分。张家界市委决定,将袁家界村作为国家旅游综合改革试点城市的突破口,并结合武陵源的第三次核心景区环境整治计划,实现村民山下居住,山上就业,景村和谐发展的建设思路。

（2）建设模式

袁家界村改变了过去把村民排斥在旅游发展之外的认识,探索了核心景区景村和谐发展的建设思路,在着重解决了自然景观资源和生态环境保护的同时,还考虑村民的安居乐业、社会保障等问题。袁家界村利用具有一定旅游观光价值的村落,通过村落景观化改造,使其从严重干扰型村落转化为促进保护型村落。"景村关系"从相互冲突关系转化为相互促进关系(图 6 - 43)。

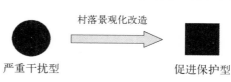

图 6 - 43   袁家寨子景观风貌建设模式
（图片来源：自绘）

6.4.2.4   袁家寨子生态文明村建设的实践探索

2001 年核心景区环境大整治时,由于对袁家界景点游客增量的估算不足,当时在景点附近只布置一个面积不大的"天桥快餐厅",无法满足日益增长的游客需求。于是,村民便利用此机会在附近开餐馆、建家庭旅店。在"天下第一桥"景点对面的山湾里有一个叫漆树洛的地方(属于中坪),漆树洛这个地方虽说只有 15 户村民,却出现了 388 个床位,1 650 个餐位的接待规模。袁家界村每年增加了五百多万吨生活污水排放量[①],大量生活污水排到一级景点金鞭溪的支流沙刀沟,流出的水呈黑色的,对武陵源自然生态环境造成极大污染。

2007 年 2 月,由村部牵头,15 户 80 口村民以房屋入股,采用互助合作方式,在不增加房屋建筑面积的前提下,改造建筑内部结构,将房屋外形改造成土家山寨风格;在不改变房屋属性的前提下实行统一运营;在不影响收入的前提下改变服务内容,以农耕文化演示、民俗风情、习俗表演等来取代家庭旅馆和餐厅经营,形成一个系列化的土家民族风情展览演艺接待中心。于是,一个展示古老民族文化的崭新的"袁家寨子"由此诞生(图 6 - 44、图 6 - 45)。

---

① 资料来源：武陵源袁家寨综合管理所。

图 6 - 44　袁家寨子平面图

（图片来源：武陵源区建筑规划设计院）

袁家寨子侧面　　　　　　　袁家寨子内景　　　　　　　袁家寨子鸟瞰

袁家寨子大门　　　　　游客观看村民表演　　　　　土家工艺品制作

图 6 - 45　袁家寨子的景观风貌

（图片来源：作者自拍）

袁家寨子建成后,每天接待数以万计的游客参观,村民收入大幅提高。2009
年,15 户人家共入股分红 76.3 万元,其他每个村民从村集体获得年均 1.6 万元
分红。2010 年,借势电影《阿凡达》的火爆①,袁家界村快速推出"潘多拉很远、张
家界很近"的宣传口号,使袁家界成为武陵源最为火爆的旅游景点,村民年人均
纯收入 3.9 万元,其中旅游纯收入 3.5 万元,占人均年收入的 90%。

6.4.2.5　借鉴意义

(1) 村落景观化改造

袁家寨子村民搬迁到山下新建的居住小区,原有村落整体保留下来进行景
观化改造,通过功能转换转型为旅游观光型景点。并按照世界自然遗产的标准
和要求,高水准制定袁家界村景观化设计方案,融入民族文化内涵,与自然遗产
型景区形成相互促进的关系,成为风景区景观资源的补充。

(2) 村民参与村落景观化建设

武陵源区政府改变过去把村民排斥在旅游发展之外的认识,建立村委员会,
并推选 20 名左右村民代表组成议事督查会。完善村务公开,鼓励村民参与村落
建设、公司运作、利益分配和安置就业等过程,并制定相应的方案供全体村民商
议、表决。2011 年,袁家界村先后召开了 12 次党员大会、14 次村委扩大会议及
组长会议和多次村民代表大会,并开展民意测验和入户调查,95% 的村民同意
《袁家界旅游生态文明村建设方案》,99% 的户主同意村支两委形成的《关于袁家
界旅游生态文明村建设的决议》②。

(3) 拓展村民的就业富民渠道

为了让村民"搬得出、留得下、稳得住、能致富",袁家界村在拓展村民就业方面
想办法:① 以村级集体资产为基础,从外引进资本,将村民的田地、林地和房屋,通
过折价入股等形式,成立了袁家界旅游发展股份有限公司,开展旅游服务、物业出
租、旅游投资等经营活动。② 提供就业培训,引导和鼓励村集体和村民参与创办
与旅游观光、文化娱乐、创意产业等相关的新型服务业,为村民提供更好的发展机会。

(4) 挖掘充实文化资源

2010 年,袁家界利用传统人文资源挖掘并充实文化资源,借势电影《阿凡

---

① 2010 年,电影《阿凡达》海报中的"悬浮山"哈利路亚山,导演卡梅隆表示取景于袁家界景区的乾
坤柱(又称南天一柱)。

② 杨晓东,张晓路. 我国风景区生态文明村建设的经验探索——以武陵源景区袁家界为例[J]. 中
国市场,2013.

达》的火爆，将上坪、中坪、下坪三个村小组重组，更名为狮子寨、天桥寨、天界寨，打造"仙境张家界、时尚潘多拉、土家民族风"三个特色文化景区，并以自然、时尚和文化为主题升级袁家寨子旅游产品，还原和重现土家族传统文化。

6.4.3 缓冲区村落景观风貌建设案例——双峰村

6.4.3.1 村落概况

（1）地理环境

双峰村位于武陵源区索溪峪镇西北部，北与桑植县竹叶坪交界接壤，南临岩门村，距离风景区东大门（吴家峪门票站）5 公里。双峰村四周环山，全村以中、低山为主，为高山台地型村落，全村村域面积 12.6 km²（图 6 - 46）。

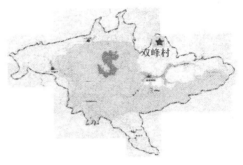

图 6 - 46　双峰村在风景区的区位
（图片来源：武陵源区建设局）

（2）社会经济

全村 9 个村民小组，203 户，660 人，常年外出劳动力 126 人，占劳动力的 30%。双峰村现有种植面积 19 000 余亩，其中稻田只有 138 亩，旱地 675 亩，林地 18 572 亩，果树、苗圃 218 亩。

由于双峰村地势较高，土壤为黏性土，土地贫瘠，农业生产条件并不好，加上位置偏僻，交通不很方便，受武陵源旅游开发的影响并不明显，经济水平在索溪略镇处于中下水平。主要收入来自烤烟种植、苗圃等农作物，全村生产条件十分艰苦，1998 年全村人均纯收入只有 400 元，大部分群众生活靠政府救济，社会经济发展水平增长非常缓慢。

（3）基础设施及村民住宅建设情况

双峰村有 9 个自然村落（又称村民小组）：廖家坡、苏家坡、丁家湾、唐燕组、杨家山组、丁家坡组、干溪沟、毛家塔组和邱家坪组（图 6 - 47）。

双峰村的居住用地分散，人口居住密度低，村落规模比较小，村民住房条件简陋，房屋质量较差，建筑式样单一，与武陵源的整体景观风貌不协调。村落道路交通不方便，住宅前实现道路硬化只有 15%，电信、饮水等基础配套设施条件较差，医疗、教育、文化和娱乐等公用服务设施几乎为零，村民生活非常不方便。

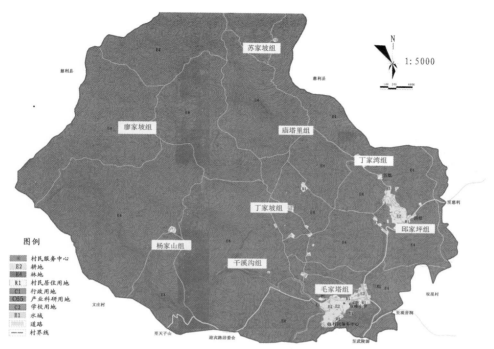

图 6-47　双峰村九个自然村落分布现状

（图片来源：武陵源区建设局）

6.4.3.2　村落景观风貌建设的优势与问题

（1）优势

① 双峰村具有良好的自然生态环境，地理位置邻近一级景区黄龙洞。

② 2002 年，双峰村被列入湖南省生态扶贫示范村。2006 年，张家界市设立了 35 个省级社会主义新农村建设示范点，武陵源区双峰村、文峰村、河口村和双星村被选中，这些对双峰村发展休闲农业景观旅游产业起到促进作用。

（2）存在问题

① 双峰村位于缓冲区，位置偏远，交通不方便，受武陵源旅游发展的辐射和影响并不大，村民生活仍然较为贫穷。

② 村民居住用地过于分散，土地浪费严重，导致基础设施建设规模过大，无法实施建设。村民住宅比较简陋，建筑式样单一，与风景区的整体景观不相协调。全村建筑主要为砖混结构，少数为砖木结构，以两层为主，占全村建筑的60％以上。

6.4.3.3　村落景观风貌建设模式

由于双峰村地理位置较偏僻,受武陵源旅游发展的影响并不大,同时其对于风景区景观风貌的干扰相对来说也不大,双峰村应属于无关型村落。

2002年双峰村按照社会主义新农村建设的要求,结合其邻近风景区的地理优势,对现有村落进行资源整合,以生态林培育和保护为重要目标,兼顾旱地作物种植,大力发展旅游休闲产业,初步建成了一个具有生态良好、环境宜人、风格独特、功能配套齐全的生态观光园。该村通过旅游接待服务和旅游农业经济,经济得到快速发展,截至2010年底,全村人均纯收入由十年前的400元增加到

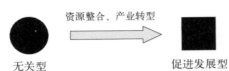

图 6‑48　双峰村景观风貌建设模式
(图片来源:自绘)

4 400元。双峰村先后荣获"全市新农村建设示范村"、"生态示范村"等荣誉称号。通过资源整合、产业转型,双峰村从无关型村落转化为促进发展型村落,景村关系从相互没有关系转化为相互促进关系(图6‑48)。

6.4.3.4　村落景观风貌建设

(1)总体布局规划

①杨家山组、丁家坡组、干溪沟三个村落交通区位一般,规模小,发展潜力不大。应控制其发展,缩小宅基地,控制居住人口和建筑数量、形式,改建但不新建民居。耕地退耕还林,规划为生态保护林地,政府给予一定的生活补贴。

②廖家坡、苏家坡、唐燕组、丁家湾四个村落距离中心村中心较远,村落规模都很小,无法共享公用服务设施。唐燕组、丁家湾合并到邱家坪,廖家坡、苏家坡等分散居住的住户搬迁至毛家塔生态示范园北寨,形成南寨和北寨两大聚居区。

③邱家坪组、毛家塔组两个村落交通区位良好,基础建设良好,已具有一定规模,适当发展生态农业和旅游休闲农业观光园。

2002年,双峰村被列入湖南省生态扶贫示范村,建设了毛家塔旅游休闲农业观光园。观光园共分为寨楼区、名木观赏区、景观竹林区、水果采摘区、高台休憩区、鱼塘垂钓区、耕作体验区、石林观光区、蔬菜区、烧烤区等10个功能区。其中寨楼区分为南寨和北寨两个居民生活点,南寨为24栋新建的两层农民住宅,每户建筑面积180平方米,造价为84 000元,外观统一为"小青瓦坡屋顶、挂落

廊栏、红柱吊脚"土家民居风格。北寨则对原有的 23 户农民住宅进行了"穿衣戴帽"的改造。寨楼区还有一座集文艺演出、会务、展览和接待等多功能于一体的中心寨楼和一家土家特色餐馆。其余 9 个区则按地理条件错落在南寨、北寨之间(图 6 - 49)。

武陵源双峰生态休闲农庄总平面图

图 6 - 49　双峰村毛家塔组休闲农庄总平面

(图片来源：武陵源区建筑设计院)

（2）公共空间建设

以毛家塔为例,村落周围为生态林地景观,村落出入口设置开敞空间标识等。沿主要道路结合布置绿化带形成线性景观。同时,绿化品种选择适宜当地生长、具有经济生态效果的品种。结合村落中的公共服务设施修建村民集中活动场所,建设村落小游园。

（3）建筑景观风貌建设

建筑要统一风格,对现有村部段的村民住房可以进行更新改造,形成地域建筑特色。在改善居民居住环境和质量的前提下,通过撤、并来重新整合村民点,努力保护与创造富有地方景观特色的生活环境,加强乡村风貌特色的保护和建设,体现地域生活方式和文化传统(图 6 - 50)。

南寨新建的农民住宅

北寨穿衣戴帽改建

农民住宅室内

双峰村中心寨楼

水果采摘区

村委会

图 6 - 50　双峰村毛家塔的景观风貌

（图片来源：作者自拍）

6.4.4　建设区村落景观风貌建设案例——高云小区

6.4.4.1　村落概况

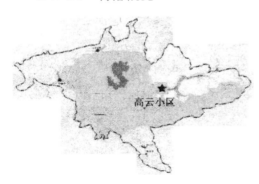

图 6 - 51　高云小区在武陵源的区位

（图片来源：自绘）

（1）地理环境

高云小区位于武陵源风景区中心旅游镇——索溪峪镇宝峰路，距离风景区东大门（吴家峪门票站）500 米，东接张常高速公路，周边商店、旅馆等服务设施完善，是游客出入武陵源风景区的主要集散地（图6 - 51）。

（2）小区基本建设情况

2001 年，武陵源区政府对核心景区环境大整治时，引导袁家界、水绕四门、天子山等核心景区 59 家经营户，377 世居户共 1 162 人下山，通过移民建镇发展模式，在索溪峪镇的高云村、吴家峪村和沙坪村等地兴建旅游镇，安置拆迁户。高云小区就是在这种情况下兴建起来的旅游商务社区。

高云小区占地面积共 158 亩,小区分为前后两部分:前面部分由 20 幢商务中心和 1 幢游客购物中心组成。2001 年对核心景区内的 1.5 万平方米经营建筑面积完成拆迁后,武陵源借鉴国内其他风景区的经验,并进行民意调查,对核心景区内原有经营建筑面积超过 2 000 平方米的家庭旅馆,在拆迁的过程中补偿不到位的,每两户在索溪峪镇高云村补偿土地面积共 400 平方米建商务中心。其实商务中心就是 3—4 层的小型宾馆,有 A、B 型两种类型,每幢建筑面积 1 554 平方米—1 820平方米不等,平面按照标准的"双人间"设计,拥有 80 个左右的床位,每幢商务中心都配有小型餐厅和商店,是一个比较高档的旅游经营社区(图 6 - 52)。

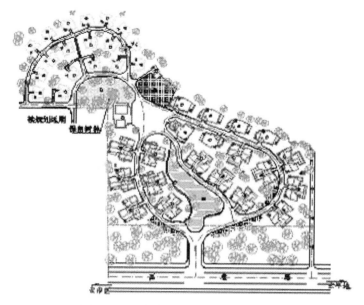

图 6 - 52　武陵源高云小区总平面图

(图片来源:张家界市规划建筑设计院)

小区后部分由 18 幢多层住宅组成,主要安置天子山、水绕四门等核心景区的拆迁户和原高云村的拆迁户共 135 户。根据原有建筑面积和户口人数而获得相应的面积,动迁户超过面积部分按优惠价格 800 元/平方米购买(对外出售价格为1 400 元/平方米)。住房层数为 5 层,户型多以三房两厅为主,其中建筑面积 92 平方米共 8 套,119 平方米共 16 套,138 平方米共 112 套,163 平方米共 8 套。

6.4.4.2　村落景观风貌建设模式

高云小区通过移民建镇发展模式,使核心景区的自然生态植被得到了恢复,

严重干扰型   促进发展型

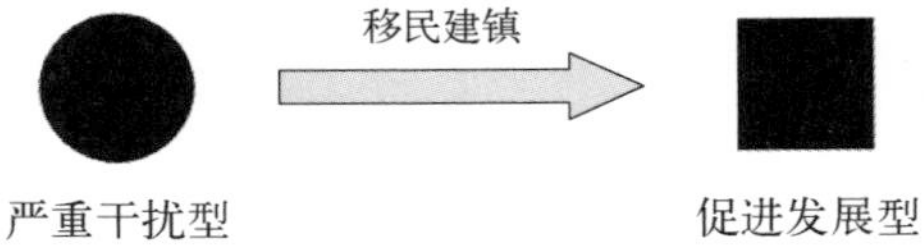

图 6-53　高云小区景观风貌建设模式

（图片来源：自绘）

同时使农民实现由农业向旅游服务业转变，对社会稳定起到很大作用。高云小区从严重干扰型村落转化为促进发展型村落，景村关系从相互干扰关系转化为相互促进关系（图 6-53）。

高云小区现行采用了旅游经营社区的发展模式，即"公司＋农户＋旅行社"或"政府＋社区＋农户"的发展模式。这些模式针对农户在自主开发经营过程中，因为组织化程度过低、结构松散而缺乏市场竞争力的弱点，对原先分散的经营户进行投资开发，统一规划、包装，并且通过引进旅游公司的管理，规范农户的接待服务，实现多方共赢，公司和农户互利互惠、共同发展，避免了不良竞争和损害游客利益的事发生，有利于乡村旅游的健康发展。

6.4.4.3　村落景观风貌建设

（1）平面设计

高云小区按照高标准生态旅游商务社区进行规划设计，小区绿化率较高，环境优美，道路规划以及旅游大巴停车位都有考虑，容积率约为 1.0。每幢商务中心建筑面积 1 554 平方米—1 820 平方米不等，平面房型按照标准旅馆建筑的"双标房"进行设计，客房里配有标准尺寸卫生间，卫生间洗浴三大件齐全。每幢商务中心还设有游客接待大厅、商务订票中心、餐厅和小型商店，有的在顶楼还设有卡拉 OK 厅、健身房、舞厅等。

（2）建筑外观

高云小区建筑外观整体淡雅，墙面、屋顶和地面等采用自然朴素的基本色调，避免大面积色彩艳丽、纯度高的颜色。"坡屋顶、小青瓦、浅灰墙"，与周边自然景观风貌整体协调一致。而在建筑的山墙、梁架、栏杆上有许多构件装饰，如仿木穿斗、穿枋、吊脚楼、花窗等，这些细部透露出浓厚的武陵源土家族文化特色，极大地丰富了村落整体的景观风貌特征。建筑层数控制在五层，建筑体量上整体偏大（图 6-54）。

6.4.4.4　村落景观风貌建设评价

（1）积极作用

① 2000 年武陵源的移民建镇，使核心景区原有 500 多亩宅基地和经营用地、2 000 多亩旱地的生态植被得到了恢复，减少了自然遗产地生态环境的破坏，

A型商务中心

B型商务中心

游客购物中心

农民安置房外观

商务中心入口

农民安置房室内

图 6-54　高云小区的景观风貌

(图片来源:作者自拍)

提高了核心景区的景观质量。

②移民建镇兴建家庭旅馆村(或旅游商务社区),使核心景区425户农民(包括张清高速公路拆迁户)由农业向服务产业转变,是武陵源及其周边村民参与旅游发展的重要途径和有效的就业手段,实现了山上拆迁村民妥善安置、脱贫致富目标,对社会稳定起到了很大的作用。

③家庭旅馆作为星级宾馆的一种补充形式,缓解了旅游旺季时风景区出现的住宿接待设施紧张状况。

(2)存在问题

随着武陵源自然遗产型景区建设日益成熟,家庭旅馆村(旅游商务社区)也日显弊端,主要表现在以下几个方面:

①价格恶意竞争。随着最近当地星级宾馆建设速度加快,宾馆数量也日益饱和,家庭旅馆村的生意日益清淡。如高云小区在旅游淡季时,房间空置率较高,2010年4月"双标房"每晚每间只有80元。

②影响风景区宾馆服务业的发展。随着风景区公路、缆车和电梯等基础服务设施的完善,游客由过去的"五日游"缩为"二日游"。而旅行社为了降低经营成本,往往以家庭旅馆的价格标准来压星级宾馆,造成对整个宾馆服务市场的伤害,据当地政府官员透露,2010年,整个武陵源宾馆部分的税收不足1 000万元,是武陵源区税收构成部分中最低的。

③ 家庭旅馆房型较简陋,硬件设备设施和安全卫生标准跟不上,加上从业人员普遍素质偏低,接待中常出现低水平、低质量,甚至坑宰游客等现象。如沙坪村家庭旅馆村,由于当初房型设计没有按照"双标房"设计,硬件设备设施和服务质量跟不上,房间空置率较高,有的村民将住房租给外来人员经营发廊、足浴等,成为滋生犯罪的场所。

6.5　本 章 小 结

本章主要针对武陵源及其周边地区农村住宅建设无序,建筑式样单一,与自然环境不协调等问题,从村落层面上探讨自然遗产型景区及其周边村落景观风貌建设策略。

（1）首先分析了武陵源由自然景观风貌和村落景观风貌两部分组成,其中村落景观风貌作为人文景观,是武陵源景观风貌的重要组成部分。然后从视觉特征和建筑风格两方面论述了景观风貌的视觉感知特征。

（2）分析了武陵源及其周边村落景观风貌的影响因素,包括区位条件、交通状况、视线可达度等因素。根据影响程度,将武陵源及其周边的村落分为干扰型、无关型和促进型三种类型。

（3）从物质空间形态上探讨了武陵源及其周边村落景观风貌的建设方法及策略。并从聚落群体景观、建筑形体景观、建筑节点与细部三方面,具体探讨了村落的环境关系、村落边界、形态布局、建筑尺度、外观色彩及其门窗细部等设计方法及策略。

（4）结合实例,详细分析了武陵源四种类型村落景观风貌建设模式。

① 核心区——丁香榕村和袁家寨子位于武陵源核心景区内,属于对风景资源严重干扰型的村落,因为不同的发展途径而采取不同的村落景观风貌建设模式。

a. 丁香榕村采取在核心景区就近隐蔽安置,严格控制村落选址、建设规模和建筑风格。由于村民要求改善住房条件、提高生活水平的愿望受到压抑,丁香榕村从严重干扰型村落转为无关型村落。

b. 袁家寨子通过村落景观化改造,充分挖掘土家民族文化资源,鼓励村民参与村落景观建设和公司运作,创办旅游观光、文化娱乐等相关新型服务业。袁家界村从严重干扰型村落转为促进保护型村落。

② 缓冲区——双峰村位于缓冲区的边缘地带,受武陵源的旅游辐射不大,村落布局分散,配套设施滞后,村民生活贫穷。双峰村通过资源整合,产业转型,发展旅游休闲产业,建成一个规模适度、功能完整、风格独特的新农村,使双峰村从无关型村落转为促进发展型村落。

③ 建设区——高云小区是核心景区环境大整治时移民新建的旅游新村,高云小区采取旅游经营社区的发展模式,即"公司＋农户＋旅行社",统一规划、设计、包装,引进旅游公司的管理,实现了公司和农户互利互惠、共同发展,使高云小区从严重干扰型村落转为促进发展型村落。

第7章

武陵源及其周边农村居住功能空间设计研究

7.1　居住功能空间

现代主义建筑大师柯布西耶说过"住宅是居住的机器"。住宅作为人类生活的物质载体,给人类的生活、生产活动提供了物质空间。人类的生活和住宅紧密联系,共同进化发展,从原始社会的木构茅屋,到传统农业社会的民居,再到当今的城市集合住宅,住宅的功能不断地变化,经历了从单一的多功能空间到功能分离的多个空间发展的过程①。

7.1.1　居住行为层次

从广义来说,所有以居住为目的的人类行为都是居住行为②。狭义的居住行为则是指在特定的社会背景、经济状况和区位环境条件下,人(居住者或社会组织)对居住空间的需求、建造、使用、改造和处置。

而居住需求行为是一种潜在的居住行为,是居住者为获得居住空间的动机和需求。居住者对居住空间的选择、建设、改造、迁移等行为是居住需求行为的空间实现,居住需求行为影响了人们的居住行为,所以其自身被赋予重要的行为意义。美国心理学家亚伯拉罕·马斯洛(Abraham H. Maslow)把人的需求分为5个层级:生理需求、安全需求、社交需求、尊重需求和自我实现(见图7-1)。从基本的需求(如衣食住行)到复杂的需求(如自我实现),人的需求满足根据其重要性和层次性而有先后次序的。当人的某一级需求得到满足后,就会产生追

---

① 赵佳,黄一如. 我国农村住宅的节约化设计策略:The Minimum Dwelling 一书的启示[C]. 第七届中国城市住宅研讨会,2008.
② 闫凤英. 住居行为理论研究[D]. 天津:天津大学博士学位论文,2005.

求更高一级的需求，逐级上升，成为继续努力的动力。

20 世纪 50 年代，日本住居学①先驱西山卯三应用等级观点观察居住行为，并将其放在阶层和经济社会的背景进行分析。1965 年，日本住居学者吉坂隆正在此基础上，借鉴《雅典宣章》关于城市功能分类的研究，进一步提出了"生活三类型"，即"三分法"。他把休养、采食、排泄、生殖等人的基本行为作为第一生活；家务、生产、交换、消费等行为作为第二生活；表现、创作、游戏、构思等行为作为第三生活②。"三分法"具体分类见表 7-1。

图 7-1　马斯洛的需求层次图

（图片来源：百度百科）

表 7-1　生活分类表③

生活分类		生 活 内 容
第一生活	休养	就寝、坐卧、小憩
	采食	饥饿、饮食、哺乳
	排泄	洗面、沐浴、大小便
	生殖	妊娠、分娩、性交
第二生活	家事	炊事、洗涤、扫除、整理、育儿
	社交	聚餐、留宿、婚丧嫁娶
	生产	储藏、堆放、洗晒、搬运等
第三生活	表现	文学、言语、造型
	创造	艺术、科学
	游戏	体育、娱乐
	冥想	哲学、宗教

---

① 住居学是日本战后在研究建筑学、家政学等学科的基础上发展形成的一个新型科学门类，住居学是研究居住行为、生活方式及其相关方面的学科。

② 胡惠琴.日本的住居学研究[J].建筑学报，1995.

③ 胡惠琴.日本的住居学研究[J].建筑学报，1995.

从"三类生活"的关系上看,第一生活满足了人类的基本生理需要,比较稳定,在从古到今的住居中,都占有重要位置,属于人类的基本生存和物质性需要;第二生活是人类进行社会性生活的需求,是人类进行第一生活、第三生活的社会物质基础;第三生活是人类展开精神性生活的需要,是人类对自我价值、自我实现的追求。随着劳动的分工和社会化、集体化,第二生活、第三生活逐渐从住居中分离出去。"三类生活"发展的过程也是住宅形成和发展的历史过程。

"三类生活"在人类历史中的迭变有先后的顺序。原始人类极低的生存能力和社会生产力,造成原始人类物质与精神、个人与社会活动的混沌合一性,决定了当时的住宅多功能交织的特征①。也就是说,当时的住屋不仅仅是现在住宅的居住功能含义,而且是诸如生产、信仰、教育等综合功能的空间体现,表现出功能高度混沌综合的特点。随着劳动的分工和社会化,第二生活和第三生活逐渐从住居中分离出去,产生了其他类型的建筑,从而使居住生活走向更加"纯化"。

而第三生活一开始就和第一生活紧密交织在一起,共同作用于自然界,历史的积累使第三生活中的某些内容突破了作为家庭空间载体的住居的界限,形成社会记忆、社会文化和宗教意识的丰富内容,又反过来作用和影响住宅的某些方面,形成住宅的各种空间和形式特征(图 7 - 2)。

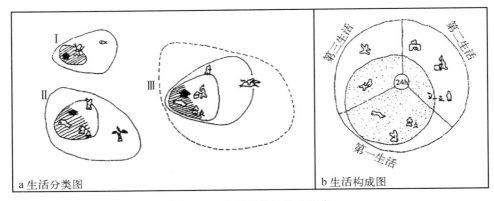

图 7 - 2　人类居住行为的构成

(图片来源:张宏.中国古代住居与住居文化.武汉:湖北教育出版社,2006)

7.1.2　不同时期的居住功能特征

居住行为是某时期、某地域、某阶层和某个群体的居住活动形式的具体表

---

① 杨雪.旅顺地区农村住居模式探索[D].大连:大连理工大学硕士学位论文,2007.

现,其体现的是居住行为的群体特征。不同时期、不同阶层、不同社会的群体,由于他们的自然条件和社会生活不同,其居住活动的内容和方式也有所差别。

7.1.2.1　传统农村住宅的居住功能特征

在我国农耕文明时期,由于社会分工不完善,农民的生产力还是原始的,农民从事生产生活行为,农村住宅承担着多种功能。陈志华先生在《住宅》一书中写到,住宅是一种最普通的建筑,但在农耕文明时代,它也是一种功能最复杂的建筑。人们在住宅里饮食起居、生儿育女、读书教化、娱乐休养、接待宾客、保护财物、贮藏粮食、存放农具、豢养禽畜以及进行各种家庭副业和一部分农产品加工,如养蚕、纺织、缝纫、编箦、炒茶、选种、酿酒、磨面、做年糕、制豆腐等,还要在这个小小范围里尊祖敬神、拜天祭地、禳鬼避凶。总之,除了种田、养鱼、打猎、砍柴,农业社会中一切生活、生产都离不开住宅。而且,几乎所有在住宅中进行的生活和生产活动都具有文化性的意义,再加上各种礼制性的行为规范,就使住宅的功能更加复杂①。

通过这些细致入微的文字,陈志华先生生动地描绘出我国传统农村家庭的居住生活,客观地反映了在自给自足的自然经济条件下农民的居住行为特征,既要满足基本的生存活动性需要,又要满足生产物质性需要,还要兼顾一定的社会交往和礼仪性需要,所以我国传统农村住宅的居住功能呈现复合性和多样性。

7.1.2.2　城市住宅的居住功能特征

工业革命及其带来的城市化是人类发展史的一个里程碑,从居住行为理论的视角来看,城市化的实质是由于生产力的改变(工业化生产取代农业生产)而产生的居住形态的转变,是居住行为的主体——人类在向城市迁移和集中的过程中,形成了以社会分工为主导的组织结构和社会关系,产生了以"住宅—社区—城市"为聚合居住的新的空间形态。

伴随着城市化过程中,产生了社会生产方式和社会制度的改变,导致了人类居住行为发生了重要的变化。由于城市专业和职业高度分化,公共设施更为完善,从住宅中分离出许多生活过程,而这一过程的进一步发展将居住生活的许多内容更加社会化,产生了其他类型的建筑,从而使居住生活走向"纯化"。首先,由于社会化大生产取代了家庭作坊,生产功能与居住功能进一步分离,生产活动

---

① 陈志华,李秋香.住宅(上)[M].北京:生活·读书·新知三联书店,2007.

逐渐脱离了家庭和住宅；同时，医院、学校、托幼等公共设施的发展使得住宅的居住功能进一步"纯化"，子女的教育、哺育功能也逐渐离开家庭，走入社会。所以，现代城市住宅与传统的住宅相比，在功能上更加单纯。

从"三类生活"与住居的关系上来看，城市住宅与第一生活的关系最为密切，是居住空间限定的重要内容；对于城市居民来说，一般多为职工家庭，不需要在家从事生产活动和社会活动，因此住宅只需满足其基本居住生活的需求，其余的功能都已社会化。但就居住空间而言，由于现代城市生活更加讲究舒适实用、方便卫生，因此住宅居住空间功能更加单纯。

7.1.2.3 新农村住宅的居住功能特征

当前中国社会正处在转型期，农村经济和农民生活发生了巨大的变化。由于社会的发展，生产力的进步以及生产方式的变革，我国当前农村的社会结构发生着巨大转变。传统社会庞大的家族逐渐分化成小规模的主干家庭和核心家庭，这些分化以后的小规模家庭更加注重居住质量和实际生活需求。与传统民居相比，当前农村住宅中一些传统宗法观念和精神性的需求逐渐淡化，而更加注重居住条件的舒适性、方便性以及实用性。

虽然我国农村住宅的社会功能逐渐淡化，但在社会转型中，我国广大农民目前还承担着农业生产以及各种副业、家庭手工业的生产。农业生产活动不仅是农民的主要经济收入来源，也是其生活的重要组成部分。因此，农村住宅不仅仅是农民生活的场所，同时也是承担他们生产的场所。农村住宅不仅要满足农民基本生活起居的功能空间要求，还必须考虑兼具生活和生产功能的空间要求，比如应该配置农具的储藏空间以及从事生产活动的场所。

在传统农业社会中，农业生产活动主要包括农播、农耕、农收、农田管理等，社会产业模式单一，农村经济发展落后。随着社会的发展和生产方式的改变，当前新农村的生产活动更加多元化，主要表现为当前的农业活动逐渐演变为"副业化"、"兼业化"，农户大多"亦家亦工"①。社会生产力的提高不再仅仅局限于单一的农业生产活动，现代农村开始加强发展二、三产业，推进了农村工业化、农业产业化。

现代农村生产活动除了传统农业生产活动外，还包括了手工业、加工业、商业、服务业等内容的活动。随着社会经济的发展，服务业也逐渐成为现代农村经济发展的增长点。在一些自然环境优美、风景具有特色的地区，随着旅游经济的

---

① 骆中钊.新农村建设规划与住宅设计[M].北京：中国电力出版社,2008.

发展,风景区及其周边地区的农民也逐渐脱离了传统农业生产,转向从事旅游服务业。有的村民利用自家房屋经营家庭旅馆、餐饮店等,很多村民把每年旅游季节经营收入作为全年最主要的收入,其余时间则根据具体情况进行少量农业或其他工作增加收入。因此,风景区及其周边地区农村的居住功能空间除了满足基本居住功能,还具有旅游服务的功能,见表 7-2。

表 7-2　风景区及其周边农村住宅居住行为和功能特征

名　　称	城市住宅	传统农村住宅	新农村住宅	风景区及其周边农村住宅
行为主体	城市居民	传统农民	新型农民	风景区及其周边农民
行为特性	普适性	普适性	各异性	特殊性
居住行为	生活性	生活性 + 生产性 + 社会性	生活性 + 生产性	生活性 + 旅游服务性
居住功能	基本居住功能	基本居住功能 + 生产功能 + 社会功能	基本居住功能 + 生产功能	基本居住功能 + 旅游服务功能

作者根据相关资料整理。

因此,新时期的农村住宅不同于自给自足经济模式下的传统农村住宅,也不同于城市商品住宅和一般农村住宅,新农村住宅既要考虑农民的基本生活要求,又要兼顾其生活发展的需求。由于农村的生产活动和生活不能明确分开的现实,对于农民来说,住宅不仅仅是居住的场所,也是重要的生产场所。基于此,在未来的新农村住宅建设中,不是仅仅为了农民居住条件的改善,这样很容易将城镇住宅或小别墅的户型简单地套用到风景区及其周边地区的农村住宅,农村的住宅设计必须要考虑到农村生产和生活的双重需要。

7.1.3　农村居住功能空间的转化

住宅的居住功能与人的居住行为和居住需求是息息相关的,由于不同生活形态背景下的居住功能受到相应的生活行为所支配,因此,有什么样的居住行为,就有什么样的居住功能,进而会存在什么样的居住功能空间形态。这也说明了居住行为与居住功能的内在联系,两者是相辅相成、相互制约的关系。这就像

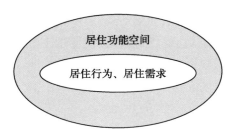

图 7 - 3　居住功能与居住行为的关系

(图片来源：作者自绘)

一件器物，其外在是具体的功能使用空间，而其内涵是居住行为和居住需求，内涵是内容，外在是形式，内涵决定了形式。通过研究内涵的演变过程和规律来揭示其外在形式——居住功能空间的发展规律。从内到外，从内容到形式，从居住行为活动到功能空间，从生活方式到具体的空间界定是住居学研究的主要特征(图 7 - 3)。

　　人类"三类生活"的居住行为与居住功能相辅相成，居住功能对应着人类"三类生活"的居住行为而具有了第一功能、第二功能和第三功能，其具体内容及方式随着时代的发展、生产方式和社会结构的变化而发生改变，进而影响着不同时期住宅的居住功能空间的演进(表 7 - 3)。

表 7 - 3　居住行为与现代住宅居住功能空间关系对应表

功能分类	居住行为	对应功能空间
第一功能	休养	卧室、起居室
	采食	餐厅、厨房
	排泄	卫生间、浴室
第二功能	社交	堂屋、餐厅、起居室
	家务	院子、阳台、储藏
	生产	菜园子、储藏、畜禽养殖、作坊等
第三功能	表现	歌舞厅、学校等
	创造	书房、阅览室、画室等
	游戏	体育馆、游泳池、电影院、运动场等
	冥想	教堂、祠庙等

作者根据相关资料整理。

　　随着社会的发展，生活方式的变化，生产方式的变革等，当前农村住宅的居住功能发生了较大的变化。主要表现为以下两个方面[①]：一是功能空间种类多元化。随着生活方式的变化，当前农村住宅增加了如书房、娱乐室、餐厅、卫生

---

①　骆中钊. 新农村建设规划与住宅设计[M]. 北京：中国电力出版社，2008.

间、起居室等许多功能空间,这些都是传统农村住宅中几乎没有的。二是生产方式更加多元化。现代农村生产除了传统农业生产外,还包括了加工业、商业、服务业等内容,这就要求农村住宅的建设应具有适应性、灵活性和可改性,既要满足当前经济生产和生活的需要,又要适应可持续发展的要求。

从原始社会至今,我国农村住宅的居住功能经历了一个"简单的生活——生产与生活功能兼具——生产与生活功能区域分化"的变化过程。在这两次功能转变过程中,小农经济和经济发展的区域性不平衡以及专业化分工的深化起了决定性作用。在旅游经济的影响下,风景区及其周边地区农民的经济生产、生活形态发生了很大变化,导致其居住功能空间也发生了改变,产生了新的住宅模式,即一种集旅游服务与居住于一体新的建筑形式——旅游经营户型。部分依附于住宅进行的农业生产功能逐渐弱化,转化为客房、餐饮、商场等旅游服务功能空间,即"生活性+旅游服务经营性"功能,而依附于住宅的生产功能空间性质发生变化,转化为客房、餐饮、商场等旅游服务功能空间(表 7-4)。

表 7-4　住宅功能空间分类分析比较

生活类型		城市住宅	传统农村住宅	新农村住宅	风景区及其周边农村住宅
第一生活	休养	卧室	厢房	卧室	卧室
	饮食	餐厅	堂屋	餐厅	餐厅
	洗浴排泄	卫生间	厢房	卫生间	卫生间
第二生活	家务	厨房	灶头间、院子、晒台	厨房	厨房
	生产	——	菜园子、畜禽养殖、院子	菜园子、手工作坊	门厅、客房、商场、餐饮店
	交换	——	——	——	
	买卖	——	——	——	
	消费	——	——	——	
	储藏	——	杂房、地窖	储藏间	储藏间
第三生活	表现	——	——	——	——
	社交	起居室、客房	堂屋	堂屋、起居室	堂屋、起居室
	艺术教育	书房	——	书房	书房
	休闲娱乐	——	——	——	——
	宗教哲学	——	堂屋	——	——

作者根据相关资料整理。

7.2 旅游业催生新的居住功能

7.2.1 旅游业对武陵源及其周边农村经济影响

7.2.1.1 旅游业成为武陵源经济发展的支柱产业

20世纪90年代中期以来,在全世界170多个国家和地区中有120多个国家和地区将旅游业列为21世纪的支柱产业,将旅游业看作是具有极大发展潜力的"新世纪产业"[1]。1998年末,中国政府从社会经济发展新阶段的特点出发,将旅游业列为新经济的重要增长点,形成了全国推动旅游业发展的大氛围,旅游业也由一般的产业提升为重点产业。

旅游开发之前,武陵源是一个地处三县的偏远山区,交通闭塞,农业资源不丰裕,工业基础薄弱,科学文化不发达,产业模式单一,区域经济十分落后,长期以来是湖南省"扶贫工作重点地区"之一[2]。武陵源所有经济要素资源如土地、矿产、资本、科学技术等的贫乏,决定了只有开发利用旅游资源,才能实现武陵源区域经济的启动和快速发展。

自1978年旅游开发以来,武陵源区域国民经济持续增长,综合实力逐渐增强。到2012年,武陵源全区生产总值达32.94亿元,人均国内生产总值6 879元,年接待游客1 711多万人次,旅游总收入达到70.91亿元[3]。经过30多年的现代旅游发展,旅游业已经成为武陵源区域经济发展的支柱产业,不仅改变了当地的经济结构,当地居民生活水平也得到了较大提高。图7-4和图7-5为1989—2011年武陵源区旅游总收入和年游客增长情况[4]。

7.2.1.2 武陵源产业结构的影响

张家界市统计局(2002)相关数据表明,武陵源在1978年旅游开发的初期,第一产业占绝对支配地位,其GDP的构成大致是第一产业占77.9%,第二产业占9.5%,第三产业占12.6%。1988年武陵源被列为国家级森林公园时,其第

---

① 江民锦.旅游业对井冈山区发展的影响及模式研究[D].北京:北京林业大学,2007.
② 湖南省扶贫工作办公室,2001。
③ 资料来源:《张家界市武陵源区关于2012年国民经济和社会发展统计公报》。
④ 根据张家界市武陵源区统计局关于国民经济和社会发展的统计公报数据绘制。

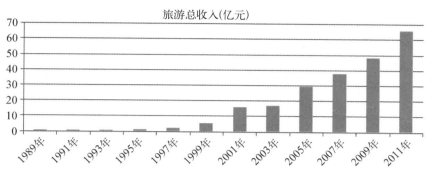

图 7-4 1989—2011 年武陵源区旅游总收入情况
（图片来源：自绘）

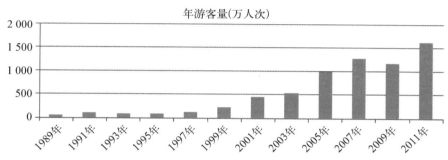

图 7-5 1989—2011 年武陵源区年游客量增长情况
（图片来源：自绘）

一、二、三产业占 GDP 的比例分别为 49.1%、21.9%、29%①。到了 1994 年,武陵源被列入世界自然遗产名录后,其第一、二、三产业占 GDP 的比例分别为 31%、16%、53%,再到 2011 年,其第一、二、三产业占 GDP 的比例分别为 4.5%、2.2%、93.3%②(图 7-6)。随着现代旅游的发展,中央和地方政府及区域外对武陵源基础设施投资建设、旅游收入的增长是其第三产业快速增长的直接原因。因此,现代旅游业发展对武陵源的产业结构变化所产生的影响非常明显。

7.2.1.3 农民经济收入的影响

据武陵源区国民经济和社会发展统计公报,1989 年武陵源区刚成立时,全区农民人均纯收入只有 334 元。随着旅游经济的发展,特别是武陵源被列入世

---

① 夏赞才.张家界现代旅游发展史研究[D].长沙：湖南师范大学,2004.
② 资料来源：《张家界市武陵源区国民经济和社会发展统计公报》。

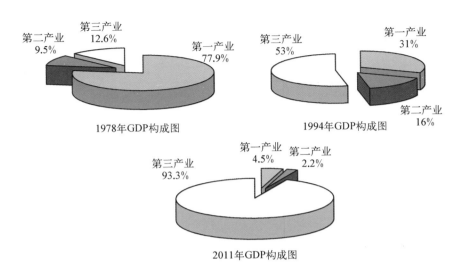

图 7 - 6 武陵源 1978—2011 年的 GDP 构成变化

（图片来源：自绘）

界自然遗产后，农民收入增长迅速，1999 年农民人均纯收入 1 991 元。2005 年十六届五中全会提出建设"社会主义新农村"，新农村建设与旅游资源开发相结合，是适应目前我国农村乡镇建设发展新形势的一项切实可行的措施，也为当前新农村建设找到一个新的契合点，农民收入增长迅速，截至 2011 年底，武陵源农民人均纯收入达 5 714 元，年平均增长率达到了 10％以上（图 7 - 7）。

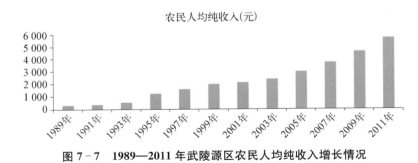

图 7 - 7 1989—2011 年武陵源区农民人均纯收入增长情况

（图片来源：自绘）

7.2.1.4 农民就业的影响

旅游业是一种劳动密集型产业，发展旅游业可以为旅游目的地提供大量的直接就业机会，包括为旅游者提供相应产品和服务的旅行社、住宿、饮食、娱乐、购物、交通、通信等部门的就业。同时，由于旅游经济又是一种分散性经济，表现为具有很强的产业关联性,除了可以增加直接就业机会外,还可以拓展包括农业、制造业、建筑业、食品加工业等相关行业的就业机会。

　　根据《张家界农业年鉴》,武陵源旅游业的快速发展带动了周边农村就业,以旅游为龙头的第三产业发展迅速,2011 年三次产业结构为 4.5∶2.2∶93.3,相关旅游产业从业人员为 17 000 人,新增农村劳动力转移就业 20 600 人[①],旅游业带动农村就业的人数和就业份额呈历年增长趋势(图 7‑8),旅游业已经成为武陵源区的主导产业。

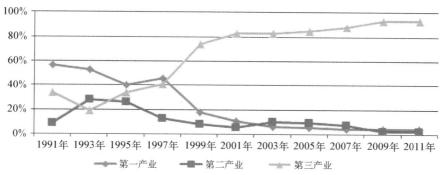

图 7‑8　1989—2011 年武陵源区内社会从业结构情况
(图片来源:自绘)

7.2.1.5　农民的生产生活空间变窄

　　武陵源山清水秀,气候宜人,物产丰富,为周边村民提供了生存发展的空间和生产生活的物质基础。随着风景名胜区的划定和建设,武陵源及其周边的村民所处的环境行政边界变更的同时,他们的日常生产生活也产生了变化,以前顺理成章的事现在却变得不合法了。出于对世界自然遗产资源保护的需要,武陵源普遍实行封山育林、退耕还林的政策,农民的耕地和经济林被征用为风景区保护用地,武陵源及其周边地区农民逐渐失去了发展第一、第二产业的机会,缩小了周边村镇扩大发展的空间,乡村经济结构也从第一产业为主向第三产业为主的转变,武陵源及其周边农民的生产生活空间变窄。

7.2.2　武陵源及其周边农村住居生活形态

　　笔者通过家乡三十多年的变化,深刻感受到旅游业对当地农村建设的巨大

---

　　① 资料来源:《张家界市武陵源区 2011 年国民经济和社会发展统计公报》。

影响。通过 2009 年 9 月、2010 年 1 月、2010 年 4 月和 2012 年 10 月先后四次调研景区周边地区的几个村落,发现在武陵源及其周边农村居住模式发生了很大的变化,这种变化与当地的旅游业发展有着必然的联系。

7.2.2.1 武陵源及其周边农村居住模式的变化

（1）家庭产业的变化

家庭生产活动是农户生产、生活的重要过程,不仅是其主要经济收入来源,也是其生活的重要组成部分。在当今社会转型期,传统的农村社会产业模式已越来越难以满足现代农村经济的需要。随着现代旅游经济的发展,武陵源及其周边地区不再局限于单一的农业生产活动,旅游服务业逐渐成为周边农村经济增长的主流,为周边农村提供新的经济功能和就业机会。在调研中,发现武陵源及其周边地区农民家庭,出现了旅游经营户家庭。农民利用自家房屋经营家庭旅馆、餐饮店等,把每年旅游季节经营旅馆的收入作为全年最主要的收入,其余时间则根据具体情况进行少量农业或其他工作增加收入（图 7-9）。

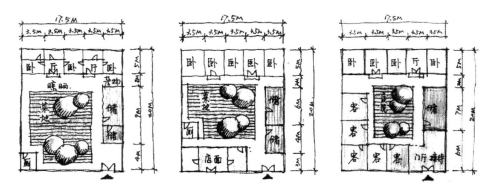

图 7-9 风景区及其周边农村住宅调研平面草图

（图片来源：骆中钊.新农村建设规划与住宅设计.北京：中国电力出版社,2008）

（2）家庭结构的变化

在现代生活方式和思想观点的影响下,武陵源及其周边农村的家庭结构发生了巨大变化。传统农村家庭中的三代户、多代户家庭减少,农村家庭逐渐向小型化家庭趋势发展,呈现以两代户的核心家庭为主,多种家庭结构并存的多元化状态。由于农业收入的有限,使越来越多的农民脱离了农业生产,农村劳动力剩余现象突出,很多青壮年外出务工或者从事旅游服务业,农业剩余劳动力进一步向城镇转移,出现了新的家庭结构形式。即,原来的大家庭分化成为两代户核心家庭,到了老人需要照顾的年纪,老人通常会选择一个子女随之居住。

（3）生活方式的变化

在现代思想和外来文化的影响下,武陵源及其周边地区农村的居住生活方式发生了变化。相对于传统的生活方式,年轻人更喜欢时尚和个性的生活方式,更重视个人空间的私密性、信息的获取和工作家庭化。随着现代农村家庭生活内容的增加,传统生活方式的改变、文化生活与价值观的多样化、获取信息的渠道多元化等都影响着武陵源农村居住实态的变化。从社会发展来看,农村住宅除了满足起居、饮食、睡眠等基本的功能需求外,还应该满足人的审美、心理等精神需求发展,提高舒适度和方便性。

7.2.2.2　农民角色转变

随着旅游经济的发展,武陵源及其周边地区的农民也逐渐脱离了传统农业生产,转向从事旅游服务业。旅游业作为劳动密集型的服务性产业,它的发展带动了周边地区交通运输业、旅馆业、餐饮业,以及农业、娱乐业及环保业等的发展。在旅游经济的带动下,武陵源及其周边地区农民的职业发生改变,劳动力转向非农产业,非农化的就业特征日趋明显。

由于封山育林、退耕还林的政策,随着自然村落的搬迁与合并,农村居民点的迁移和集约化建设,武陵源及其周边农村居住的空间形态与相关的物质结构等方面发生改变,农民角色发生了很大的转变。农民逐渐离开了依附于农田的农业型经济,通过务工或者开展旅游服务经营等来寻找新的生产途径。因此农业活动逐渐"副业化",大多数农户"亦工亦农",旅游服务业已经成为武陵源农村经济增长点(图 7 - 10)。在未来,农村经济由第一产业向第三产业转变,农民的角色转换是:农民——工人（农民工）——市民。

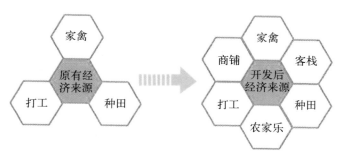

图 7 - 10　武陵源及其周边农民的角色转变

（图片来源：自绘）

7.2.2.3 农民居住的理想图景

那么,当今社会农民居住的理想图景是什么? 在不同时代和不同环境下,人们理想生活的要求不一样。在当今农村社会转型期,农村居民及其生活方式、生活环境等方面的特点,决定了农村住宅是一种不同于普通城市住宅的全新住宅类型。可以说,住宅不仅承载了当今农民的生活,同时也是其重要的生产资源,生产与生活功能的兼容性是新时期农村住宅的重要特点。

随着旅游经济的发展和自然遗产保护意识的提高,武陵源及其周边地区农民的经济生产、生活形态发生了很大变化。农民逐渐摆脱了传统农村社会的产业模式。依托旅游业的发展,第一产业为主的经济发展模式逐渐向旅游服务和农业生产结合的经济模式转变,产业转型过程也就伴随了农民的住宅类型发生转变。武陵源及其周边的农村的生产活动具有多样性,除了耕种农作物以外,还可涉及住、食、行、娱、购等方面。农民的谋生手段、住宅的使用功能以及生活形态与过去不一样,与之对应的住宅空间形态也应该产生变化,于是就会有一种新的农村住宅形式。

历史上的民居和现代的住宅一样,在时代的发展和社会的进步过程中,它们往往不能适应变化的生活,居住者就会要求改变其居住的外壳,即改变居住空间构成和组织方式,以适应新的生活和新的需要。

7.3 武陵源及其周边农村居住模式及其特征

在旅游经济的影响下,武陵源及其周边地区农民的生产和生活方式发生了很大变化,导致其居住模式也发生了改变,从而产生了新的住宅户型。经过实地调研,目前武陵源及其周边农村居住模式可以分成六类: 旅馆经营型农民居住模式、餐饮经营型农民居住模式、商铺经营型农民居住模式、商务经营型农民居住模式、公寓型农民居住模式、出租型农民居住模式等。

7.3.1 模式 1: 旅馆经营型农村居住模式

7.3.1.1 定义

旅馆经营户型农民住宅,也称家庭旅馆。随着旅游经济发展,武陵源旅游接待设施无法满足日益增大或更多层次的住宿需求,景区及其周边地区农户利用自家闲置的房屋,为游客提供住宿、饮食等简单基本服务而获取一定报酬。于是,一种小型旅游住宿接待设施——旅馆经营户型农民住宅应运而生,并在旅游业的推动下得以迅速发展,显示出强大的生命力。

7.3.1.2　房型特点

按照经营模式和客房标准,旅馆经营户型农民住宅可分为居家式和标准间式两种类型,见表 7-5。

表 7-5　居家式与标准间式比较

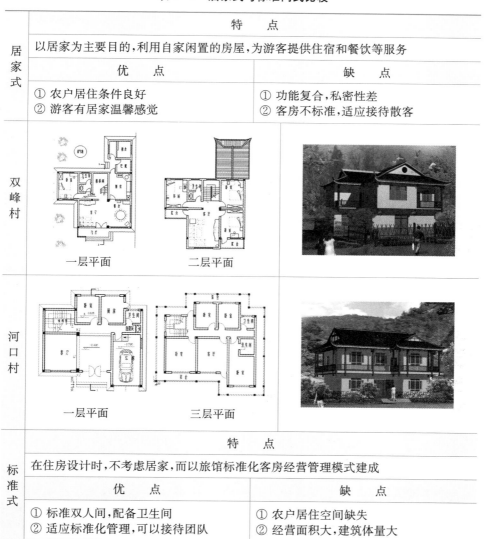

居家式	特　点	
	以居家为主要目的,利用自家闲置的房屋,为游客提供住宿和餐饮等服务	
	优　点	缺　点
	① 农户居住条件良好 ② 游客有居家温馨感觉	① 功能复合,私密性差 ② 客房不标准,适应接待散客
双峰村	一层平面　　二层平面	
河口村	一层平面　　三层平面	
标准式	特　点	
	在住房设计时,不考虑居家,而以旅馆标准化客房经营管理模式建成	
	优　点	缺　点
	① 标准双人间,配备卫生间 ② 适应标准化管理,可以接待团队	① 农户居住空间缺失 ② 经营面积大,建筑体量大

续　表

岩口村	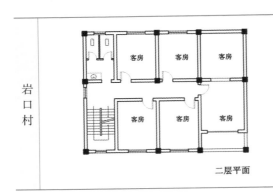 二层平面	

（1）居家式

居家式住宅模式是以居家为主要目的,农民利用自家闲置的房间,为游客提供住宿和餐饮等服务而收取一定的报酬。

居家式的优点是原有住房结构没什么变动,对农民基本生活舒适度影响不大,游客除了得到基本的住宿餐饮服务外,还能感受到浓厚的人情味及"家"的温馨感。缺点是功能分区不明确,住家私密性不好;由于客房面积尺寸及卫生设施配置都不统一,无法满足旅行社标准化服务,适应接待散客或自驾游。

（2）标准间式

标准间式住宅模式是在住房设计时,不以居家为主要目的,而以满足旅馆经营标准化管理模式统一规划设计。标准间式住宅常常由亲戚或朋友利用自家宅基地合建,有双拼、多拼等多种形式,建筑规模较大,占地面积 200 平方米以上,共 3 至 5 层,一楼设有餐饮和小型商店,二楼及以上为标准式双人间客房。由于统一规划设计形成一定规模的双标间客房,便于标准化经营管理,方便旅行社等团队接客,在当地较受欢迎。

7.3.2　模式 2：餐饮经营型农村居住模式

7.3.2.1　餐饮店

武陵源中心旅游镇或旅游景点附近,出现一些农民自建或私宅改造而用以服务游客的餐饮店。这种餐饮店建筑规模较小,餐馆多经营农家菜及本地特色菜。户型特点一般是餐饮经营空间位于建筑底层,上层为居住空间,也有的上下层都是餐饮经营空间。

7.3.2.2　农家乐

在武陵源及其周边地区,特别是离核心景区或中心旅游镇有一定距离的地区,出现了以经营餐饮为主的农民住宅,也就是人们常说的"农家乐"。由于位置离景区相对偏远,为了吸引更多的游客,这些"农家乐"常常利用乡村自然环境、特色餐饮、农林牧渔生产、民俗文化和农家生活等资源,为游客提供观光、休闲、度假、体验、娱乐和健身等多项旅游经营活动,其中主要服务活动就是农家特色餐饮,部分农民自家果蔬可供游客现摘现采;茶园通常是以棋牌活动作为主要内容,辅以膳食供应。

如索溪峪的双峰村,建设了以寨楼、名木观赏区、景观竹林区、水果采摘区、高台休憩区、鱼塘垂钓区、耕作体验区、石林观光区、蔬菜区、烧烤区等 10 个功能区组成的休闲农业观光园。寨楼区分为南寨和北寨两个村民生活点,还有一座集文艺演出、展览和接待等多功能于一体的中心寨楼和一家土家特色餐馆,为游客提供观光、休闲、体验、娱乐和健身等多项旅游活动,见表 7 - 6。

表 7 - 6　武陵源餐饮经营型农村住宅分析

类型	地点	平 面 图	实景照片	特 点
餐饮店	吴家峪	一层平面　　二层平面		建筑规模较小,餐馆多经营农家菜及本地特色菜
农家乐	双峰村	武陵源双峰生态休闲农庄总平面图		离核心景区有一定距离,利用乡村自然环境、农林生产、民俗文化和农家生活等资源,为游客提供观光、休闲、体验、娱乐等多项旅游经营活动

7.3.3　模式 3：商铺经营型农村居住模式

商铺经营型农村居住模式是一种融商业和居住于一体的居住模式。这种商铺经营户型住宅,又称"路边店",在我国城镇的形成和发展中有着悠久的历史,至今,仍有许多历史悠久的城市保留着这种传统的商住形式。

旅游经济的快速发展带动了武陵源及其周边农村的商业经济,在通往旅游景区主干道沿线或主要景点附近的村镇,农户调整自家房屋的内部结构,增加商业经营空间,在方便游客的同时,也增加了家庭收入。根据商业经营空间与居住空间的相对位置,商铺经营型农村居住模式又可以分为"前店后宅"、"下店上宅"和"正宅厢店"三种(表7-7)。

表7-7 "下店上宅"户型分析

地点	平 面 图	实景照片	特 点
吴家峪			这种住宅店铺使用相对灵活,可出租、自住或自己经营。二层为厅堂、卧室、卫生间等,布局紧凑,动静不扰
野鸡铺			这种底商住宅一般为四至六层,楼上住宅为标准户型,底层多间商铺,由多家农户均享

7.3.3.1 "下店上宅"模式

从水平维度上看,"下店上宅"的商铺经营型农村居住模式是将商业经营空间与居住空间分成上下两部分,商铺经营空间位于建筑底层,上层为居住空间,出入口的设置前后分开,流线明确,互不干扰。既可分开出租经营,也可在内部设置联系通道,便于自己经营。"下店上宅"户型适宜于进深不大,住户有较好通风采光条件,但建筑结构较为复杂(图7-11)。

(1)"下店"——商业经营空间

底层是经营面积,既可做较大规模的商业经营,也可划分成不等的小空间分开出租。后面一般布置一些与营业关系密切的辅助空间,如生意洽谈接待间、库房、卫生间、楼梯间等。

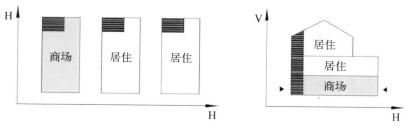

图 7－11　"下店上宅"居住模式示意图

（图片来源：自绘）

（2）"上住"——居住空间

楼上安排居住行为所需的卧室、客厅、厨房、餐厅、卫生间等空间，为了避免上下空间相互干扰，在底层可另设置单独的出入口，与底层商业经营空间完全隔离。为了立面处理，上下楼层可以前挑或后退，形成户外平台，上下凹凸的形体也易于外观形式的处理。

（3）辅助空间

通过入口、厨房、卫生间、楼梯等辅助空间灵活地组织在一起，丰富多变。

7.3.3.2　"前店后宅"模式

从水平维度上看，"前店后宅"商铺经营型农村居住模式是将商业经营空间与居住空间分成前后两部分，商铺经营空间置于底层临路边，方便直接对外经营；居住空间位于后部分，这样既不影响住户的经营和生活，两者又有一定的联系。对于大进深的户型，可以采用"前店后宅"的分区模式，商铺型住居多采用这种模式（图 7－12）。

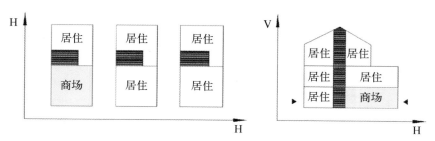

图 7－12　"前店后宅"居住模式示意图

（图片来源：自绘）

（1）"前店"——商业经营空间

店铺设在底层临街面，作为经营场所。卫生间、楼梯间等设在其结合部，方便各自的使用,避免交叉干扰。前店作为经营、洽谈业务的场所,各自独立,与后宅互不相干,利用楼梯下空间设置库房,供前店使用。

(2)"后宅"——居住空间

"后宅"的底层空间一般除了布置居家的入户空间,有的还布置了客厅、餐厅与厨房,供住户待客、就餐等主要活动使用,在住宅的二楼及二楼以上布置了起居室、卧室、卫生间等。

(3)后院

由于居住对象是农民,在住宅后面可以设置一定面积的院落空间,此院落既方便出入,又便于农具存放,还可兼作自行车、摩托车的停放场地或小型菜地,解决农民生活中的实际问题,与住宅空间结合自然有序,不干扰户内的生活。

(4)天井

由于此类住宅一般进深较大,常在其中部设置天井。既解决了大进深成排建筑中部空间的采光通风问题,又丰富了建筑内部空间的变化。

表7-8 "前店后宅"户型分析①

类 型	平 面 图	特 点
单开间户型	一层平面　　二层平面	单开间户型,面宽4—6米,此类户型进深较大,借助于内天井解决中间的采光和通风
双开间户型	一层平面　　二层平面　　三层平面	两开间户型面宽一般为7.6—9米,这类户型店铺规模适中,适应性较强,比较农民受欢迎

① 参考:罗文娣、张万立."经营户型"模式探讨——"前店后宅"建筑文化的延续[J].建筑学报,1995.

续　表

类　型	平　面　图	特　点
三开间户型	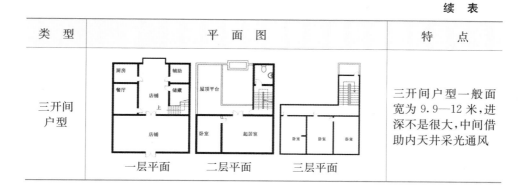 一层平面　　二层平面　　三层平面	三开间户型一般面宽为 9.9—12 米,进深不是很大,中间借助内天井采光通风

7.3.3.3 "正宅厢店"模式

有些农村地区还保留着四合院、三合院。有的农户则利用底层厢房改成可独立对外的房间,用于对外经营等,形成了"正宅厢店"的居住模式。此类住宅居住功能与经营功能完全脱开,结构独立,生活干扰最小,但占地较多,土地利用率较低(图 7-13)。

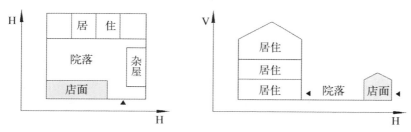

图 7-13　"正宅厢店"居住模式示意图

(图片来源:自绘)

(1)"正宅"——居住空间

正房保留传统的堂屋、卧房等居住空间,从事着会客、进餐、就寝、休憩和家务等活动内容。

(2)"厢店"——商业空间

传统厢房一般都是禽畜舍、农具存放间、厨房等辅助功能用房。有的农户利用临街的底层厢房开店经营,增加家庭收入。

(3)院落空间

院落空间满足家庭居住和生产功能。四合院相对封闭,居住环境良好。三合院相对开敞外向,有的农户还利用院落从事经营活动或打麻将等娱乐活动。

7.3.4 模式4：商务型农村居住模式

7.3.4.1 定义

随着旅游经济的发展，武陵源及其周边地区出现了以旅游服务经营为主的商务型农村居住模式。这种商务型农村居住模式已经不是一般意义上的住宅，它不是以居家为主要目的，住宅的基本生活功能变弱甚至消失，其旅游服务及商务功能扩大，具有小型宾馆及商务中心的特征。

7.3.4.2 户型特征

2001年武陵源环境大整治时，参考国内其他风景区的实践经验，在索溪峪的吴家峪、高云、沙坪和天子山镇的泗南峪等地建立了旅游经营社区，对天子山、水绕四门核心景区内经营户进行了安置。

高云小区是按照高标准生态旅游商务社区进行规划设计的，小区绿化环境优美，容积率约为1.0。每幢商务中心规模较大，功能齐全，建筑面积300—1 500平方米不等，平面房型按照标准旅馆建筑的"双标房"进行设计，客房里配有标准尺寸卫生间，卫生间三大件齐全。每幢商务中心底层有游客接待大厅、商务订票中心、餐厅和特色商店等，有的在顶楼还配有卡拉OK厅、健身房、舞厅、酒吧等（图7-14和表7-9）。

商务中心入口

游客接待

游客商务中心

餐厅

商场

客房内景

图7-14 商务中心的旅游服务功能

（图片来源：作者自拍）

表 7 – 9 　武陵源商务型农民住居实例分析

地 点	平 面 图	实 景 照 片	特 点
高云小区 A 型 商务楼			平面模式与城市住宅接近,92—163 平方米四种户型,建筑共五层,底层为储藏间
高云小区 B 型 商务楼			平面模式共两房两厅至四房两厅三种户型,建筑共六层半

　　高云小区采用旅游经营社区的发展模式,即"公司＋旅行社＋农户"的发展模式。这种模式针对农户在自主旅游经营过程中,因为组织化程度低、结构松散而缺乏市场竞争力的弱点,对原先分散的经营户进行投资开发,统一规划、包装,并且引进旅游公司的管理,规范农户的接待服务,实现公司和农户互利互惠、共同发展,可以避免不良竞争和损害游客利益的事情发生。

7.3.5 模式 5:出租型农村居住模式

7.3.5.1 村落景观化改造模式

为了更好地保护生态环境,改善村民生活质量,武陵源通过核心景区村落景观化改造实践,探索了景村和谐发展的建设思路。

村落景观化改造模式是对于风景区内具有一定观光价值的村落或寨子,将原有村落或寨子整体出租并进行景观化改造,村落景观化改造后作为新的旅游景点,开展人文景观或生态农业观光旅游。村落景观化改造通过产业转型、资源整合进行居住商业化转变发展,给风景区和村落带来新的发展机会。

比如,核心景区的袁家寨子就由村部牵头,开发商投资,村民全部搬迁到山下新建小区,原有村落整体保留下来进行景观化改造。袁家寨子按照世界自然遗产的标准制定景观化设计方案,在不增加房屋建筑面积的前提下,改造建筑内部结构,将原有村寨改造成土家民俗风情展示馆。实行统一运营,融入民族文化内涵,与自然遗产型景区形成相互促进的关系,成为武陵源人文景观资源的补充(表7-10)。

表7-10 武陵源出租型农民住宅实例分析

地 点	平 面 图	实 景 照 片	特 点
袁家寨子			平面模式一梯两户,92—163平方米四种户型,共五层,底层为储藏间
绿地大地生态园			农民出租林地、田地经营权进行土地流转,建设集休闲、旅游、生态和娱乐为一体的休闲农业产业园

地　点	平　面　图	实　景　照　片	特　点
新大地生态农业度假村			每幢由 4—6 套公寓组成，农户居住其中一套，其余 3—5 套交付给公司出租经营管理 30 年

袁家寨子出租型农民居住发展模式是以村级集体资产为基础，将村民山上的房屋、山下搬迁重建的新建小区住房，通过折价入股等形式，构建股份制的袁家界村旅游发展总公司，开展旅游投资、物业出租、旅游服务等经营活动。采用互助合作方式，村民参与整个村落景观建设、公司运作、利益分配和安置就业等过程，相应的方案由全体村民商议、表决。实现了村民山下居住、山上就业，景村和谐发展的建设模式。

7.3.5.2　休闲农业产业模式

为了在更大的范围内保护世界自然遗产，武陵源鼓励风景区外围的农民退耕还林。于是，乡政府牵头，开发商投资，农民出租山林地、田地的经营权①，进行土地流转，建设更有经济价值的休闲农业产业园，休闲农业产业模式是农村土地由分散向规模化、集约化建设的一种有益探索。

目前，在武陵源周边地区以及张青公路等主要交通沿线，已逐步形成点片相连的休闲农业产业群，如绿地大地生态园、名流山庄、柳杨溪休闲山庄、湘澧渔村、张家界荷花园、龙洞湖山庄等（表 7 - 10）。这些休闲农业产业群从最初以钓鱼休闲、品农家菜、赏农家景、住农家房为主体的"农家乐"，近年逐步形成了集生态餐饮、观光休闲健身、食品加工酿造、果园采摘、蔬菜种植、农业物流配送、体验式农业、人才培训等多种功能为一体的休闲农业产业。风景区周边地区的农民

---

① 张家界市在 2009 年的土地出租价格为：林地 300 元/亩、田地 800 元/亩。

获得就业机会,成为产业工人或餐厅服务人员。同时,绿色农副产品生产基地的建立使农民从传统的、零星的分散种植,转变为在经营大户和农业公司带领下进行规模化、标准化的种植,促进了农业集约化、产业化的发展。

截至 2012 年上半年,张家界市各类休闲农业企业 102 家,从业人员 1 600多人,带动周边农户 1 000 多户;全市休闲农业企业接待游客 83 万多人次,营业收入超过 1 亿元①,成为全市社会主义新农村建设的崭新亮点和农村经济新的增长点。

7.3.5.3 养生农庄产业模式

武陵源每年都会吸引很多外来游客前来度假或者休养,于是,在武陵源周边地区出现了一种"1 户＋N 户"的养生农庄产业居住模式。这种"1 户＋N户"养生农庄产业居住模式是以自然生态和农业资源为依托,作为拥有土地经营权的农户出租宅基地,由乡政府牵头,开发商统一规划组织建造 3—4 层单元公寓,农户居住其中一套单元,其余由旅行社或养老服务机构组织有需求的人,长期或短期租住单元使用权,为游客提供观光、休闲、度假、体验、娱乐和健身等多项旅游经营活动。这种模式在欧美国家被称为"假日养生农庄(holiday cottage)"。

新大地生态农业度假村位于张家界市永定区沙堤乡贯坪村佘水溪口,距离武陵源风景区约 23 公里,集主题式休闲、居住、养生、养老、旅游、农艺、生态于一体。度假村总体规划建造 100 多幢乡村别墅,多为三层建筑,局部四层。每幢由4 套公寓组成,拥有一个独立庭院,从外形上看是一个独立别墅,而内部房型又是一个可自由分隔的互不相拢的 4 个单元,二、三楼单元为平层,底层有复式可选择,一房一厅格局。农户居住其中 1 套,其余 3 套交付给公司出租经营管理30 年。这种"1 户＋N 户"的模式并没有改变农民房屋所有权性质,既能满足日益增长的城里人休闲养生需求,又能提高风景区周边地区农民的收入。养生农庄产业模式是武陵源及其周边农村居住模式的一种有益探索(表 7 - 10)。

7.3.6 模式 6: 公寓型农村居住模式

7.3.6.1 定义

随着城市化的进程,我国农村住宅已进入"农村住宅公寓化"发展阶段。"农

---

① 2012 年张家界市农村办政府工作报告。

村住宅公寓化"是指改变我国传统农村住宅"一户一宅"的建设方式,将农村住宅从独门独户的低层居住形式,转变为一梯多户的多高层集合居住形式。

武陵源农村公寓化住宅建设虽然还处于起步阶段,随着自然遗产型景区及其周边农村用地越来越紧张,对土地利用率要求越来越高,在武陵源一些中心旅游镇和村落,如中湖乡的野鸡铺、索溪峪镇的铁厂村、喻家嘴、高云村和吴家峪等地,出现了一定数量的多高层公寓化农村住宅(表 7 - 11)。

表 7 - 11 武陵源公寓化农民住宅实例分析

地 点	平 面 图	实景照片	特 点
高云小区农民安置房			平面模式一梯两户,92—163平方米四种户型,共五层,底层为储藏间
喻家嘴农民安置房			平面有两房两厅、三房两厅、四房两厅三种户型,建筑共六层半
杨家界拆迁安置小区			平面模式共有90—150平方米三种户型,建筑层数五层,底层为商场
吴家峪商品房			平面模式和住区环境与城市商品住宅无异,内配套商业设施

7.3.6.2 户型特点

目前,武陵源公寓化农村住宅以农民动迁安置房为主,户型分为四房、三房、两房不等,并配有一定比例的经济适用房。安置方案根据农民原有宅基地面积、建筑面积和户籍人口等标准补偿一定建筑面积,超出的建筑面积则以低于市场价格的 30%卖给农民。

农村公寓化多高层住宅形式提高了土地利用率、容积率和建筑密度,随着武陵源旅游服务设施的增加和人地矛盾的日益突出,从某种程度上说,武陵源及其周边地区建设多高层集合住宅是未来发展的趋势。必须注意的是,相对于传统农村住宅形式,多高层住宅是一种内向型的居住空间,缺乏向外拓展的院落空间,空间适应性较差。多高层住宅形式意味着农民已经完全改变了传统的居住模式,特别是失去了对土地的归属感,适合于已经完成职业转换而从事第三产业的农村家庭。但是过快和过于超前的建设会给农民心理带来一定的负面影响,使农民无法顺利地进行经济方式和生活方式的转变,从而产生一系列社会问题。

7.4 武陵源及其周边农村居住功能空间设计

本节针对武陵源及其周边地区农村住宅建筑功能配置不合理、平面布局混乱,难以适应在现代旅游经济的影响下,农民生活和生产方式的转变等问题,从建筑层面上探讨武陵源及其周边农村居住功能空间设计。

7.4.1 居住功能空间特征

在旅游经济的影响下,武陵源及其周边农村经济生产和社会形态发生了很大变化,服务旅游业成为周边农村经济增长的主流,导致其居住功能空间也发生了改变,使一部分依附于住宅进行的农业生产功能逐渐弱化,转化为客房、餐饮、商场等旅游服务功能空间,即"生活性+旅游服务经营性"功能。武陵源及其周边农村住宅的功能空间特点主要体现在以下三个方面。

7.4.1.1 对空间分割与分区的要求

旅游服务经营型农村住宅是集商业与居住于一体的建筑形式,具有"生活性+旅游服务经营性"多重功能,存在着对外经营管理便利性与农民生活私密性

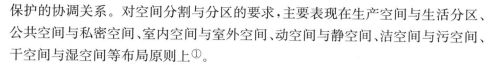

保护的协调关系。对空间分割与分区的要求,主要表现在生产空间与生活分区、公共空间与私密空间、室内空间与室外空间、动空间与静空间、洁空间与污空间、干空间与湿空间等布局原则上①。

（1）生活空间与经营空间

对于旅游服务经营型农村住宅来说,其生活空间和对外经营空间功能分区应该明确,流线互不干扰,既要保证居住生活的私密性,又要保证旅游经营服务部分的对外便捷性和开放性。

（2）公共空间与私密空间

根据使用对象对空间私密性的要求,住宅功能空间可分为公共空间和私密空间。公共空间一般是指门厅、庭院、楼梯间、餐厅等,私密性空间包括了卧室、书房、卫生间等。设计时应注意公共空间与私密空间的分割。

（3）室内空间与室外空间

根据住宅内的空间位置,功能空间可以分为室内空间和室外空间。室内空间包括了起居室、卧室、餐厅、厨房和卫生间等主要的生活居室;室外空间是指室外环境,主要包括了庭院、露台等。而阳台、门廊、檐廊、檐下等应该属于半室内半室外空间。

（4）动空间与静空间

根据空间的使用性质,功能空间可以分为动空间与静空间。动空间人流活动相对较大、较频繁,如起居室、餐厅、厨房等。静空间则相反,主要包括属于个人独处或者夫妻使用的卧室、书房、卫生间等,其行为内容为休息、睡眠、学习,必须要保证其安静和不受其他行为干扰。设计时应注意区分,避免干扰。

（5）洁空间与污空间

根据空间的环境卫生程度来区分洁与污。洁的房间是指卧室、起居室、餐厅等,污的房间主要是指厨房、卫生间等。厨房会产生油烟、有害气体、垃圾等,卫生间有污物,垃圾等。洁污分区有利于保持环境卫生,保证居住舒适性,同时有利于管网综合布置,节约造价。

（6）干空间与湿空间

根据房间内是否用水来区分干空间与湿空间。一般来说,在卫生间的洗浴行为会淋湿地面,而干湿分区有利于保持卫生间环境卫生。

---

① 《新农村社区规划设计研究》。

7.4.1.2 对空间尺度的要求

对于空间尺度的要求是指家具、生活用具的放置与操作尺度以及操作与感官的舒适尺度的要求,而面积过大则会产生空间浪费。

人的居住行为具有恒常性和易变性,其居住空间相应具有固定性和移动性。恒常性居住行为反映了日常生活中最基本的内容,如人基本的食寝、洗浴等。易变性居住行为反映了个体的居住行为特点,如客人的拜访等。

恒常性居住行为需要在相对固定的空间位置进行,需要稳定的用具和设施,一般固定而不移动;而易变性较强的居住行为则恰恰相反,对空间的专属性要求不高,这部分行为具有较大的弹性,空间具有移动性。

7.4.1.3 对空间质量的要求

对于空间质量的要求主要是指住宅空间的物理质量和卫生健康要求,比如采光度、通风条件、保温隔热、隔声等以及精神心理质量的要求,比如生活习惯、礼仪等。随着现代农村家庭生活内容的增加,传统生活方式的改变、文化生活与价值观的多样化、获取信息的渠道多元化等都影响着武陵源农村居住实态的变化。从社会发展来看,农村住宅除了满足起居、饮食、睡眠等基本的功能需求外,还应该满足人的审美、心理等精神需求发展,提高生活舒适度和方便性。

7.4.2 居住功能空间构成

农村生产生活特点及生活行为模式的不同决定了农村住宅的功能空间构成。武陵源及其周边农村住宅是一种集旅游服务与居住于一体新的建筑形式,其居住行为特点具有"生活性+旅游服务经营性",与之相应,武陵源及其周边农村住宅功能空间根据其用途性质,可以分为基本功能空间、旅游经营功能空间和公共交通空间三大部分(图7-15)。

7.4.2.1 基本功能空间

基本功能空间是指农民基本生活所需要的功能空间,基本功能空间进一步又可以为细分为基本生活空间和基本生活辅助空间。

(1) 基本生活空间

基本生活空间满足了农民起居、就寝、餐饮等基本的生活需求,给农民提供了方便舒适、安全健康的居住环境。

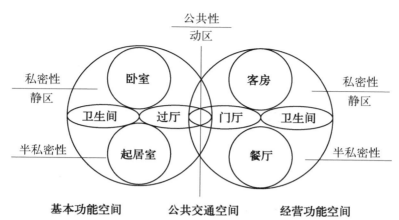

图 7‑15　武陵源及其周边农村功能空间构成及关系

（图片来源：作者自绘）

有些生活功能空间,如卧室、书房等,要求较高的隐私,而有些生活功能空间,如起居室、餐厅等,具有半私密、半公共性的特征。

（2）基本生活辅助空间

基本生活辅助空间是指服务于农民基本生活要求的辅助性功能空间,主要满足农民基本生活的卫生、家务、储藏、联系等需要,包括卫生间、厨房、储藏间、楼梯间、走廊、阳台、车库等功能空间。

7.4.2.2　经营功能空间

经营功能空间是指农民从事生产经营所需要的使用空间。对于武陵源及其周边地区的农民来说,经营功能空间主要是指周边农民利用自家房屋从事旅游服务接待经营而产生的功能空间。所以,经营功能空间又进一步可以细分为旅游服务空间和旅游服务辅助空间。

（1）旅游服务空间

旅游服务空间是指农民利用自家房屋从事游客接待、购物、餐饮、就寝、娱乐等服务需求的功能空间。旅游服务空间包括接待厅、客房、餐饮店、商店、商务中心、卡拉 OK 厅等。

有些服务空间,如接待大厅、商店、餐饮店、商务中心等,这些空间的行为内容具有明显的公共性和外向性;有些服务空间如客房,其行为内容主要为就寝休息,具有较高的私密性,必须保证其安静和不受其他行为干扰。

（2）旅游服务辅助空间

旅游服务辅助空间是指满足农民进行旅游接待经营活动中所需的一些辅助性功能空间，主要包括楼梯间、储藏间、厨房、服务员休息室等。

7.4.2.3　公共交通空间

对于旅游经营户型来说，农民的基本生活功能空间与旅游经营功能空间应该独立，相互不干扰。实际上由于经济条件、宅基地面积限制等影响，这两部分功能空间不可能做到完全独立和互不干扰，往往通过门厅、走廊等一些公共交通空间，将两部分功能空间更有机地组织和联系起来。这些公共交通空间主要包括入口、门厅、走廊、平台、院落和楼梯间等。

由于经济条件、宅基地面积限制等因素的影响，并非每个生产、生活行为都需要专门的功能空间，住宅设计也不会在设计初期就功能齐全，农民在住宅空间使用上具有一定的灵活性和随意性。例如门厅由于其空间的宽敞可以作为游客接待大厅，而卧室也会在旅游旺季时变成客卧等。因此，可以发现基本功能空间和经营功能空间并非完全对立，在一定条件下，农民会根据实际需要而灵活变通空间的使用功能。

7.4.3　功能空间平面布置与尺度设计

本小节将从武陵源及其周边农民的生产生活实际需要出发，分别分析每个居住功能空间模块的特点和现状问题，研究其在平面的设计要点和尺度大小。

需要说明的是，在相关城市住宅的研究中，对功能房间都有定量分析，通过人的行为、家具大小和摆放方式确定功能空间的面积，但仅仅限于低限面积的研究。由于我国农村住宅功能空间面积与城市住宅差异较大，且因地域、生活习惯不同而各有差异，目前并没有统一的国家标准。调查显示，我国农村住宅的功能空间分区往往不明确，并有大而不当的状况。如何确定合理的功能空间面积，应该根据各功能空间需要容纳的生活行为及人的行为轨迹及活动范围要求来确定。

方明、董艳芳把农村住宅各个居住功能空间分为两大类型：基本功能空间和附加功能空间，并通过大量调研分析，总结拟定出我国农村住宅中各个功能空间的建议性面积标准（表 7 - 12、表 7 - 13）。

表 7‑12　基本功能空间建议面积标准①

名　　称	门厅	起居室	餐厅	主卧室（老人卧室）	次卧室	厨房	卫生间	储藏间
面积（平方米）	3—5	14—30	8—15	12—18	8—12	6—10	4—8	4—12

表 7‑13　附加功能空间建议面积标准②

类　　别	生活附加功能空间					生产经营附加功能空间		
名　　称	厅堂	书房	阳台	客房	院落	厨房	卫生间	储藏间
面积（平方米）	16—30	10—16	8—15	12—18		面积大小根据实际需要		

7.4.3.1　基本生活空间

基本生活空间满足了农民起居、就寝、餐饮等基本的生活需求,给农民提供了方便舒适、安全健康的居住环境。基本生活空间包括起居室（堂屋）、主卧室、次卧室、餐厅等功能空间。

（1）起居厅（堂屋）

① 功能特征

武陵源地区传统农村住宅的堂屋,是指住宅正房当中一间,主要用于祭祀祖先、供奉神灵、婚丧喜事以及会客、用餐、起居等。在传统社会里,堂屋的礼仪性功能大于其生活性功能,常常作为家族成员供神敬祖、婚寿庆典、邻里交往和公共集会的场所,功能极为综合。

随着时代的进步,武陵源及其周边农村的家庭结构发生变化,堂屋由公共性的家族空间逐渐演变为私密性的家庭空间——起居厅。在现代社会中,起居厅（堂屋）的仪礼性功能减弱甚至消失,其生活性功能变得更为重要。作为家庭中最大最重要的室内活动空间,起居厅（堂屋）具有起居、娱乐、会客、就餐等综合功能,有时也作为临时生产场所、储藏空间等。

② 平面布置及尺度设计

从空间关系来讲,起居厅（堂屋）是连接室内外环境的空间,也是接待邻里客

---

① 数据引自：方明,董艳芳.新农村社区规划设计研究[M].北京：中国建筑工业出版社,2006.
② 数据引自：方明,董艳芳.新农村社区规划设计研究[M].北京：中国建筑工业出版社,2006.

人和社交活动的场所。所以,空间布置上大多靠近出入口、门厅。

起居厅(堂屋)平面宜设计成长方形,有利于布置家具。厅堂平面布局要相对完整,不同的功能空间应保持联系,又要相对独立,避免相互干扰,特别是交通空间对于其他功能空间的干扰。在设计中,尽量减少其他功能空间对着厅堂开门,保证足够的空间布置家具,发挥其更大的使用效果。

在我国《住宅设计规范 50096—2011》[①]中规定"起居室(厅)的使用面积不应小于 10 平方米"。考虑到我国农村生活的特点和节能省地的国策,起居厅(堂屋)面积堂屋面积不宜大于 40 平方米,不宜小于 16 平方米。考虑到结构、经济和家具布置等因素,起居厅(堂屋)的开间尺寸不宜小于 3 米,进深与开间之比应该小于 2(图 7 - 16)。

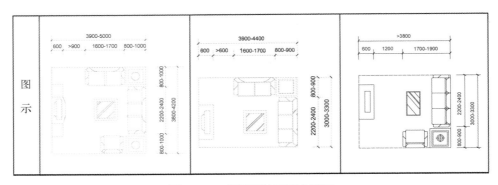

图 7 - 16   起居厅的平面布置图

(图片来源:付烨. 居住模式与新农村住宅户型设计. 天津大学,2010)

(2) 卧室

① 功能特征

卧室是家庭成员睡眠、休息的场所,其主要功能是满足家庭成员睡眠休息的需要,也需满足梳妆更衣、衣被储藏、学习工作等需求。

在农村住宅中,卧室的数量、建筑面积等受家庭人口构成与生活习惯的直接影响。根据家庭成员的关系、年龄等因素,卧室分为主卧室、次卧室,次卧室又可分为老人卧室、子女卧室、客人卧室;也可按照使用人数不同,分为双人卧室、单人卧室。

主卧室是主人睡眠休息的场所,对私密性和安全性的要求较高。其主要的功能区域为:睡眠区、更衣区、梳妆区、工作区和储藏区等,不同的功能区域既要保持良好的联系,又要避免干扰,避免面积过大造成浪费,或者面积过小造成使用不便。

---

① 《住宅设计规范 50096—2011》第 5.2.2 条。

次卧室则根据使用者的需要而设置相应的功能空间,如为老人创造休息、日晒、阅读的环境,为子女设置学习、视听、上网等功能空间。

由于农民住宅建筑面积一般比较大,而有的家庭子女迁往城市居住或外出务工,出现一些卧室长期闲置。对于长期闲置的卧室,有的农户将其作为储藏间使用,有的则将其改为家庭旅馆以增加家庭收入。

② 平面布局及尺度设计

卧室作为住宅中最重要的功能空间,应有良好的采光通风条件。特别是主卧室和老人的卧室,应朝南布置,有利健康。

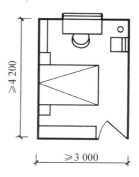

床的布置对卧室的使用影响最大,应该避免床头正对着窗或者离窗太近。窗户位置和大小须合理设置,以保证光线照度充分、均匀。门窗的相对位置宜采用对面通直布置,保证室内气流通畅(图 7 - 17)。

根据农民生活习惯和实际生活需要,卧室应有足够大的空间放置衣柜,以储藏换季衣服、被褥等物品,设计时,衣柜一般沿着卧室较短墙面、与床平行布置。考虑到一般

图 7 - 17　卧室平面基本布置

床的长度不小于 2 米,因此,次卧室的面宽不宜小于 3.3 米,主卧室面宽不宜小于 3.6 米。进深与开间之比宜为 1∶1.4 左右(图 7 - 18)。

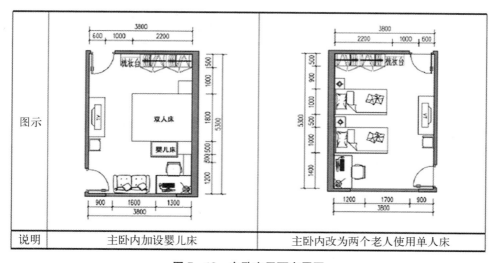

图示		
说明	主卧内加设婴儿床	主卧内改为两个老人使用单人床

图 7 - 18　主卧室平面布置图

(图片来源:付烨. 居住模式与新农村住宅户型设计. 天津大学,2010)

7.4.3.2 基本生活辅助空间

（1）卫生间

① 存在问题

在我国传统观点里，卫生间被视为藏污纳垢的污秽之地，其功能长期不受重视。随着时间的变化，卫生条件逐渐改善，但现状仍存在诸多问题。

图 7 - 19 某家庭旅馆的卫生间

（图片来源：自拍）

a. 洁与污、干与湿分区不明确。淋浴、便溺、洗漱和洗涤等空间没有分区，给使用带来了不便。如武陵源沙坪某家庭旅馆，洗脸盆位于淋浴喷头下方，没有空间分隔，干湿没有明确分区，造成洗澡之后，洗脸盆、卫生间地面全部潮湿，不利于卫生健康（图7 - 19）；功能分区不明确同时还带来私密性不够好，各空间无法同时使用等问题。

b. 卫生间上下水设施不够完善，导致室内串味、排水不畅，影响了其他卫生行为，蹲便器以及便溺空间的高差不便于人们使用，造成安全隐患（图 7 - 19）。

c. 空间尺度狭小，各洁具设施距离较近，不能满足人们卫生活动的姿势变化需求。如武陵源沙坪某家庭旅馆的卫生间，淋浴时没有回转空间，很不方便使用。特别是洗漱、洗浴、便溺被分隔后，空间尺度就更加狭窄。

② 功能特征

卫生间应该为家庭成员提供便溺、盥洗、梳妆、沐浴、洗涤等多种功能的使用，因此，卫生间由如厕空间、浴室空间、盥洗空间和洗涤空间等组成。在卫生间设计时，应做到功能齐全，布局合理，尺度适宜，方便使用，并且干与湿、污与洁分区明确，互不干扰。

③ 平面布局及尺度设计

住宅内的卫生间最好每层设置，尽量有自然通风和采光。卫生间的布置还需要结合上下水管道的设置要求，其位置考虑与各个卧室的关系，以保证夜间上卫生间的方便与安全。主卧室可以设置专用卫生间，次卧室往往处在同一楼层，合用一间卫生间。经营家庭旅馆或农家乐的客房尽量在客房内设置独立的卫生间，以保证游客的隐私和使用方便的需要。

卫生间最常用的洁具布置有三件套(洗面器、便器、洗浴器)。根据需求组合,卫生间可以是两件套、三件套或四件套(洗面器、便器、洗浴器和洗衣机),设施可分可合。便器有坐式和蹲式两种,洗浴器有淋浴和浴缸两种。卫生间的洁具应根据农民生活方式的实际需要来配置,不能盲目配置。如在农宅中配置了浴缸,因不符合农民生活习惯而很少使用,造成了不必要的浪费。

对卫生间的面积标准,可参考《住宅设计规范(GB 50096—2011)》(第 5.4.1条)中的规定:便器、洗浴器、洗面器三件设备集中配置的卫生间使用面积不应小于 2.5 平方米;《住宅设计规范(GB 50096—2011)》(第 5.4.2 条)中规定:设便器、洗面器两件组合的卫生间使用面积不应小于 1.8 平方米;设便器、洗浴器两件组合的卫生间使用面积的不应小于 2.0 平方米;设洗面器、洗浴器的使用面积不应小于为 2.0 平方米(图 7‑20)。

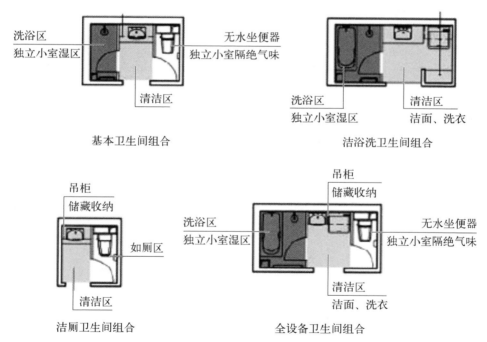

图 7‑20　卫生间不同布置方式示意图

(2)储藏间

武陵源还有相当部分的农村住户并没有完全脱离农事活动,需要较大的储藏空间来储藏粮食、农具等。针对农村住宅中储藏物品种类多、储藏面积大等特点,储藏间设计应遵循以下原则:

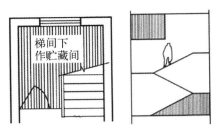

图 7‐21　利用楼梯上、下部空间作储藏间

a. 分类储藏。储藏空间需满足类别和数量的要求，取用方便。可以增加储藏空间数量，使生活用品、粮食、农具等各有相应的储藏空间。

b. 位置隐蔽。储藏间的位置应隐蔽，不宜外露，避免对其他房间的美观造成影响。

c. 利用空间。充分利用消极零散的空间，以增加储存空间面积。如在前室、卧室、过道和厨房 2 米以上的空间设置壁柜，室内小楼梯的上、下空间也可储藏物品（图 7‐21）。

7.4.3.3　旅游服务空间

旅游服务空间是指满足游客在旅游活动中所产生的就寝、餐饮、购物及文化娱乐等需求的功能空间，旅游服务空间主要有接待大厅、客房、餐厅、商店及商务中心等。

（1）客房

① 功能特征

客房是游客就寝休息的场所，除了要有良好的采光和通风条件外，其对私密性和安全性的要求也较高，因此，应保证客房的安静且不受其他行为干扰。卫生间是旅馆建筑设计中不可忽视的内容，随着生活水平的提高，游客对居住条件的要求也越来越高，旅馆经营型农村住宅设计要尽量在客房内设专用卫生间。

② 平面布局及尺度设计

对于客房的面积标准，我国 1990 年 12 月颁布的《旅馆建筑设计规范》[①]中规定客房净面积：单床间 8—12 平方米，双床间 10—20 平方米，多床间每床不小于 4 平方米；如客房附设卫生间，客房净面积不小于 3 平方米，卫生器具件数不少于 2 件。

由于我国农村住宅的房间不是按照客房标准设计，在改建成客房时，会出现多种尺寸的客房，由于空间尺度不标准，使用不方便。目前，全国许多地方政府部门在《农家旅店经营条件及标准》以及《农家旅店卫生标准》中，都对客房标准做了相关规定。在农村住宅改建家庭旅馆时，可根据卧室的实际尺寸采取单人

---

①　《旅馆建筑设计规范》（JGJ62—90）。

间、双人间、三人间、四人间等不同客房布置方式,房间最小尺寸:单人间 3.3
米×3.6 米,双人间 3.3 米×4.5 米,四人间 3.3 米×4.5 米(图 7 - 22)。

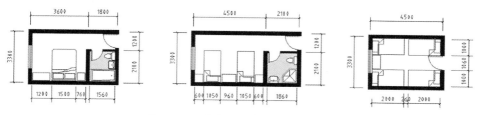

图 7 - 22　客房不同布置方式示意图
(图片来源:自绘)

　　在农村住宅改建家庭旅馆时,客房内往往没有单独的卫生间,给游客生活带
来不方便。即使在后来改建中加建了卫生间,也因空间狭小,设施不完善,管道
布置不合理等而带来种种问题。随着游客对居住条件要求的提高,客房内的卫
生间应配置包括坐便器、洗手盆、淋浴以及热水器等卫生器具。在卫生间的尺度
上从 1.5 米×1.8 米洁厕卫生间组合、1.6 米×2.7 米基本卫生间组合、2.1 米×
3 米洁浴洗卫生间组合中,根据空间大小、经济条件等酌情选取。

　　(2) 餐厅

　　在武陵源及其周边地区,出现了一些农民利用自家房屋,为游客提供餐饮服
务的餐饮店。这种餐饮店规模一般不是很大,有的旅馆经营户兼营餐饮,有的是
餐饮店位于底层,二层及以上为居住空间。

　　① 功能特征

　　餐厅需要良好的通风和采光,对于餐饮经营型户型农民住宅,餐厅的位置最
好与主人活动区域分开。餐厅面积相对比较大,有的设有专用餐厅,在住宅的底
层设餐厅,有的餐厅与客厅空间相邻或相通,为了使用上的方便,餐室应有一出
入口直接通向室外(图 7 - 23)。

图 7 - 23　武陵源农家餐饮店实景
(图片来源:自拍)

② 平面布局及尺度设计

根据人体尺度、用餐人数和室内空间来布置餐厅(图 7-24、表 7-14)。

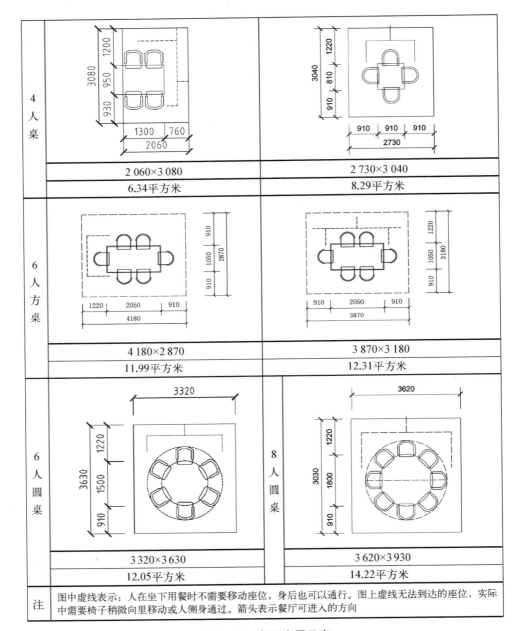

4人桌	2 060×3 080 6.34平方米	2 730×3 040 8.29平方米
6人方桌	4 180×2 870 11.99平方米	3 870×3 180 12.31平方米
6人圆桌 / 8人圆桌	3 320×3 630 12.05平方米	3 620×3 930 14.22平方米
注	图中虚线表示:人在坐下用餐时不需要移动座位,身后也可以通行。图上虚线无法到达的座位,实际中需要椅子稍微向里移动或人侧身通过。箭头表示餐厅可进入的方向	

图 7-24 餐厅布置示意

(图片来源:付烨.居住模式与新农村住宅户型设计.天津大学,2010)

表 7‑14　餐桌参考尺寸①

用 餐 人 数	最 小 尺 寸	最 佳 尺 寸
4 人用餐的方形餐桌		宽度为 91.4—106.7 厘米
6 人用餐的矩形餐桌	最小宽度和长度 106.7×203.2 厘米	最佳宽度和长度 137.2×243.8 厘米
4 人用餐的圆形餐桌	最小直径为 121.9 厘米	最佳直径为 152.4 厘米
6 人用餐的圆形餐桌		最佳直径为 182.9 厘米
8 人用餐的圆形餐桌		最佳直径为 201.5 厘米

7.4.3.4　旅游服务辅助空间

（1）厨房

① 现状问题

厨房是农村生活中最重要的辅助空间之一，容纳了日常炊事、调料制作、储藏等功能。目前武陵源及其周边农村住宅厨房存在的问题是：

a. 基本的备餐设施不完善。厨房的设施一般较简陋，没有固定的洗菜池、刷碗池、没有抽油烟机和各种橱柜吊柜，灶具、切菜案板、陈旧橱柜、水缸，杂乱不卫生，导致洗、炒、切、备餐、储藏等流线交叉混乱（图 7‑25）。

图 7‑25　武陵源周边农民住宅的厨房实景

（图片来源：自拍）

b. 传统农村住宅中柴灶的使用占据了厨房较大的空间，且产生环境污染，随着环保意识提高，武陵源大多数厨房已不再使用柴灶。但一些有害气体、油污、垃圾没能有效处置，厨房脏乱不卫生，严重影响了生态环境。

---

① 数据来源：Julius Panero（龚锦译、曾坚校）. 人体尺度与室内空间［M］. 天津：天津科学技术出版社，1987.

② 功能特点

根据储、洗、切、炒的炊事工序,厨房可以划分为烹饪区、洗涤区、加工区、准备区、储藏区等主要功能区域。在厨房功能布局时,应根据炊事活动的流程合理布置各功能区域,合理布置炊事设施以缩短来回操作路线。有条件可以开门通向庭院或杂物小院,方便物质出入和垃圾运出,减少对其他空间的干扰。

③ 平面布局及尺度设计

农村住宅的厨房很难采用统一的面积标准。对于经营餐饮店或农家乐的厨房面积应足够大,以满足食物储藏和加工的需要。厨房设施,如抽油烟机、洗菜池、煤气灶、灶台、电冰箱、橱柜等应布置合理,洗涤加工一体化操作,便于操作。

厨房一般有"U形""L形""一形""二形"四种常见的布局方式,可以根据不同的需要选择不同的布局方式(图 7 - 26)。

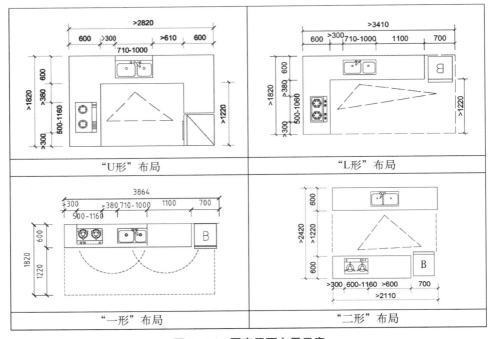

图 7 - 26　厨房平面布局示意

(图片来源:付烨.居住模式与新农村住宅户型设计.天津大学,2010)

"U形"厨房布局:操作台面沿墙成 U 字形布置,操作台面长,流程较短,可以根据需要调整工作三角区。门只能一侧开启。

"L形"厨房布局:空间较宽敞,操作流程较短,提供了穿越的流线而不影响工作三角区。门可以有两个开启方向。

"一形"厨房布局：比较紧凑，水池与灶距离较小，但操作平台较少。门有三个开启方向，可适当加宽走道空间，避免穿行影响工作。

"二形"厨房布局：调整设备之间的距离，避免走道空间过长，门可以两侧开启，但可能对工作流线有干扰。

（2）服务人员用房

随着旅游业的不断发展，在旅游高峰期，有些家庭旅馆或农家乐经营者会雇佣一些服务员，所以家庭旅馆中可能还会出现供服务人员临时居住的房间。相比而言，服务人员用房比客房的配置要求要低。

7.4.3.5　公共联系空间

对于旅游经营户型来说，农民基本生活功能空间与旅游经营功能空间可以通过门厅、走廊等一些公共交通空间，将两者有机地联系起来。这些公共交通空间主要有门厅、走廊、平台、院落和楼梯间等。

（1）门厅

门厅是连接室内外环境的过渡空间，也是迎送客人寒暄的场所。在家庭经营型住宅，由于面积等条件局限，门厅往往与厅堂（起居室）、餐厅等结合在一起作为门厅接待空间。面积较宽裕的农村住宅，可根据实际情况划分出一定区域作为单独的门厅空间，可以设置简单的服务台，以提供接待、问询、结账、小件行李存放等服务。

（2）楼梯

楼梯，是农村住宅的垂直交通空间，也是联系各层功能空间的枢纽。楼梯的位置要方便各功能区的联系，尽量缩短交通流线。

楼梯分为室外楼梯和室内楼梯，室内楼梯要经过室内，把上下各个部分紧密地联系起来，室外楼梯不需要经过室内，在院子里就可以上二层。

（3）院落

院落是农村住宅主要的户外空间，是农民生活和生产活动的场所，具有非常重要的意义。院落作为外部公共空间到内部私密空间的过渡，功能多样，使用灵活。首先，从功能上讲，院落可以作为家庭重要的户外活动场所。其次，院落还担负着家庭种植、农渔具存放、家畜饲养、杂物储藏等众多的生活辅助功能，此外，院落还担负更多的精神意义，它是家庭聚会、邻里交往的重要场所。

对于武陵源及其周边的家庭经营型农村住宅中，院落空间被赋予了更多的新功能。首先，由于家庭旅馆的客房大多是加建在一层的厢房，所以院落在一定程度充当了家庭旅馆中接待"门厅"功能；其次，院落可以成为游客临时休息、交流的场所；另外，家庭经营户型由于经营建筑面积有限，这时院落可以当客用餐厅功能，经营者在院中加盖上棚架，起到遮阳、挡雨的作用，游客在这里进餐、交谈，享受农家乡土风情，其乐融融(图7-27)。

图7-27 武陵源周边农民住宅的院落实景

(图片来源：自拍)

7.4.4 功能空间设计要点

7.4.4.1 私密性与公开性

人的居住生活有私密和公开、安静与喧闹的行为需求，旅游服务经营型农村住宅是集商业与居住于一体的建筑形式，存在着对外经营管理便利性与农民生活私密性保护的协调关系，需要兼顾适住性和经营管理的方便性。所以，在进行这类户型功能空间设计时，要特别注意处理好农民居住休息部分与游客住宿服务部分两部分功能的空间私密性与公开性关系。

一般情况，空间的私密程度取决于人与人之间的相互作用，作用的人越少，需要的空间相对就小，私密性就强。反之，公开性就强。农民的居家生活既有全家聚餐、休闲娱乐等行为，又有个人独处学习、休息的需要，形成了两大居住行为内容，就决定了住宅空间的两个基本组成——公共活动空间和私密活动空间。属于个人自身作用的空间，比如卧室、书房和卫生间等，其行为内容为休息、学习，是家庭居住空间最具私密性的静区，必须要保证其安静和不受其他行为干扰。而门厅、起居室、餐厅等房间，除家人交流、娱乐、用餐外，还有会客接待的功能，在这里作用的人较多，具有社交性和娱乐性，这些房间的私密性相对降低、公共性增强。因此，门厅、起居室、餐厅和院子是公共的农村居住空间。

游客住宿服务部分其实也有公共活动空间和私密活动空间两部分，对于游客来说，既需要属于个人休息和睡眠的空间，比如客房，其私密性强，必须要保证其安静和不受其他行为干扰，又需要与外界联系的空间，其行为内容包括住宿登记接待、等待、餐饮、购物等，这些空间具有较强的外向性和公共开放性。卫生间就是公共性私密空间，只不过是交替使用的形式。所以，游客住宿服务部分也需要处理好空间私密性与公开性的关系。

旅游服务经营型农村住宅具有私密空间的层次变化。农民居住生活部分的私密性层次由弱到强依次为"室外—入口—起居厅—卧室"。而游客住宿由弱到强私密性层次依次为"室外—入口—服务登记处—客房"，其中门厅、起居室、楼梯间、院落和餐厅等空间可以成为主人和游客共同使用的地方，基本属于公共活动场所。特别是门厅、楼梯间、院落等可以起到空间上的过渡联系功能作用。因此在进行设计时要特别注意处理好各个功能区的层次，达到既满足使用功能，又使主客彼此的私密性受到保护的目的（图 7 - 28）。

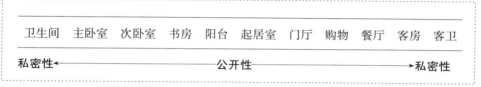

图 7 - 28　家庭经营居住空间的公开性、私密性分析图

（图片来源：自绘）

7.4.4.2　功能分区

根据游客住宿服务部分与农民居住休息部分的空间位置关系，可以将武陵源旅馆服务经营户型分为前后分区、上下分区和混合分区三种类型（表 7 - 15 和图 7 - 29）。

表 7 - 15　旅馆经营户型功能分区

示意图	平面图	特点
前后分区	一、二层平面	游客住宿部分与农民生活部分分成前后两部分

续　表

示意图	平　面　图	特　点
上下分区	一、二层平面	游客住宿部分与农民生活部分分成上下两部分
混合分区	一、二层平面	游客住宿部分与农民生活部分呈前后和上下部分

作者根据相关资料自绘。

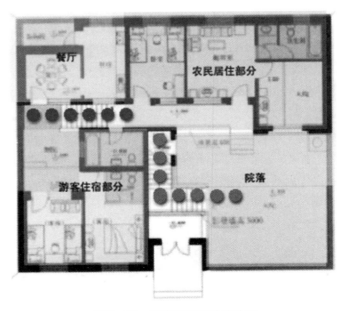

图 7－29　家庭旅馆的功能分区

（图片来源：自绘）

（1）前后分区

在水平维度上，游客住宿服务部分与农民生活休息部分分成前后两部分。游客住宿服务部分因为外来游客流动性大，也为了方便接待和管理，一般将其布置在前部分或外侧；而农民生活休息部分放在住宅的后端或内侧，以保证其生活和休息不被干扰。

（2）左右分区

在水平维度上，游客住宿服务部分与农民生活休息部分可以分成左右两部分，以避免两部分的相互干扰。

（3）上下分区

在垂直维度上，将游客住宿服务部分与农民生活休息部分分成了上下两部分。有的农民住户将对外游客接待部分全部布置在楼下或楼上，自己生活起居部分设置在楼上或楼下，使居住生活受影响较少。

（4）混合分区

混合型分区指游客住宿服务与农民生活休息两部分功能没有明显的划分，有的农民住户将自家闲置的卧房作为客房，或将厢房和二楼房间都改为客房，卫生间、厨房共同使用，呈混合型。

7.4.4.3　流线设计

旅游服务经营型农村住宅设计兼顾适住性和对外经营管理，既要满足游客的服务功能，又要保护好农民居住行为的私密和安静，处理好农民居住休息部分与游客住宿部分两部分流线是旅馆户型设计的关键。

流线结合功能分区，也可以分为前后流线、上下流线和混合流线。

（1）前后流线

游客住宿部分与农民生活部分的流线分成了前后两部分。游客住宿因为人员流动性大，也为了接待方便，一般布置在前部分或外侧；而农民居住部分放在住宅的后端或内侧，保证生活、休息不被干扰。

（2）上下流线

流线分成楼上和楼下两部分。为了接待方便，同时自己生活少受干扰，有的农民住户将客房布置在楼下；而有的农民住户将客房布置在楼上，自己生活起居部分设置在楼下。

（3）混合流线

部分农民住户将自己的一两间厢房作为客房增加收入；而有的农民住户将

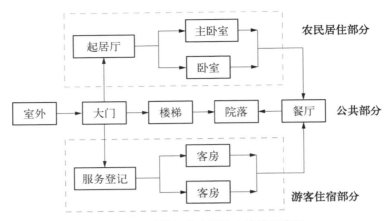

图 7 - 30　旅馆经营户型住宅流线示意图
（图片来源：自绘）

一楼厢房和二楼房间都改为客房,呈混合型。

7.4.4.4　室外楼梯的意义

在传统意义的农村多层住宅中,大多数的楼梯都设在住宅室内,作者在武陵源调研中发现,很多旅游服务经营型农村住宅内仍保留室内楼梯,但是为了游客和居住的方便,保证各自私密性尽量不受到影响,往往在室外又加建了一部楼梯对游客服务使用,这样游客就不用经过居家所在的一层空间了,使双方的私密性得到了一定的保证。这一模式得到多层居家型旅馆和经营型农民住宅的青睐(图 7 - 31)。

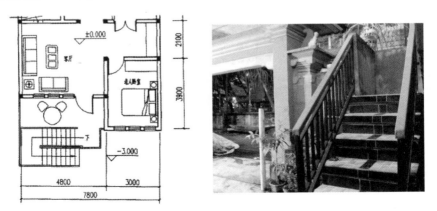

图 7 - 31　武陵源龚家坳村某家庭旅馆的室外楼梯
（图片来源：自拍）

门厅和院落作为外部公共空间到内部私密空间的一个过渡空间,楼梯常常设在院落里或入户的门厅里。楼梯设在室外时可以有效地对人群进行分流,增加了上层楼面与室外的联系,在一幢住宅里,游客和主人各自拥有独立的出入口,实现彼此之间独立又联合的需求。

7.5 本章小结

本章主要针对武陵源及其周边地区农村住宅建筑功能配置不合理、平面布局混乱,难以适应旅游地区农民生活生产方式的变化等问题,从建筑层面上探讨自然遗产型景区及其周边农村居住功能空间设计。

(1)首先结合住居学分析了不同时期的居住行为特征,总结出新时期下的自然遗产型景区及其周边农村的居住行为具有"生活性+旅游服务经营性"的特点,从而导致了景区及其周边农村居住空间功能的转化。

(2)分析了在旅游经济的影响下,武陵源及其周边地区农民的经济生产、生活形态发生了很大变化,导致居住功能空间也发生了改变,产生了新的居住模式,即一种集旅游服务与居住于一体的住宅形式——旅游经营户型。

(3)经过实地调研,归纳总结了在旅游经济的影响下,武陵源及其周边农村出现了六类以旅游经营为特征的居住模式:旅馆经营型农民居住模式、餐饮经营型农民居住模式、商铺经营型农民居住模式、商务经营型农民居住模式、公寓型农民居住模式和出租型农民居住模式,并分析了其特点。

(4)根据旅游经营户型功能空间的用途和性质,将武陵源及其周边农村住宅功能空间分为基本功能空间、旅游服务空间和公共交通空间三大部分,并对各个功能空间的平面设计、功能布局和尺度大小进行了探讨。最后根据旅游经营户型兼顾适住性和对外经营管理的要求,对功能空间的分区和流线设计进行了探讨。

第8章

研究结论与展望

8.1 研 究 总 结

本书在分析国内外自然遗产型景区及其周边农村居住环境发展的相关概念、相关理论及发展模式的基础上,建构了"生态—经济—社会"整体和谐发展的自然遗产型景区及其周边农村居住环境建设理念。在此理念的指导下,通过实地调研发现问题,采用"社会问题—空间形态"的研究方法,探讨自然遗产型景区及其周边农村居住环境和谐发展的设计策略。在论证的过程中,得出以下几点结论:

8.1.1 关于"自然遗产型景区"定义和特征

我国目前对"自然遗产型景区"并没有明确的定义。笔者在《国家文化和自然遗产地保护"十一五"规划纲要》对"国家文化和自然遗产地"定义的基础上,尝试对"自然遗产型景区"的定义作出如下表述:"自然遗产型景区是指以大自然的遗存物为吸引力本源,通过适度开发,以游憩和自然保护为主要功能,由专门机构实施经营管理的景区。"

"自然遗产型景区"大致相当于国外以国家公园为主的开展了生态旅游活动的保护地形式,在我国主要由各级风景名胜区、森林公园、湿地公园、地质公园以及开发了生态旅游项目的自然保护区等构成。

"自然遗产型景区"不等于"风景名胜区",也不等于"自然保护区",更不等于国外的"国家公园",事实上,它兼具自然保护和公园游憩的性质,是对自然生态系统资源的非消耗性利用,集资源保护和旅游发展为一身。所以,自然遗产型景区具有以下特点:

（1）从风景资源上，自然遗产型景区是以大自然的遗存物为吸引力本源，自然资源具有极高的生态价值、科学价值和美学价值。

（2）自然遗产型景区是一个国家特有的、不可再生的垄断资源，因而常常成为一个国家的象征，对增进国家认同感、提升民族凝聚力有着重大意义。

（3）自然遗产型景区具有明确的地理区划界定，空间范围是完整连续的，一旦划定后，就具有其法定地位。

（4）自然遗产型景区作为一种自然保护地，除自然资源与生态环境功能外，也具有旅游与游憩、科研教育等服务功能，发展旅游业和提供科学和教育服务是为了更好地实现保护目标。

我国自然遗产型景区地理分布特征明显，呈现出基本上与降雨带分布、地形分布、人口分布以及社会经济发展水平高度一致的特征，说明我国自然遗产地建设的人为建构性质明显，而复杂的居民社会构成是我国大多数自然遗产型景区客观存在的现实。因此，我国自然遗产型景区具有环境保护、教育学习、科学研究、观光旅游和社区发展等多重经济和社会功能。

8.1.2　关于"自然遗产型景区农村居住环境和谐发展理念建构"结论

在自然界和人类社会中，一切事物都是以系统的形式存在的。自然遗产型景区是一个多层次的、复杂的巨大系统，从其结构构成来看，自然遗产型景区是一个以地域为载体，融生态、经济、社会为一体的综合性系统；从其功能构成上说，可以分为风景生态、旅游服务和居民社会三种职能系统，分别对应着生态环境、经济环境和社会环境三种不同的性质功能。这三个功能系统并非孤立分散的，而是相互作用、相互制约、交融发展。

自然遗产型景区系统具有整体性和综合性、历时性和共时性、结构性和层次性等特征。只有系统的整体性和综合性越强，系统的生命力越强，系统的功能性就越高。自然遗产型景区和谐共生的目标就是追求整体发展、多元并存的状态，以达到"和谐统一、相互促进、利益共生"的关系。

自然遗产型景区及其周边农村居住环境和谐发展的目标，就是建立"生态—经济—社会"整体和谐发展机制，以此引导和规范当前快速发展的景区及其周边农村居住环境建设。本书借助余久华的自然保护区"136 房子"模型，将我国自然遗产型景区及其周边农村居住环境和谐发展建设比喻成一座"房子"，这座"房子"是否坚不可摧，必须建立在扎实的"土地"上，还要有牢固的"基础"和均衡的"柱子"来支撑。

"1"块"土地"——我国大多数自然遗产型景区的发展是建立在贫困偏僻的广大农村这块土地上的基本区情,长期处在贫困与环境保护问题的夹击之中,问题复杂,矛盾重重,人口压力和强烈的经济发展需求是自然遗产型景区面临的最大挑战。

"3"根"基础"——我国自然遗产型景区从其功能构成上说,可以分为风景生态系统、旅游服务系统和居民社会系统,分别对应着生态环境、经济环境和社会环境三种不同的性质功能。只有建立"生态—经济—社会"整体和谐发展机制,才能促进自然遗产型景区及其周边农村居住环境可持续发展。

"6"根"柱子"——自然遗产型景区及其农村居住环境要实现和谐发展,必须建立在风景区的"生态—经济—社会"系统整体协调发展的基础上,从生态环境、经济环境和社会环境三方面达到一种稳定、均衡和有序状态。

在生态环境效益上,实现自然遗产型景区资源保护与开发利用的平衡发展。

在经济环境效益上,实现旅游经济与农村生产经济的可持续发展。

在社会环境效益上,实现政府管理与农民积极参与的和谐发展。

8.1.3 关于"自然遗产型景区及其周边农村居住环境"研究方法

本书借鉴了人居环境科学的"系统论"和"融贯综合"的研究方法,探索自然遗产型景区及其周边农村居住环境的主要内容。我国自然遗产型景区建立在贫困偏僻的广大农村这块土地上,长期处在贫困与环境保护问题的夹击之中,人口压力和强烈的经济发展需求是自然遗产型景区面临的最大挑战。"自然遗产型景区及其周边农村居住环境"研究面向这样一个庞大的、复杂的、开放的研究对象,不能采取单一视角和学科的研究方法,应该是多角度、多学科,跨专业看待问题,运用"整体"或者"系统"的方法解决问题。通过武陵源实地调研,从社会环境、经济环境和生态环境三方面综合整体分析,从外围学科中抓住主要矛盾,理出关键的问题,再用相应的建筑规划设计策略来解决问题。

"以问题为导向"的工作方法就是面向"复杂的、不断变化的事物",抓住关键问题;然后以问题为中心,对矛盾进行分解,将复杂事物分析为若干方面;然后综合,再将事物综合为整体,形成切实的工作纲领。具体地说,"以问题为导向"的工作方法可以归纳为:"从复杂的巨系统中抓住主要矛盾—以问题为导向—将主要矛盾分解为若干方面的关键问题—寻找解决相关问题的理论与方法—具体化为行动的途径与措施—对所有的解决途径进行'系统优化'—最终形成综合的战略—形成若干的行动可能性—随时根据变化中的情况,不断调节所得到的结论。"

　　本书分为两部分,前部分运用文献综合分析法,对国内外自然遗产型景区及其周边农村居住环境相关概念、相关理论及相关实践进行梳理和分析,归纳出我国自然遗产型景区周边农村居住环境基本特征和发展模式。自然遗产型景区作为一个多层次复合系统,在详细分析了该系统的构成、特征和功能的基础上,提出了建立"生态—经济—社会"整体和谐发展的自然遗产型景区与周边农村居住环境设计理念。

　　后部分基于建立"生态—经济—社会"整体和谐发展的自然遗产型景区及其农村居住环境建设理念的指导下,以武陵源为研究案例,运用实地调研法和问题解决法,调查了武陵源及其周边农村居住环境发展状况,并从生态环境、经济环境和社会环境三个方面对武陵源及其周边农村居住环境进行了详细分析,指出武陵源及其周边农村居住环境的主要矛盾就是自然遗产型景区资源保护与利用,并且这对矛盾贯穿于武陵源旅游发展的整个过程;然后以问题为导向,从宏观、中观、微观三个层面上将"主要矛盾"分解为"城市化现象严重"、"村镇建设无序"以及"农民生存发展"三大关键问题;最后采用"社会问题—空间形态"的研究方法,从景区层面、村落层面和建筑层面上确定了武陵源及其周边农村居住环境的"村镇空间结构演变"、"村落景观风貌建设"以及"农村居住功能空间转化"三个方面的研究内容,并归纳总结出相应的建筑规划设计方法和策略,以此引导和规范我国当前快速发展的自然遗产型景区及其周边农村居住环境的建设。

　　前部分研究采用了文献分析法和归纳推理法,是从个别性知识,引出一般性结论。后部分研究则采用了实地调研法、问题解决法和演绎法,在一般性结论的指导下,对个案进行演绎研究。

8.1.4　关于"武陵源及其周边村镇空间结构发展演变"结论

　　针对武陵源"景区人口增多,城镇化现象严重"问题,表现在宏观层面上的空间形态则是农村居民点在风景区的空间位置、规模大小以及聚散组合等地域空间变化情况。"武陵源及其周边村镇空间结构模式"的研究,从景区层面上探讨了在现代旅游经济的影响下,武陵源及其周边农村居住点空间模式的发展演变与特征,进而揭示自然遗产型景区及其周边农村居住空间模式演变的内在机制。

　　(1)武陵源及其周边村镇空间结构演变过程为:从传统农业经济下的自由分散式布局;到在旅游经济的吸引下,景区及其周边农村居住点自发地、无序地向核心景区集聚;再到在政府的行政指导下,农村居住点从核心景区向环景区周边地区分散、组团式控制性聚散。总体来看,随着现代旅游经济的不断发展,武陵源及其周边村镇居住空间形态从散点状的孤立型向块状的集聚型演变,再到集约化和有序化是武陵源及其周边村镇居住空间发展演变的主要趋势,"粗放、无序、分散"转向"整合、有序、集中"是其发展演变的主要特征。

(2) 在旅游经济利益的驱动下,武陵源及其周边村镇空间结构分布呈现以下三种特征:

① 农村居民点的空间分布呈现以核心景区为圆心的圈层结构。

② 农村居民点的空间分布呈现环核心景区分散的组团形态。

③ 农村居民点的空间分布显示出较强的现代交通取向。

(3) 武陵源及其周边村镇空间结构发展演变是农村居住空间形态变化的一种表现,从现象上看,集聚与分散是各个物质要素的空间组合格局变化;从其实质内涵而言,它是一种复杂的人类社会现象,是经济活动、生态保护和社会现象发展过程中的物化形态,反映了在特定的地理环境条件下,人类各种活动、自然因素和社会因素相互制约、相互作用的综合,是经济活动、生态保护在旅游发展过程中的物化形态,也是经济社会发展的空间表现形式。

武陵源及其周边村镇空间结构的发展演变,始终受到两个作用力的制约与引导:市场经济下的自由生长发展及政府干预下的有意识人为控制,两者交替作用构成武陵源及其周边村镇生长过程中的空间形式与发展阶段。旅游开发初级阶段,在旅游经济的吸引下,景区及其周边农村居住点快速地向核心景区集聚;由于核心景区生态环境资源的有限性,过于聚集的农村居民点影响了风景区的可持续发展,相关的政策法规和技术经济指标起到了关键的作用,这也是自然遗产型景区发展到一定阶段的结果。武陵源及其周边农村居住环境作为一个复杂开放的巨大系统,其发展演变具有一定的规律。但是系统的结构与能量并非固定不变,在受到新物质、新能量和新信息的刺激下,该系统发生着变异,空间结构也进行着转化。

8.1.5 关于"武陵源及其周边村落景观风貌建设"结论

自然景观美学价值是武陵源成为世界自然遗产最重要的原始价值,也是其旅游资源的核心价值。村落景观作为自然遗产型景区景观风貌的组成部分,它们之间存在着包含与被包含的关系。然而,随着旅游经济的发展,武陵源及其周边农村住宅存在建设无序,布局散乱,建筑体量过大,与自然环境不协调等问题。根据对自然景观风貌的影响程度,将武陵源及其周边村落分为干扰型、无关型和促进型三种类型。

对于严重干扰型村落,武陵源过去采取的措施主要有两种:将村民搬迁下山或者山上就近隐蔽安置,这两种村落景观风貌建设模式都是将严重干扰型村落转化为无关型村落,将村民完全排斥在旅游经济发展之外。通过实践证明,这两种建设模式都是消极的,在维护武陵源核心景区生态环境和解决居民生活出路方面都显现出严重的弊端。一方面,村民希望提高生活水平的愿望受到限制。为了保护自然遗产资源,武陵源严格限制了核心景区发展第一、第二产业的机会,村民不能从事农业生产等经营活动,失去经济来源,生活极为困难。另一方面,生态环境整治效果失控。由于没有生活来源,很多拆迁户下山后重新回到景区从事旅游业,而一些接受隐蔽安置和未经动迁的居民,则想方设法改造扩建住房从事旅游接待,对风景区生态环境和自然景观重新构成压力。

随着社会进步,武陵源改变了过去把村民排斥在旅游发展之外的认识,鼓励村民参与旅游发展建设和决策,在解决村民的安居乐业、社会保障以及自然景观风貌和生态资源保护等问题上求发展,探索了景村和谐发展的建设新思路。

(1)核心区——袁家寨子位于武陵源核心景区内,属于对风景资源严重干扰型村落。袁家寨子通过村落景观化改造,鼓励村民参与村落景观建设和公司运作,挖掘土家民族文化资源,创办旅游观光、文化娱乐等相关新型服务业。村落景观风貌建设模式实现了从严重干扰型转为促进保护型。

(2)缓冲区——双峰村位于缓冲区的边缘地带,原先村落布局分散,配套设施滞后,受到武陵源旅游发展辐射不大,村民生活较贫穷。双峰村通过资源整合,产业转型,适当发展旅游休闲产业,形成一个相对集中、功能完整、风格独特的居民点。村落景观风貌建设模式实现了从无关型转为促进发展型。

(3)建设区——高云小区是 2000 年武陵源环境大整治时移民新建的旅游村,高云小区采取旅游经营社区的发展模式,即"公司+农户+旅行社",统一规划设计、包装,引进旅游公司的管理,从而实现了公司和农户互利互惠,共同发展。村落景观风貌建设模式实现了从严重干扰型转为促进发展型。

8.1.6　关于"武陵源及其周边农村居住功能空间设计"结论

从原始社会至今,我国住宅的居住功能经历了从"简单的生活功能—生产与生活功能兼具—生产与生活功能区域分化"的过程,在这两次功能转变过程中,社会生产分工起了决定性作用。在城市化过程中,伴随着这一过程所产生的社会生产方式、社会制度的改变,人类居住行为发生了重要的变化。由于城市高度分化,公共设施更为完善,从住宅中分离出了许多生活过程,这一过程的进一步发展又将居住生活的许多部分社会化,形成了其他类型的建筑,从而使居住功能走向了"纯化"。

当前我国社会正处在全面转型期,农村经济和农民的生活发生了巨大变化。新时期的农村住宅不同于自给自足经济模式下的传统农村住宅,也不同于城市商品住宅和一般农村住宅。新农村住宅既要考虑农民的基本生活要求,又要兼顾其生活发展的需求。因此,农村不仅仅是农民生活的场所,同时承担了他们生产的场所,农村住宅不仅要满足农民基本生活起居的功能空间要求,还必须考虑兼具生活和生产功能的空间要求。

在旅游经济的影响下,武陵源及其周边地区农民的经济生产、生活形态发生了很大变化,导致其居住功能空间也发生了改变,产生了新的住宅模式,即一种集商业与居住于一体新的建筑形式——旅游经营户型。这种户型将一部分依附于住宅进行的农业生产功能逐渐弱化,转化为客房、餐饮、商场等旅游服务功能空间,即"生活性+旅游服务经营性"功能。随着现代旅游业的快速发展,自然景观优美的风景区为周边农村提供新的经济功能和就业机会,旅游服务业逐渐成为现代农村经济发展的主流。武陵源及其周边农村住宅设计应结合旅游经济,进行居住功能空间的转化,以适应旅游地区农民生活生产方式的变化。

8.2　研究不足与展望

8.2.1　自然遗产型景区及其农村居住环境和谐发展研究体系还有待完善

由于时间和技术条件的限制,本书对自然遗产型景区及其周边农村居住环境还缺乏全景式的考察和了解。在武陵源进行现场调研时,依靠个人的力量,也不可能做到全面深入的调研。因此,在建立自然遗产型景区及其周边农村居住环境和谐发展研究体系时难免有所局限,有待在以后的研究中继续关注,开拓视野,进一步完善。

8.2.2　研究结论有待进一步的验证

在写作本书过程中,虽然已经做了一些资料收集和整理工作,但是本书提出有关自然遗产型景区及其周边农村居住环境的建设策略和设计方法未能进行全面的论证和实践检验,还有待进一步讨论。

　　现代旅游的发展对我国自然遗产型景区及其周边农村居住环境的影响,需要一个相当长的周期来监测,工作量巨大,而我国正处于社会急剧发展与转型的时期,这与国家的相关政策变化与财政投入力度有关,未来自然遗产型景区及其周边农村居住环境究竟发生什么变化,还有待后续进行观察和讨论。

参考文献

[1] Alastair M M, Philip L, Gianni M, et al. Special Accommodation: Definition, Markets Served, and Roles in Tourism Development[J]. Journal of Travel Research, 1996: 18-26.

[2] Welford N. Patterns of Development in Tourist Aaccommodation Enterprises on Farms England and Wales[J]. Applied Geography, 2001.

[3] Hills T L and Lundgren J. The impacts of tourism in the Caribean, A method logical study [J]. Annals of Tourism Research, 1977.

[4] Jia Beisi. Adaptable Housing or Adaptable People? Architecture & Comportment[J]. Architecture & Behavior, 1995, 11(2): 35-37.

[5] Ryan R L. Comparing the attitudes of local residents, planners, and developers about preserving rural character in New England. Landscape Urban Plan, 2007.

[6] Pincetl S. Conservation planning in the west, problems, new strategies and entrenched obstacles. Geoforum, 2007, 37(2): 246-255.

[7] Walmsley A. Greenways: multiplying and diversifying in the 21st century. Landscape Urban Plan, 2007, 76 (1-4): 252-290.

[8] Mark P Hampton. Heritage, Loeal Colnmunities and Economic Develpoment [J]. Annals of Tourism Research, 2005, (3): 735-759.

[9] Philippos J. Loukissas. Tourism's Regional Development Impacts: A Comparative Analysis of the Greek Islands [J]. Annals of Tourism Research, 1982, (4): 523-541.

[10] Eagle P F J. Parks Legislationin Canada[A]. In: Dearden, P. (eds). Parks and Protected areas in Canada Planning and Manageoent[C]. Toronto: Oxford University Press, 1992.

[11] IUCN. Guideline for Proteeted Area Management Categories. IUCN, 1994.

[12] IUCN. 1993 United Nations List of National Parks and Protected Areas. IUCN, 1994.

[13] DraPer D. Toward Sustainable Mountain Communities: Balance in Tourism

Development and Environmental Protection in Banff and Banff National Park，Canada ［J］. Ambio，2000.

[14]　Factors for Success in Rural Tourism Development[J]. Journal of travel.

[15]　Parks Canada. National Parks System Plan (third edition). Parks Canada,1997.

[16]　National Park Service（USA）：The Visitor Experience and Resource Protection Handbook，1997.

[17]　Duffus D A and Dearden P. Marine parks：The Canadian experiences〔A〕. In：Dearden，P.（eds）. Parks and Protected Areas in Canada：Planning and Management 〔C〕. Toronto：Oxford University Press，1992：256‒272.

[18]　Marko Koscak. Integral Development of Rural Areas，Tourism and Village Renovation，Trebnje，Slovenia，Tourism Management，1998.

[19]　Murphy P. Tourism：A Community Approach[M]. New York：Methuen，1986.

[20]　Pearce P，Moscardo G，Ross G. Tourism Community Relationships[M]. New York：Pergamon，1997.

[21]　[美]阿摩斯·拉普卜特（AMOS，APOPORT）. 宅形与文化（《House Form and Culture》)[M]. 北京：中国建筑工业出版社,2008.

[22]　[美]C·亚历山大. 建筑模式语言[M]. 王昕度等译. 北京：中国建筑工业出版社,1989.

[23]　[美]C·亚历山大. 住宅制造[M]. 高灵英等译. 北京：知识产权出版社,2002.

[24]　〔日〕西山卯三. 住居论[M]. 日本：劲草书房,1968.

[25]　〔日〕吉坂隆正. 住居的意义[M]. 日本：劲草书房,1986.

[26]　费孝通. 江村经济[M]. 上海：世纪出版集团上海人民出版社,2007.

[27]　费孝通. 乡土中国[M]. 上海：世纪出版集团上海人民出版社,2007.

[28]　费孝通. 论小城镇及其他[M]. 天津：天津人民出版社,1986.

[29]　吴良镛. 人居环境科学导论[M]. 北京：中国建筑工业出版社,2001.

[30]　白南生. 凤阳调查：农民的需求与新农村建设.[M]北京：社会科学文献出版社,2009.

[31]　骆中钊. 新农村建设规划与住宅设计[M]. 北京：中国电力出版社,2008.

[32]　骆中钊,韦明,吴少华. 新农村住宅方案100例[M]. 北京：中国林业出版社,2008.

[33]　骆中钊. 新农村建设范例浅析[M]. 北京：中国社会出版社,2008.

[34]　骆中钊. 新农村住宅方案100例[M]. 北京：中国电力出版社,2008.

[35]　方明,邵爱云. 新农村建设村落治理研究[M]. 北京：中国建筑工业出版社,2007.

[36]　方明,董艳芳. 新农村社区规划设计研究[M]. 北京：中国建筑工业出版社,2007.

[37]　叶齐茂. 发达国家乡村建设考察与政策研究[M]. 北京：中国建筑工业出版社,2008.

[38]　张朝枝. 旅游与遗产保护——政府治理视角的理论与实证[M]. 北京：中国旅游出版社,2007.

[39]　郑跃进. 山岳型风景名胜区总体规划编审案例——以《武陵源风景名胜区总体规划

（2005～2020）》编审为例［M］.青阳出版社，2008.

［40］ 赵万民，段炼.三峡区域新人居环境建设研究［M］.南京：东南大学出版社，2011.

［41］ 丁文魁.风景科学导论［M］.上海：上海科技出版社，1993.

［42］ 王维正.国家公园［M］.北京：中国林业出版社，2000.

［43］ 车震宇.传统村落旅游开发与形态变化［M］.北京：科学出版社，2008.

［44］ 韩飞，林峰.游在农家——沪地"农家乐"模式解读［M］.北京：中国社会出版社，2008.

［45］ 郑玉欲，郑易生.自然文化遗产管理——中外理论与实践［M］.北京：社会科学文献出版社，2002.

［46］ 荣尊堂.参与式发展——一个建设社会主义新农村的典型方法［M］.北京：人民出版社，2007.

［47］ 何重义.湘西民居［M］.北京：中国建筑工业出版社，1995.

［48］ 孙雁等.渝东南土家族民居［M］.重庆：重庆大学出版社，2004.

［49］ 张国强，贾建中.《风景名胜区规划规范》实施手册［M］.中国建筑工业出版社，2002.

［50］ 王又佳.中国建筑·形式变迁［M］.北京：中国电力出版社，2010.

［51］ 李如生.美国国家公园管理体制［M］.北京：中国建筑工业出版社，2005.

［52］ 湖南省建设厅.湘西历史城镇、村寨与建筑［M］.北京：中国建筑工业出版社，2008.

［53］ 陈志华，李秋香."乡土瑰宝"系列——村落［M］.北京：三联书店，2008.

［54］ 魏挹澧等.湘西村镇与风土建筑［M］.天津：天津大学出版社，1995.

［55］ 余久华.自然保护区有效管理的理论与实践［M］.西安：西北农林科技大学，2006.

［56］ 顾朝林，甄峰，张京祥.集聚与扩散——城市空间结构新论［M］.南京：东南大学出版社，2000.

［57］ 刘滨谊.自然原始景观与旅游规划设计：新疆喀纳斯湖［M］.南京：东南大学出版社，2002.

［58］ 张宏.中国古代住居与住居文化［M］.武汉：湖北教育出版社，2006.

［59］ 方明，董艳芳.新农村社区规划设计研究［M］.北京：中国建筑工业出版社，2006.

［60］ 解炎，汪松.中国保护地［M］.北京：清华大学出版社，2004.

［61］ 周维权.中国名山风景区［M］.北京：清华大学出版社，1997.

［62］ 彭德成.中国旅游景区治理模式［M］.北京：中国旅游出版社，2003.

［63］ 黄文虎 王庆五等.新苏南模式：科学发展观引导下的全面小康之路［M］.北京：人民出版社，2007.

学术论文：

［1］ 卢松，陆林，徐茗.我国传统村镇旅游研究进展［J］.人文地理，2005（5）.

［2］ 邓吉春，王文强，王学彬."上住下店"经营住宅设计［J］.村镇建设，1999.

［3］ 赵钿，耿沛，陈霞.新农村建设的新思维——北京平谷区玻璃台村规划设计［J］.建筑学报，2006.

［4］ 黄伟平.居住的类型学思考与探索[J].建筑学报,1994.

［5］ 罗文娣,张万立."经营户型"模式探讨——"前店后宅"建筑文化的延续[J].建筑学报,1995.

［6］ 张金伟,张雷.新农村建设中的旅游型住宅模式——林州石板岩乡调研侧记[J].小城镇建设,2009.

［7］ 建设部,国家旅游局联合调研组著.建设好旅游型村镇是促进乡村城镇化的又一坦途——浙江省旅游型村镇建设调研的感悟[J].小城镇建设,2006.

［8］ 庄优波,杨锐.世界自然遗产地社区规划若干实践与趋势分析[J].城市规划汇刊,2004.

［9］ 雷怡,崔山.浅析北京郊区乡村旅游影响下农村住宅的新形式[J].安徽农业科学,2008.

［10］ 吴承照.自然遗产可持续利用模式与实践[J].中国风景园林学会 2009 年会论文集,2009.

［11］ 邓琳,何晓川.传统与现代的共生——经营户型村镇住宅设计[J].村镇建设,1998.

［12］ 蔡立力.我国风景名胜区规划和管理的问题与对策[J].中国城市规划设计研究院 50 周年院庆专版,2004.

［13］ 张文菊等.风景名胜区发展"农家乐"的问题与对策——以重庆市缙云山景区农家乐为例[J].安徽农业科学,2006.

［14］ 王兵.从中外乡村旅游的现状对比看我国乡村旅游的未来[J].旅游学刊,1999.

［15］ 杨锐.土地资源保护——国家公园运动的缘起与发展[J].水土保护研究,2003.

［16］ 杨锐.美国国家公园体系的发展历程及其经验教训[J].中国园林,2001.

［17］ 杜白操,薛玉峰.中国农村住宅的特点及其设计[J].城市住宅,2008.

［18］ 李永芳.我国乡村居民居住方式的历史变迁[J].当代中国史研究,2002.

［19］ 黄丽玲,朱强,陈田.国外自然保护地分区模式比较及启示[J].旅游学刊,2007.

［20］ 周年兴,俞孔坚.风景区的城市化及其对策研究——以武陵源为例[J].城市规划汇刊,2004.

［21］ 周年兴,俞孔坚,李迪华.风景名胜区规划中的相关利益主体分析——以武陵源风景名胜区为例[J].经济地理,2005.

［22］ 周年兴,黄震方,林振山.武陵源世界自然遗产旅游地景观格局变化[J].地理研究,2008.

［23］ 周年兴.自然遗产地保护分区模式探讨——以武陵源风景名胜区为例[J].中国园林,2003.

［24］ 李金路等.我国风景名胜区分类的基本思路[J].规划研究,2009.

［25］ 王淑芳.我国风景名胜区与原住民和谐发展模式探讨[J].人文地理,2010.

［26］ 张朝枝,保继刚.美国与日本世界遗产地管理案例比较与启示[J].世界地理研

究,2005.

[27] 吴必虎,黄琢玮,马小萌.中国城市周边乡村旅游地空间结构[J].地理科学,2004.

[28] 刘明.旅游地周边乡村社区的功能与结构更新[J].华中师范大学学报(自然科学版),2001.

[29] 任啸.自然保护区的社区参与管理模式探讨——以九寨沟自然保护区为例[J].旅游科学,2005.

[30] 欧阳高奇,林鹰.风景名胜区内新农村建设模式探讨——以北京市为例[J].生态文明视角下的城市规划——2008中国城市规划年会论文集,2008.

[31] 李松平.山岳型风景名胜区居民点外迁与风景资源型新农村建设规划初探——以衡山自然遗产型景区为例[J].2006年湖南省城乡规划论文集,2006.

[32] 王超,陈耀华.中国名山的历史保护与启示——以中华五岳为例[J].地理研究,2011.

[33] 徐胜,姜卫兵,周建涛,等.江南地区风景名胜区中新农村建设思路初探——以苏州石湖风景区新南和新北村为例[J].中国农学通报,2009.

[34] 宋峰,邓浩.世界遗产分类下的中国风景名胜区[J].中国园林,2007.

[35] 罗杨,王双林,马建章.从历届世界公园大会议题看国际保护地建设与发展趋势[J].野生动物杂志,2007.

[36] 李如生,厉色.保护全球化,跨国界受益——来自第五届世界公园大会的报告[J].中国园林,2003.

[37] 苏杨.中国西部自然保护区与周边社区协调发展的研究[J].农村生态环境,2004.

[38] 卢云亭.试论我国七大重点旅游城市和地区旅游优势及其开发战略[J].地理学与国土研究,1986.

[39] 董红梅,王喜莲.旅游景区与其周边农村社区的协调发展研究[J].农村经济,2007.

[40] 胡惠琴.住居学的研究视角——日本住居学先驱性研究成果和方法解析[J].建筑学报,2008.

[41] 方者明,马云霞.居住空间构成与居住行为分析[J].住宅科技,2001.

[42] 毛勇,史丽芳.论农村家庭旅馆的开发与经营[J].重庆工商大学学报(西部论坛),2005.

[43] 张国强.风景名胜区类型的多样性[J].辉煌的历程——纪念中国风景名胜区事业二十周年,2002.

[44] 方明.新农村住宅设计初探[J].小城镇建设,2010.

[45] 欧阳文.具有地方特色的新农村住宅设计初探——以北京密云张家坟新村住宅设计为例[J].A+C,2010.

[46] 唐进群.风景名胜区毗邻城镇地带范围界定的探讨[J].城市规划,2011.

[47] 李金路,等.我国风景名胜区分类的基本思路[J].规划研究,2009.

[48] 王磐岩,赵洪才.风景名胜区与旅游区的异同[J].规划师,2004.

［49］ 孔绍祥.论风景名胜区居民社区系统规划[J].中国园林,2000.

［50］ 严国泰.风景名胜区遗产资源利用系统规划研究[J].中国园林,2007.

［51］ 郑霖.论中国名山的分类[J].山地研究,1998.

［52］ 苏雁.日本国家公园的建设与管理[J].经营管理者,2009.

［53］ 孙九霞,保继刚.从缺失到凸显:社区参与旅游发展研究脉络[J].旅游学刊,2006.

［54］ 胡志毅,张兆干.社区参与和旅游业可持续发展[J].人文地理,2002.

［55］ 王凯,欧艳,黎梦娜,等.遗产旅游地生态移民影响的实证研究——以武陵源风景名胜区为例[J].长江流域资源与环境,2012.

［56］ 田世政,杨桂华.社区参与的自然遗产型景区旅游发展模式——以九寨沟为案例的研究及建议[J].经济管理,2012.

［57］ 吴楚之,徐红罡.武陵源风景名胜区旅游规划演化规律[J].国际城市规划,2010.

［58］ 黎洁,赵西萍.社区参与旅游发展若干理论的经济学质疑[J].旅游学刊,2001.

［59］ 孔石等.中国国家级自然保护区与森林公园空间分布差异比较[J].东北农业大学学报,2013.

［60］ 张立旺.翡翠谷:农民打造的"金饭碗"[J].安徽税务,2003.

研究生论文:

［1］ 陈勇.风景名胜区发展控制区的演进与规划调控[D].上海:同济大学,2006.

［2］ 江民锦.旅游业对井冈山区发展的影响及模式研究[D].北京:北京林业大学,2007.

［3］ 夏赞才.张家界现代旅游发展史研究[D].长沙:湖南师范大学,2004.

［4］ 李君.农户居住空间演变及区位选择研究——以河南省巩义市为例[D].郑州:河南大学,2009.

［5］ 闫凤英.居住行为理论研究[D].天津:天津大学,2005.

［6］ 欧阳高奇.北京市风景名胜区村落景观风貌研究[D].北京:北京林业大学,2008.

［7］ 唐芳林.中国国家公园建设的理论与实践研究[D].南京:南京林业大学,2010.

［8］ 张海霞.国家公园的旅游规制研究[D].上海:华东师范大学,2010.

［9］ 操建华.旅游业对中国农村和农民的影响的研究[D].北京:中国社会科学研究院,2002.

［10］ 鲍小莉.自然景观旅游建筑设计与旅游、环境的共生[D].广州:华南理工大学,2011.

［11］ 李如生.风景名胜区保护性开发的机制与评价模型研究[D].沈阳:东北师范大学,2011.

［12］ 郁枫.空间重构与社会转型——对中部地区五镇变迁的调查与探析[D].北京:清华大学,2006.

［13］ 佟敏.基于社区参加的我国生态旅游研究[D].沈阳:东北林业大学,2005.

［14］ 罗赛.农村住宅功能空间布局研究[D].上海:同济大学,2012.

[15] 付烨. 居住模式与新农村住宅户型设计——北京市平谷区为例[D]. 天津：天津大学,2010.

[16] 赵书彬. 风景名胜区村镇体系研究[D]. 上海：同济大学,2007.

[17] 陶一舟. 风景名胜区城市化现象及其对策研究[D]. 上海：同济大学,2008.

[18] 刘翔. 欠发达地区新农村住宅设计研究——以重庆潼南县为例[D]. 成都：西南交通大学,2005.

[19] 王勇. 上海市郊农家乐旅游发展研究——以崇明县前卫村、瀛东村为例[D]. 上海：上海师范大学,2006.

[20] 聂建波. 世界自然遗产地武陵源景区内建筑拆迁、居民迁移研究[D]. 长沙：湖南师范大学,2009.

[21] 龙茂兴. 景区边缘型乡村旅游开发研究——以凤凰县老洞村为例[D]. 湘潭：湘潭大学,2007.

[22] 罗婷婷. 黄山风景名胜区社区问题与社区规划研究[D]. 北京：清华大学,2004.

[23] 王萌. 风景名胜区周边社区旅游研究——以黄山谭家桥镇为例[D]. 北京：清华大学,2005.

[24] 苗蕾. 风景名胜区居民点发展模式研究——以崂山风景名胜区为例[D]. 上海：同济大学,2006.

[25] 张丹丹. 旅游开发地区的农村社区居民对发展旅游业的态度研究——以石林旅游区为例[D]. 昆明：云南师范大学,2005.

[26] 胡洋. 庐山风景名胜区相关社会问题整合规划方法初探——基于庐山社会调控专研究[D]. 北京：清华大学,2005.

[27] 郎凌云. 旅游型村镇住宅模式研究——以郭亮村住宅模式为启示[D]. 郑州：郑州大学,2007.

[28] 张波. 山地型风景区风景建筑聚集态研究[D]. 武汉：华中科技大学,2010.

[29] 李威. 辽南海岛旅游型村镇住居模式探讨[D]. 大连：大连理工大学,2008.

[30] 杨雪. 旅顺地区农村住居模式探索[D]. 大连：大连理工大学,2007.

[31] 李丹丹. 我国风景名胜区居民社会系统研究[D]. 上海：同济大学,2005.

[32] 李刚. 九寨沟自然保护区生态旅游与社区参与互动模式研究[D]. 成都：四川农业大学,2012.

[33] 潘丹. 成都地区农民新村住宅设计研究[D]. 成都：西南交通大学,2009.

其他文献：

[1] 中华人民共和国国务院. 风景名胜区条例,2006.

[2] 中华人民共和国住房和城乡建设部. 风景名胜区规划规范（GB 50298—1999）. 北京：中国建筑工业出版社,1999.

［3］ 中华人民共和国住房和城乡建设部.风景名胜区分类标准.北京：中国建筑工业出版社,2008.

［4］ 中华人民共和国住房和城乡建设部.中国风景名胜区事业发展公报,2012.

［5］ 中华人民共和国住房和城乡建设部.《中国风景名胜区形势与展望》绿皮书,1994.

［6］ 中华人民共和国国家标准.旅游规划通则(GB/T 18971—2003),2003.

［7］ 北京土人景观规划设计研究院,北京大学景观设计学研究院.武陵源风景名胜区总体规划(2005～2020),2004.

［8］ 中国城市规划设计院,张家界市规划管理局.张家界市城市总体规划(2007—2030),2009.

［9］ 中山大学旅游发展与规划研究中心,张家界市旅游局.张家界市旅游产业发展总体规划(2009～2030),2009.

［10］ 张家界市规划管理局等.张家界市城市风貌规划,2009.

［11］ 湖南省建设厅,湖南省人民政府农村工作办公室.湖南省农村全面小康住宅设计获奖图集.长沙：湖南人民出版社,2005.

［12］ 湖南省建筑科学研究院.张家界市永定区村落布局规划,2007.

［13］ 张家界市第一建筑设计院.张家界市永定区教字垭镇栗山峪村村落整建规划(2006—2020),200612.

［14］ 张家界市第一建筑设计院.张家界市永定区合作桥乡岩口村村落整建规划(2006—2020),200612.

［15］ 张家界市第一建筑设计院.张家界市永定区沙堤乡郝坪村社会主义新农村整建规划(2006—2020),200707.

［16］ 湘西州建设局.社会主义新农村建设住宅图集 XXZT－1～XXZT－12.200609.

［17］ 张家界市规划管理局,张家界市第一建筑设计院.张家界市民族特色建筑元素符号的提炼运用研究(征求意见稿),200908.

［18］ 张家界市规划管理局.关于张家界市"穿衣戴帽"改造工程中民族建筑符号的运用探索,2009.

［19］ 张家界市农村办政府工作报告.

［20］ 武陵源区统计局国民经济和社会发展统计公报.

［21］ 湖南省年鉴.

［22］ 张家界日报.

［23］ Http. www. Stats. Gov. cn/tjsj/yb 中华人民共和国国家统计局网站.

附录 A 武陵源风景区旅游开发建设历程

世界自然遗产、国家级风景名胜区武陵源位于湖南省西北部武陵山脉中部，由张家界、索溪峪、天子山、杨家界四部分景区组成。自古以来，武陵源就是一个人迹罕至、鲜为人知的蛮荒之地。由于地处边远，山川阻塞，交通不便，农业资源不丰裕，工业基础薄弱，在旅游开发之前，武陵源区域经济一直十分落后。

1. 国营张家界林场的发现

1956 年，国务院公布农业发展纲要 40 条，提出十二年绿化祖国。1957 年，时值大跃进时期，当时的大庸县委提出了"社社办林场"的口号，规划在张家界、猪石头等几座大山创办林场①。1958 年 4 月，湖南省林业厅批准国有张家界林场成立。在当时林场干部和职工的不懈努力下，植树造林取得了显著的成就，不仅保护和培育了历史遗留下的自然林，还栽培了大量人工林。到 20 世纪 70 年代初期，张家界林场的森林覆盖率已由建场时的 10.9% 提高到 97%②。可以说，从 1958 年建场到 1978 年，历时 20 年的国有张家界林场建设，为武陵源成为世界自然遗产地奠定了基本的物质基础③。

国有张家界林场绿化荒山的成功经验引起了当时各级党委和政府的重视，1974 年 7 月，湖南省林业厅组织省内 70 多名林业工作者在张家界林场召开现场会，张家界的自然风光开始引起人们的注意。随后几年，先后又有 3 次（1974年 9 月、1975 年 9 月、1979 年 8 月）林业部门的现场会在张家界林场召开，学习

---

① 夏赞才. 张家界现代旅游发展史研究[D]. 长沙：湖南师范大学，2004.
② 刘开林. 从林场到国家森林公园[M]. 长沙岳麓书社，1999.
③ 国务院 1982 年公布的第一批 44 个国家重点风景名胜区中，26 个在国营林场经营范围内，如山西五台山林场、山西恒山林场、湖北武当山林场等，风景名胜区与保护良好的国营林场重叠度达 59%，说明我国解放后数十年的国营林场建设，使得很多的国有林场具备了成为重要旅游地的基础条件。

推广张家界的造林绿化经验,同时张家界的自然风光也不断地被外界所传播。可以说,这 4 场现场会,拉开了武陵源旅游发展的序幕。

1978 年底,《湖南林业》杂志社记者陈平在《中国林学》杂志上发表了第一篇介绍张家界自然风光的文章《张家界游记》,并接着续写 10 多篇,其中《金鞭溪的青松》入选湖南省小学语文教材。1979 年 12 月,著名画家吴冠中在《湖南日报》发表了《养在深闺人未识——张家界是一颗风景明珠》,随后在《中国旅游》1980年第 6 期发表了《让新桃花源传世》,产生了很大的影响,使张家界在国内外开始有了一定的知名度。

2. 武陵源风景区的初步开发

(1)张家界国家森林公园的形成与初步开发

1979 年 8 月,湖南省林业厅组织专家对张家界林场森林资源进行考察,在各方的努力下,1982 年 9 月,国务院以国家计委计农[1982]813 号文件《关于同意建设大庸张家界国家森林公园的复函》,正式批准张家界为国家森林公园。1983 年 5 月,湖南省委办公厅、湖南省人民政府办公厅联合发文,批准成立"张家界国家森林公园管理处",管辖区域为张家界、袁家界 2 个农业村和禹溪十八山村的卸甲峪农业组,机构为县团级单位。1984 年 4 月,湖南省建委委托湖南省建筑设计院负责编制的《张家界国家森林公园总体规划(草稿)》顺利完成并上报国家林业部,8 月 9 日,林业部批复同意。张家界国家森林公园正式成立。

张家界国家森林公园建立后,知名度逐步提高,1979—1983 年的五年时间里,张家界共接待了国内外游客 16.85 万人次,旅游收入 102.38 万元,到 1984年增至 22.1 万人次,旅游收入增至 181.97 万元[①],旅游开发的经济效益初步显现。

(2)索溪峪自然保护区的初步开发

索溪峪位于慈利县西北边缘,与大庸县的张家界和桑植县的天子山相连。1981 年,受到张家界的影响,索溪峪也开始搞旅游开发。

1981 年 2 月,在省委领导的支持下,慈利县组织相关部门对索溪峪进行考察,并在全国各地报纸杂志宣传加以提高其知名度。1982 年 2 月,湖南省人民政府[1982]29 号文件将索溪峪列入湖南省自然保护区,同年 10 月,慈利县批准成立索溪峪自然保护区管理局,管辖范围包括"五七"林场、索溪峪村和军地坪

---

① 夏赞才.张家界现代旅游发展史研究[D].长沙:湖南师范大学,2004.

村。1984年6月,湖南省风景旅游规划建设领导小组委托北京建筑工程学院编制了《索溪峪风景区总体规划》,规划以索溪峪水库为界,将索溪峪风景区划分为水库内景区景点和水库外景区景点。

1986年3月,索溪峪列入国家级自然保护区。1986年9月,在原喻家嘴乡基础上成立索溪峪镇,成为湖南省第一个旅游镇,1988年,索溪峪自然保护区管理局再升级为正县级单位,1989年后成为武陵源区政府所在地。经过20世纪80年代初期的发展,特别是黄龙洞、宝峰湖的开发及军地坪旅游镇的建设,索溪峪逐步发展成为武陵源风景区的重要组成部分。

（3）天子山自然保护区的初步开发

天子山的开发建设始于1982年。当时的天子山叫袁家寨农垦局,隶属桑植县。受张家界、索溪峪旅游开发的影响,1982年3月,桑植县农垦局开始调查天子山风景资源,并积极游说相关主管部门的支持,同时展开宣传攻势,邀请领导、媒体、名人前来考察,并在全国各地进行"天子山风光片展览"。

1983年4月,桑植县成立天子山开发指挥部,同年10月,改设天子山旅游管理局。1984年5月,湖南省林业厅将天子山列为湖南省自然保护区。1985年,湖南省建委委托中南林学院负责编制《天子山风景区总体规划》,规划景区面积113.44平方公里,包含了石家檐、茶盘塔、老屋场、凤栖山、黄龙泉等5个景区,共50个景点。1986年4月,成立天子山镇人民政府,管辖4个村,44个村民小组,756户,3670人,总面积约93平方公里。天子山镇人民政府与天子山管理局两块牌子一套人马,行政管理与旅游管理实行政企分开,独立核算。

3. 武陵源风景名胜区的最终形成

由于索溪峪、张家界、天子山这3个本来毗连一体的风景区在行政区域上分属于2个地、州的3个县(常德地区的慈利县、湘西自治州的大庸县、桑植县)。自旅游开发以来,3个景区边界的农民就为争夺地盘和客源冲突不断,随着旅游经济的进一步发展,在当地政府的支持下,三地之间争地权、争客源、争宣传、争资金、争政策、争立项,景区边界纠纷不断升级,仅1987年3月,较大的冲突就达27次。其中最为严重的一次是1987年3月17日,索溪峪管理局的部分职工与大庸市协合乡部分群众,在有争议的水绕四门景区,发生激烈冲突,导致17栋房屋被烧毁,烧毁面积达2514平方米,这就是所谓"水绕四门事件"。"水绕四门事件"严重影响武陵源旅游发展和社会稳定,在国内外产生了极坏的影响,香港报纸甚至以《大陆解放三十余年,湘西土匪余孽未尽》为标题进行了报道,引起了中央政府的重视。

为了解除景区边界的争端,化解矛盾,1985 年 2 月,湖南省人民政府委托湘籍著名画家黄永玉将张家界、索溪峪、天子山 3 个景区统一命名为"武陵源",时任中共中央总书记胡耀邦题写了"武陵源"三字。从此,湖南省委、省政府的正式文件中都将张家界、索溪峪、天子山 3 个景区统一合称为"武陵源",并逐步得到社会的认可,武陵源景区初步形成。

1985 年 5 月,国务院批准大庸县撤县建市,但大庸县级市的成立,并不能解决张家界森林公园与天子山、索溪峪景区的边界纠纷问题。1988 年 5 月 18 日,国务院函发[1988]77 号文件批准大庸市升级为地级市,将慈利县和桑植县划归为大庸市(1994 年更名为张家界市)管辖,设永定区和武陵源区,市人民政府驻永定区。以原大庸市的张家界国家森林公园、协和乡、中湖乡,慈利县的索溪峪镇、桑植县的天子山镇为武陵源的行政区域,武陵源区人民政府驻索溪峪镇。1988 年 8 月,国务院以国发[1988]51 号文件,将武陵源列为第二批国家重点风景名胜区。至此,武陵源风景名胜区最终成立,结束了"三足鼎力"局面。

1989 年 6 月,武陵源区政府成立,为了完善组织管理机构,建立了武陵源风景名胜区管理局和武陵源区人民政府,"两块牌子,一套班子",区长即风景名胜区管理局局长。张家界国家森林公园管理处不变,下设索溪峪、天子山办事处,杨家界自 1992 年开发后,也建立了办事处,隶属武陵源区管理局,这种管理格局延续至今。

4. 武陵源风景区的高速发展

武陵源风景名胜区成立后,无论从行政管理还是资源分配上都得到进一步整合和发展,1990 年,同济大学在原有三个规划方案基础上统一编制了《武陵源风景名胜区总体规划》,规划中提出武陵源风景名胜区要坚持"保护—利用—保护"的原则,并制定了"建设军地坪,开发野鸡铺,调整天子山片,压缩锣鼓塔"风景区整体发展格局定位。该规划于 1991 年 10 月经国务院审定批准执行。

1991 年 1 月,根据建设部的要求,武陵源开始申报世界自然遗产。1991 年 5 月—1992 年 5 月,为了迎接联合国教科文组织的考察验收,武陵源区人民政府做了大量的前期工作,投资了 670 万元,对核心景区老磨湾、水绕四门、十里画廊和武陵源景区入口处(吴家峪门票站)近 100 多户居民和违章建筑物进行了搬迁和拆除;修建了老磨湾—石寨、老磨湾—金鞭溪、绿喝山庄—天子山石家檐、十里画廊—西海天台等 4 条高标准游道,兴建了武陵源风景名胜区标志大门(吴家峪门票站)等。1992 年 5 月 28 日,世界遗产委员会专家桑塞尔博士和卢卡斯博士对武陵源进行了为期两天的实地考察,认为武陵源具备了《执行世界遗产公约的操作规定》第Ⅲ项:"从科学、保护和自然美角度看,具有突出的普遍价值的天然名胜或明确划分的自然区域。"1992 年 12 月 17 日,联合国教科文组织将武陵源列入《世界遗产名录》,与武陵源一同列入世界自然遗产名录的还有四川九寨沟和黄龙。

武陵源列入《世界遗产名录》后,知名度得到进一步提高,景区以年平均接待旅客超过 10% 速度递增。1983 年,来张家界的旅客仅 4.35 万人次,旅游收入 62.38 万元;而到了 1997 年,武陵源全年共接待中外游客 125.3 万人次,旅游总收入 2.05 亿元。1991 年 11 月,张家界市举办了"91 中国湖南张家界国际森林保护节",此后又于 1992 年、1993 年、1995 年、1997 年举办了第二、三、四、五届"国际森林保护节",期间大力招商引资,投资景区的旅游基础服务设施建设,极大地促进了武陵源景区的现代旅游发展。同时,武陵源及其周边地区农民的生活水平得到极大的改善。

5. 武陵源风景区环境大整治

在现代旅游业高速发展的同时,武陵源自然遗产资源与环境保护问题也越来越严重。1998 年 9 月,联合国教科文组织在世界自然遗产地的监测报告中对武陵源提出了尖锐的批评,认为"武陵源现在是一个旅游设施泛滥的世界遗产景区","大部分景区就像一个城市郊区的植物园或公园","已变成被围困的孤岛",它们"对景区的美学质量造成了相当大的影响"。此时,武陵源现代旅游发展和环境保护问题已经引起了社会各界的广泛关注,前国务院总理朱镕基先后四次批示武陵源保护与发展的相关问题,并于 2001 年 4 月亲临张家界考察、指导拆迁前期工作。武陵源再次成为社会各界关注的焦点。

2001 年 1 月 1 日,《湖南省武陵源区世界自然遗产保护条例》正式实施。同时,武陵源推进"山上游,山下住"、"山上做减法,山下做加法"等政策,实行游客"二次进山制"(即购一次票可以进出景区两次),引导游客白天在景区内游玩,晚上在景区外吃住。而核心景区内的家庭旅馆、餐馆全部停止经营,分期拆除。同时,加强旅游基础设施的建设,在景区内修建了环形高等级公路、天子山索道、黄石寨索道、百龙电梯、观光小火车等,把各景点串联起来,大大缩短了游客在景区的游览时间。

2001 年 9 月,在朱镕基总理亲自指导下,武陵源开始大规模的环境整治工作。拆迁原计划分三期完成,第一期主要拆迁袁家界、水绕四门、天子山三大景区内的接待设施 59 户,世居户 377 户 1 162 人,拆迁面积 16.5 万平方米,截至 2003 年 8 月已基本完成。第二期主要拆迁张家界国家森林公园内黄石寨、金鞭溪以及索溪峪农场、杨家界区域内接待设施 65 家,世居户 169 户 629 人,拆迁面积 2.6 万平方米。由于多方面的原因,第三期拆迁工程至今尚未开始动工。

在两次大拆迁中,武陵源共拆除核心景区接待设施 124 家,动迁常住居民 546 户,共 1 791 人,拆除建(构)筑物 19.1 万平方米,投入资金 2.15 亿(其中景区移民拆迁及安置 1.56 亿元,植被恢复 2 600 万元,其他建设配套 3 300 万元)。同时清运了建筑垃圾,恢复了植被。这一系列举措有力地缓解了武陵源核心景区生态环境压力,提升了景区品位。武陵源风景区此次"大拆迁",无论是其拆迁规模和费用,还是其对中国世界遗产地保护和现代旅游发展所产生的影响,在中国现代旅游发展史上是史无前例的。

然而,在当初"大拆迁"时,由于外界压力大、时间紧、资金不到位,很多问题并没有认识清楚(如农民拆迁下山后的生存问题),在现在看来,武陵源在维护核心景区生态环境质量安全和解决景区居民生活出路两个方面,都已经显现出弊端。主要体现在:(1)核心景区生态环境整治效果失控。由于景区内现有居民只愿进不愿出,人口增长很快。在当时动迁的近 600 户居民中,真正拆出景区的实际只有 60 多户,很多拆迁户下山后由于没有生活来源,重新回到景区从事旅游业。从 2002 年到 2009 年这 7 年时间里,武陵源核心景区内常住人口净增了 861 人,增长率高达 42.5%,总规模达到 2 689 人。而一些接受隐蔽安置和未经动迁的居民,则想方设法改造扩建住房从事旅游接待,对景区生态环境和自然景观重新构成压力。(2)居民改善住房条件、提高生活水平的愿望受到限制。对于居住在核心景区边缘的居民,由于不能从事农业生产经营活动,从现在的实际情况来看他们的生计都成了问题,存在"返贫"的现实窘迫。例如,索溪峪林场现有居民 222 户,共 618 人,建筑面积 1.8 万余平方米,人均 29.12 平方米,他们改善居住环境的愿望十分强烈,但无法在原地得到满足。目前,天子山居委会、索溪峪林场等地居民能够做到不砍树、不种田、不建房,但生活非常艰难,大部分人主要靠区里发的每人每月 200 元的生活费维持着。(3)自我发展能力差。武陵源景区原住民文化水平普遍较低,在外谋生和自我发展能力较差。即便是过去搬出景区并获得经营用房的一部分人,也很少自己经营,主要是靠收取有限的租金获得收入,其自我发展能力可见一斑。而政府在搬迁时并没有提供给村民就业机会,并进行就业培训和指导。2001 年的武陵源核心景区生态环境整治没有达到预期效果。

6. 武陵源风景区进入一个新的发展阶段

武陵源在经历了风景资源评估、旅游市场开发和自然生态资源保护三个阶段后,现在已进入可持续发展的生态旅游发展阶段。随着现代旅游发展和人们认识的提高,特别是社会主义新农村建设,人们对自然遗产型景区居民社会问题越来越关注。2010 年,张家界市被列为国家旅游综合改革试点城市,也是武陵山片区扶贫攻坚项目重要组成部分。张家界市委决定,将袁家界村作为国家旅游综合改革试点的突破口,结合武陵源准备实施第三次核心景区环境大整治的计划,实现村民"山下居住,山上就业",创建景村和谐发展的建设思路。

武陵源区政府改变了过去把村民排斥在旅游发展之外的认识,在袁家界村生态村的建设中,积极鼓励村民全面参与旅游开发的规划、决策和实施的全过程,着重解决了村民的安居乐业、社会保障以及景区美化和生态资源保护等核心问题,通过村落景观化改造,探索了核心景区景村和谐发展的建设。具体内涵体现在:

(1) 建立村民参与村落发展建设的机制

村民参与村落旅游开发、决策和实施的全过程,鼓励村民参与公司运作模式、利益分配和安置就业方案等内容,并制定相应的方案供全体村民商议、表决。2011 年,袁家界村先后召开了 12 次党员大会、14 次村委扩大会议及组长会议和多次村民代表大会,并开展民意测验和入户调查,95%的村民同意《袁家界旅游生态文明村建设方案》,99%的户主同意村支两委形成的《关于袁家界旅游生态文明村建设的决议》。

(2) 拓展村民的就业富民渠道

以村民"搬得出、留得下、稳得住、能致富"为原则,进一步拓展村民的就业富民渠道。一是壮大集体经济。以村级集体资产为基础,将山上的房屋、山下搬迁重建的新建小区住房,通过折价入股等形式,构建股份制的袁家界村旅游发展总公司,开展旅游投资、物业出租、旅游服务等经营活动。二是提供就业培训,引导和鼓励村集体和村民创办与旅游观光、文化娱乐、创意产业等相关的新型服务业,进一步提高经济收入。

(3) 挖掘充实文化资源

袁家界传承"仙境张家界、时尚潘多拉、土家民族风"三个特色文化,目前上坪、中坪、下坪三个村小组重生再造,更名为狮子寨、天桥寨、天界寨。升级袁家

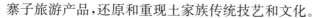

寨子旅游产品,还原和重现土家族传统技艺和文化。

（4）村落景观化改造

袁家界村搬迁后留下的原有村落进行景观化改造,在不增加房屋建筑面积的前提下,改造建筑内部结构,将房屋外形改造成土家山寨风格;在不改变房屋属性的前提下实行统一运营,以农耕文化演示、民俗风情、习俗表演等来取代家庭旅馆和餐厅经营,形成一个系列化的土家民族风情展览演艺接待中心,一个展示古老民族文化的崭新的"袁家寨子"由此诞生。

附录 B   武陵源景区旅游展史上相关重大事件表(按时间先后)

时　间	事　　　件
1958.4	湖南省林业厅批准设立国营张家界林场
1974.7	湖南省林业厅组织全省 70 多位林业工作者在国营张家界林场召开绿化荒山经验现场会,张家界的自然风光开始引起人们的注意
1979.12	著名画家吴冠中撰写《养在深闺人未识——张家界是一颗风景明珠》一文,产生了很大的影响,使张家界在国内外开始有了一定的知名度
1982.2	湖南省林业厅批准设立索溪峪省级自然保护区
1982.9	林业部批准设立我国第一个国家森林公园——张家界国家森林公园
1984.5	湖南省林业厅批准设立天子山省级自然保护区
1985.2	湖南省人民政府委托著名画家黄永玉将张家界、索溪峪、天子山三个景区统一命名为"武陵源",时任中共中央总书记胡耀邦题写了"武陵源"三字,但在行政上并没有统一
1985.5	国务院批准大庸县撤县建市,大庸县级市成立
1986.2	国家林业部批准索溪峪省级自然保护区升格为国家级自然保护区
1987.3	索溪峪管理局职工与大庸市协合乡群众,在水绕四门发生激烈冲突,导致 17 栋房屋被烧毁,此事件在国内外产生了极坏的影响,引起了中央政府重视
1988.5	为化解景区边界的矛盾,国务院批准大庸市升级为地级市,行政上将慈利县和桑植县划归为大庸市管辖,设永定区和武陵源区,市人民政府驻永定区
1988.8	国务院公布武陵源为全国第二批重点风景名胜区
1989.6	武陵源区政府成立,行政上辖索溪峪镇、天子山镇、中湖乡、协合乡和张家界国家森林公园管理处,共有 44 个行政村,武陵源行政区正式成立

时　间	事　　件
1991.11	"91 中国湖南张家界国际森林保护节"成功举办,此后于 1992 年、1993 年、1995 年、1997 年又举办四届,极大促进武陵源的的基础建设,提高武陵源的知名度
1992.5	开发杨家界,至此,武陵源由张家界、索溪峪、天子山、杨家界四大部分组成
1992.12	武陵源被联合国教科文组织列入《世界自然遗产名录》
1994.12	国务院批准大庸市改名为张家界市
1997.12	全年游客突破 100 万人次,实现旅游总收入 2.05 亿元
1998.9	联合国教科文组织对武陵源世界自然遗产提出"黄牌警告"
2001.1	《湖南省武陵源区世界自然遗产保护条例》正式实施(国内第一部)
2001.4	国务院前总理朱镕基四次批示武陵源保护与发展的相关问题,并于 2001 年 4 月亲临张家界考察、指导拆迁前期工作,搬迁工作正式开始
2001.7	地质部将武陵源列为"张家界地质公园"
2004.2	武陵源被联合国教科文组织批准进入首批世界地质公园名单
2005.12	全年接待国内外游客突破 1 000 万人次,实现旅游总收入 29.28 亿元
2008.5	武陵源被国家旅游局评为全国首批 5A 级旅游景区
2010.3	张家界市被列为国家旅游综合改革试点城市

附录 C　武陵源区干部访谈记录整理

一、调研对象：武陵源区规划局郑跃进副局长

　　时间：2010 年 4 月 12 日

　　地点：张家界市武陵源区规划局

　　笔者：武陵源风景区目前主要存在哪些居民社会问题？

　　郑副局长：我认为武陵源风景区建立得太仓促，当时国家和政府都没有经验。武陵源风景名胜区于 1988 年建立时，有一部分是国有林场，有一部分是集体林场和国营农场，景区内的土地、树林的所有权问题当时都没有解决好，土地权林权不清晰，政府没有解决好农民的权益问题就匆忙地成立风景区，带来了如今比较多的社会问题。2001 年武陵源环境大整治时，由于压力大、时间紧、资金不到位，也只是解决了搬迁农民住房安置问题，而农民的树林和农田没有获得相应的补偿。很多农民在搬迁后又返回景区从事商业经营活动，影响了搬迁效果，带来了不少后遗症。若今，政府和国家都有经验了，现在若要向建设部申请成立一个新的风景名胜区，必须要先解决好景区内农民的权益问题，否则国务院是不会批的。

　　笔者：高云旅游商务社区、吴家峪家庭旅馆村、沙坪家庭旅馆村是在什么情况下办的？起了什么作用？后来为什么没有在全区推广？

　　郑副局长：1992 年 5 月，为了申报世界自然遗产，迎接联合国教科文组织的考察验收，武陵源区政府对核心景区水绕四门、十里画廊和武陵源景区入口处（吴家峪门票站）近 100 多户居民和违章建筑物进行了搬迁，搬迁户统一安置在索溪峪镇吴家峪门票站外，建设了吴家峪家庭旅馆村。而高云旅游商务社区是 2001 年武陵源环境大整治时，武陵源区政府在考察学习了国内其他景区的经验和教训后，并进行了相关民意调查，咨询经营安置户意见后采取的办法。高云小

区主要是针对水绕四门、十里画廊等核心景区的家庭旅馆经营户,凡建筑面积超过 2 000 平方米的家庭旅馆经营户,在拆迁的过程中补偿金不到位的,通过补偿经营用房面积。即每两户在索溪峪镇的高云村,补偿土地面积近 400 平方米建商务中心,统一规划,统一设计,建成一个由 20 幢商务中心和 1 幢游客购物中心组成的商务社区。这种商务社区主要采取"公司+农户+旅行社"的发展模式,通过引进旅游公司的管理,规范农户的接待服务,实现公司和农户互利互惠。可以说,家庭旅馆作为星级宾馆的一种补充形式,不仅缓解了旅游旺季时景区住宿接待设施紧张的状况,而且实现了让山上拆迁农民妥善安置、脱贫致富的目标,在风景区发展的初期,对景区的经济建设、社会的稳定起到一定的作用。然而,随着风景区建设日益成熟,家庭宾馆日显弊端,对整个武陵源风景区的旅游经济已经产生越来越多的负面影响。

笔者:家庭旅馆对武陵源的旅游经济发展有些什么影响?

郑副局长:客观地说,家庭旅馆作为星级宾馆的一种补充形式,在武陵源旅游开发初期阶段,确实解决了旅游旺季时景区住宿接待设施紧张的状况,实现了让山上拆迁农民妥善安置、脱贫致富的目标,对社会起到了稳定的作用。但是,随着风景区建设日益成熟,家庭宾馆也日显弊端,主要表现在以下几个方面:(1)在我国风景区里,传统的旅游方式都是游客徒步行游,两个景点之间、山上与山下之间,都有几百米甚至上千米的高差,3—4 公里的游程,游玩一个景点游客往往需要 2—3 个小时。像武陵源这样一个近 400 平方公里的大型风景区,游客至少需要 4—5 天时间,有的甚至半个月。现在,现代旅游模式与过去不一样啦,大部分景区都建有索道、电梯和小火车,游客留在景区的时间越来越短,由过去的"5 日游"缩为"2 日游"。随着当地宾馆建设速度加快,宾馆数量也日益饱和,风景区里的宾馆不是供不应求,而是供大于求。(2)家庭旅馆管理不规范,扰乱市场,影响风景区宾馆服务业的发展。由于竞争,有些旅行社为了降低经营成本,往往以家庭旅馆的价格标准来打压星级宾馆。在旅游淡季时,三星级宾馆团队房价由 280 元/晚降为 120—160 元/晚,二星级宾馆团队房价由 100 元/晚降为 40—60 元/晚,一些相当于二星级条件的饭店房价甚至已经降到了 30 元/晚,最终导致了武陵源宾馆饭店的总体效益逐年下滑,给整个宾馆服务市场带来伤害。目前武陵源全区的宾馆部分税收不足 1 000 万元,是武陵源区税收构成最低的一部分。(3)由于农家旅馆房型简陋,硬件设备设施和安全、卫生标准都跟不上,加上从业人员普遍素质偏低,经验不足,甚至有坑宰游客现象,政府很不好管理。随着宾馆数量日益饱和,竞争越来越激烈,武陵源家庭旅馆村的生意变得清淡,房间空置率越来越高,如沙坪家庭旅馆村在 2009 年的入住率竟然不足 20%。由于生意不太好,村里开始出现了赌博、录像厅、洗发廊等灰色地带,有的甚至沦为滋生犯罪的场所,对社会带来许多负面影响。(4)带来新的社会不公平。武陵源作为自然遗产地,土地资源本来就紧张,家庭旅馆不应大力推广。土地资源和旅游资源本来都是公共物品,家庭旅馆经营者通过公共物品而获得高出普通居民的经济收入,而另外一部分居民则不能分享其利益,造成了当地居民贫富分化的局面,加剧了强弱失衡的社会结构,由此引发新的社会不公平。

笔者:您刚刚谈到旅行社往往采用"快餐式"旅游模式,现在"休闲式"旅游和自驾游不也是很受欢迎的吗?

郑副局长:我认为"休闲式"旅游与"观光式"旅游有着本质的区别。对于像武陵源这样的世界自然遗产型风景区,地处偏僻,大众千里迢迢来消费更多的是"观光式"旅游。而北京、上海、成都等这些大城市周边的农村地区就不一样,可以依托大城市充足的客源,消费层次多样,可以大力发展"休闲式"旅游,所以大城市周边的农家乐可以搞得红红火火。武陵源作为世界自然遗产型景区,其周边的农村发展模式肯定是不一样的。同样是世界遗产和风景名胜区,武陵源与桂林的阳朔、杭州的西湖、丽江古城又不一样,杭州、丽江是世界文化遗产,文章好做些,可以大力发展休闲文化,武陵源如果要搞许多好玩的就不是世界自然遗产了。所以说是"自然遗产"决定了发展模式,而不是发展模式改变"自然遗产"。

笔者:那么,对于双星村、协和村等这些地理位置偏远的山村,由于旅游辐射影响较小,农民生活相对比较贫穷。对于这些村庄,发展社会主义新农村建设采取什么方式?

郑副局长:双星村、协和村虽然离景区比较近,但是区域位置、交通条件都不是很好,游客很少到达,建设家庭旅馆村肯定不会有好的效益。对于这类村落,我认为可以发展无公害蔬菜和水果种植基地,以保证风景区蔬菜粮食的供应,也可以适当发展休闲农业旅游产业、有特色的农家餐馆、农家乐等。

笔者:您认为武陵源风景区目前存在的居民社会问题应该如何解决?

郑副局长:我认为武陵源发展到了一定的阶段,就不存在农民问题啦,农民被消亡了。我们在现阶段应该跳出这个怪圈,农民就不应该直接与游客打交道,农民在风景区里应该从事一些供应和生产方面的工作,如种植无公害蔬菜和水果等。农民还应该自己谋求发展,政府可以通过移民建镇,产业兴镇,产业引导等办法,彻底解决农民的就业问题。我这里说的"移民建镇,产业兴镇,产业引导"中的"产业"不是指发展家庭旅馆,而是一些无公害农产品的生产加工业、手工艺加工业、洗衣洗菜服务业等,农民可以通过"第一代农民,第二代工人(打工者),第三代市民"来实现自我蜕变,最后达到消灭农民的境界。

二、调研对象:武陵源区人民政府风景名胜区管理委员会吴科长
时间:2010 年 4 月 20 日
地点:武陵源风景名胜区天子山管理所

笔者:请问武陵源风景区在行政管理上目前存在哪些问题?

吴科长:武陵源风景区在行政管理上存在的主要问题是典型的多头管理模式。目前,武陵源风景区内由一级独立的行政单位管理,资源分别由两个行政级别相同的管理机构控制——武陵源区人民政府与张家界国家森林公园管理处(张管处)。由于 1988 年武陵源风景名胜区成立之前,张家界国家森林公园、天子山自然保护区和索溪峪自然保护区在行政区域上分属于湘西自治州的大庸县、桑植县和常德地区的慈利县,其中张家界国家森林公园(管理处)具有相对独立的行政权力,接受上级部门国家林业部的业务指导。目前武陵源风景区既是世界自然遗产、国家级风景名胜区,又是国家森林公园、国家 5A 级旅游景区和世界地质公园,多重标签,身份复杂,管理机构众多,反而导致政府管理机能的失灵。武陵源区政府只是个跑腿不能管事的政府,说的不好听,它的主要职能更像一个大的旅游局,搞一些旅游宣传、策划、接待上面来的各级领导等日常事务管理。

笔者:通过这几天的调研,发现武陵源在不同区域,不同地理位置,农民的经济收入有较大的差异?

吴科长:武陵源居民的贫富差距不仅表现在个人之间,也表现在区域之间。不同区域间的贫富差距是因为景区内不同区域的开发程度各不相同,游客流量也不尽相同,农民参与旅游发展的程度也因地理位置的不同而不同。一般来讲,山上要比山下富,景区内要比景区外富。位于核心景区的农民,比如张家界村、袁家寨的农民,他们直接接触旅客的机会比较多,可以从事经营家庭旅馆、餐饮店等旅游接待服务,平均家庭收入可以达到五六万元。特别是袁家寨,由于地处核心景区高地带,很多旅客喜欢选择在袁家寨住一晚,袁家寨的家庭收入平均可以达到十万元。而一些远离旅客集中区的村落,如双峰村、向家坪村、协和村等这些村落,由于区域位置离景区远,农民只能依靠农业、林业等传统的生产方式来获取家庭收入,有相当一部分农民则跑到景区做

"挑夫"、"轿夫"、"帮工"等辛苦的工作以增加家庭收入。与处于游客集中区域的居民比,这些区域农民的收入水平确实有比较大的差距。而个人之间的收入差异主要表现在,同样是天子山黄金地带的居民,那些头脑灵活,善于抓住机会的,很早就开始经营家庭旅馆的农民比较富裕。而那些老实巴交、文化水平较低的农民经济收入相对比较低,他们一般就在景区里摆摆小摊,向游客兜售一些自家产的玉米、红薯等农产品。

笔者:您怎么看待武陵源核心景区"隐蔽安置"问题?

吴科长:武陵源核心景区"隐蔽安置"是迫不得已而为之。2001 年武陵源环境大整治时,为了维持社会稳定,考虑到核心景区内世居原住民的实际情况,以人为本,加上当初时间紧,压力大,拆迁资金不到位等多种因素,才在核心景区内统一实行了"隐蔽安置"。从现在实际效果看来,"隐蔽安置"在维护核心景区生态环境质量安全和解决景区居民生活出路两个方面,都已经显现出严重的弊端和急需解决的民生矛盾,主要问题有:(1)核心景区人口失控。景区内现有居民只愿进不愿出,人口增长很快。从 2002 年到 2009 年这 7 年时间里,武陵源核心景区内常住人口净增了 861 人,增长率高达 42.5%,总规模达到 2 689 人。(2)生态环境保护效果失控。袁家界村刘家老屋场就是目前污染较为突出的区域。作为 2001 年景区大拆迁隐蔽安置点之一,刘家老屋场共有 41 户、154 人,建筑面积 6 500 平方米。近几年,大多数居民将住房改造为旅游接待用房,开展餐宿接待,产生了大量污水,不仅污染了当地环境,还流入杨家界景区,遭到当地群众的强烈反对。类似的情况在天子山居委会的丁香榕、向天湾和袁家界村袁家寨子等安置点也存在。(3)居民改善住房条件、提高生活水平的愿望受到限制。对于居住在核心景区边缘的居民,由于不能从事生产经营活动,从现在的实际情况来看他们的生计都成了问题,存在"返贫"的现实窘迫。例如,索溪峪林场现有居民 222 户,共 618 人,建筑面积 1.8 万余平方米,人均 29.12 平方米,他们改善居住环境的愿望十分强烈,但无法在原地得到满足。目前,天子山居委会、索溪峪林场等地居民能够做到不砍树、不种田、不建房,但生活非常艰难,大部分人主要靠区里发的每人每月 200 元的生活费维持着。即便是过去搬出景区并获得经营用房的一部分人,也很少自己经营,主要是靠收取有限的租金获得收入,其自我发展能力可见一斑。

笔者:武陵源"第三次大拆迁"准备什么时候开始?

吴科长:"第三次大拆迁"的基础性工作已经完成。按照区里拟订的基本方案,本次移民搬迁范围为吴家峪、梓木岗、天子山、杨家界和张家界森林公园等 5

个门票站以内所有村(居)民住房及经营用房,涉及拆迁房屋 757 栋、175 798.6 平方米,被拆迁户 885 户、2 689 人,有水田 911.21 亩、旱地 633.5 亩。其中,世居人口 2 554 人,门票站以内景区公路沿线有碍观瞻的房屋 184 栋、43 637 平方米,涉及 184 户、646 人。这一范围还不包括森林公园张家界村的 1 700 多人和罗鼓塔地区已有的接待设施。

笔者:"第三次大拆迁"大概需要多少资金?

吴科长:按照"第三次大拆迁"这次拆迁范围,景区移民搬迁安置共需要一次性投入资金 29 339 万元,其中搬迁补偿资金 19 307 万元、安置区建设资金 9 277 万元、植被恢复资金 755 万元。今后,每年武陵源区财政还需投入水田、旱地补偿资金和社会保障资金 1 257 万元。目前,武陵源区财政每年的一般性预算收入只有 1.5 亿元左右,并且已经负债 8.39 亿元,今年要完成续建工程建设和新开工重点工程建设,还需增加负债 4 亿元。在资金来源上,目前还只有湖南省表态的 2 000 万元。按照区里设想和计划落实的资金筹备渠道,实施该项目的一次性投资的硬缺口达 1 亿元。

笔者:武陵源区政府的主要财政收入来自哪里?

吴科长:武陵源区里的主要财政收入来自门票。2009 年门票是 262 元/人,湖南省和张家界市每张门票要拿走 172 元,还剩下 90 元返回到武陵源。张家界国家森林公园管理处和武陵源区人民政府再各自得一半,最后武陵源区政府拿到手的门票收入是 45 元/人。加上武陵源区政府别的一些收入,比如黄龙洞景区、宝峰湖景区、景区内的天子山索道、黄狮寨索道、百龙电梯、观光小火车、建设税、商业税、宾馆税收等收入,2009 年,武陵源区各项收入之和只有为 1.69 亿元,其中宾馆税收不到 1 000 万。截至 2009 年底,武陵源区政府已经背负着近 10 亿的债务。

笔者:武陵源作为世界自然遗产,国家有没有给农民遗产保护费?

吴科长:有,但这笔钱也不多,目前遗产保护费被张家界市政府拿走,没有返回到区里。

笔者:国内其他世界自然遗产型景区的情况如何? 比如四川九寨沟、黄龙等?

吴科长:同样作为世界自然遗产,九寨沟情况与武陵源不一样,由于四川九寨沟、黄龙景区周边地区的藏民比较多,为了照顾民族问题,地方政策有所不同。从 1999 年开始,四川九寨沟就按照每张景区门票提取 22 元标准返还给景区居民,以 1998 年的旅游接待人次数为依据,每年可以计提 863 万元的定额,对景区居民进行政策性收入分红。从 2006 年开始,考虑到物价上涨等因素,在原有基础上按当年旅游人次数每张景区门票 7 元的标准,从门票中提取作为景区居民资源权益补偿费。这样的话,九寨沟 2007 年居民人均分配要比 2005 年多了一倍。所以说,四川九寨沟的居民社会问题比武陵源要简单些。

附录 D　武陵源及其周边居民访谈记录整理

一、时间：2010 年 4 月 14 日

地点：武陵源区索溪峪镇吴家峪家庭旅馆村

调研对象：谢某，男，43 岁，夫妻二人和两个孩子共 4 口人（19 岁儿子外出打工，15 岁儿子读书），两层楼房，建筑面积约 150 平方米，经营餐饮，2009 年家庭年收入 30 000 元。

问：请问您是哪年从哪儿搬迁到这里的？

谢某：我家原来祖祖辈辈居住在索溪峪林场那里，也就在武陵源景区内靠近吴家峪入口的那地方，1992 年 1 月，为了申报世界自然遗产，迎接联合国教科文组织的检查，区里把武陵源景区入口处的 128 户农民拆迁后统一安置到这里。

问：这是武陵源的第一次大搬迁吗？

谢某：是的，当初搬迁的时候政府的承诺很好，说搬了好，搬到镇里去了好发财。现在是搬好了，有楼房住了，但吃饭都成问题了，现在是农田没了，菜地也没有了。住在镇上，米呀、菜呀、油呀，什么都得买，水电煤都要钱，光有房子住有什么用，政府当初承诺安排工作的，都没有兑现。

问：当初拆迁时政府是怎么承诺的？

谢某：在镇上统一划给每家拆迁户 80 平方米的宅基地建房子，每户给 1 万块补贴，剩余的部分政府答应出面找银行贷款，但最终没有落实。因为那个时候银行不愿意给农民贷款，有门路的人找亲戚借钱建了房，有些人家里实在穷，没有办法建房子，只好把宅基地卖了，卖给当地有钱人，甚至外地人。他们这些人

见过世面,有头脑,修建的房子全部是"双标房"①,前几年赚了不少钱。

问:您们家建的是"双标房"么?

谢某:没有。我们这些农民不懂这些,主管部门以为拆迁完工就没事了,工程建设也没人指导。现在,吴家峪家庭旅馆村管理委员会已经名存实亡,很多房屋所有者根本不是本村人。非拆迁户见过世面,他们修建了"双标房",而真正的拆迁户却没有建"双标房",游客肯定喜欢"双标房",这样就造成了冲突。拆迁户认为非拆迁户抢走了他们的生意,经常去破坏非拆迁户的空调等设施,而非拆迁户认为拆迁户素质差,他们经常会为了抢客源而打架。

二、时间:2010 年 4 月 15 日

地点:武陵源区索溪峪镇高云小区

调研对象:李某,女,26 岁,高中,拆迁户,家中 5 口人,1 个孩子(1 岁半),搬迁时政府在高云小区安置了两套公寓,目前跟着公婆一起居住在一套 119 平方的公寓里,还有一套 92 平方米的房子用于出租。

问:请问您是哪儿搬迁到这里的?

李某:我家原来住在索溪峪镇的高云村,2001 年武陵源修建高云路和商务社区时,被拆迁安置在这里。

问:您家现在住房条件怎样?

李某:区政府根据我家人口和原有住宅建筑面积情况,共安置了两套公寓,一套 120 平方米自己住,另一套 90 平方米用于出租。

问:2001 年拆迁时,政府有怎样补偿政策?

李某:迁移补偿方式是以货币补偿为主,房屋产权调换为辅。拆迁户居民享有的优惠政策是:购买建筑 30 平方米以内面积的安置房按优惠价 800 元每平方米给居民,超过 30 平方米的则按市场价 1 600 每平方米计价。

问:如果拆迁户买不起的话,区政府有什么政策吗?

李某:对于低保贫困户、智障户等居民,保证每人建筑面积不少于 15 平方米,总面积不超过 50 平方米;而住在周转房的拆迁户,可以享受面积×4 元/平方米/月的临时安置补助费,总金额不会低于 400 元。

---

① 双标房:指标准双人房。酒店的标准房一般是指标双(标准双人房),房间里可以放置两张床,另外要配置单独的卫生间,旅行社常选择标准间,以便统一标准安排游客住宿。

问：是不是每个居民都可以享受这个优惠政策？

李某：没有，根据《武陵源区城市房屋拆迁管理办法》规定，只有世居户才能享受拆迁的优惠政策，成为世居户必须具有三个条件：(1)村委会有常住户口；(2)1996 年前取得农村土地家庭联产承包经营权；(3)在房屋拆迁时在拆迁地居住。

问：您家在拆迁时有了两套安置房，还有一套房子用于出租，应该还不错？

李某：光有房子有什么用？房子一年租金才 5 000 元，政府当初承诺给我们安排工作都没有兑现，工作机会都给关系户了。目前我们最大的问题就是没有田地耕种了，我们又没有工作技能，每天没事做，全家都在打麻将。家里没有收入来源，小孩慢慢在长大，将来读书要用钱，很为未来担忧。

问：那您希望政府给予什么帮助？

李某：就是希望政府要实现他们当初的承诺，给我们提供就业的机会。我和我老公年轻倒是好办，可以出去打工，而我公公婆婆年龄都快 50 岁了，不可能出去打工了，希望政府能够给我公公安排一个清洁工的工作就可以了，你是不是记者呀，给我们反映一下，谢谢！

三、时间：2010 年 4 月 20 日

地点：武陵源区核心景区乌龙寨村（一级景点附近）

调研对象：田某，男，51 岁，隐蔽安置户，家中 6 口人，1 个孩子(4 岁)，一层平房，建筑面积约 130 平方米，经营家庭旅馆，2009 年家庭年收入 80 000 元。

问：坐在这里晒太阳啊？

田某：嗯！

问：你是喜欢住在山上还是山下？

田某：我很喜欢住在山上，山上环境好，空气新鲜，又安静，我从小就住在这里，住惯了，不愿意搬到山下去。

问：乌龙寨紧靠核心景区，住在这里既不能种田耕地，又不能砍树伐木，更不能从事加工产业，那您靠什么维生？

田某：目前武陵源区政府给核心景区内的居民每人每月生活补贴费 200元，大儿子在景区里开环保车，儿媳妇在景区内做清洁工，每月工资收入也有 2 000 多元。我在家经营家庭旅馆，旅游旺季时每天收入可以有五六百元，再加上村里还有百龙电梯、民俗村等收入分红，一年收入至少八九万，比山下生活好

多了,我们根本就不想搬到山下去。

问:住在山上有哪些地方不满意?

田某:我现在最不满意的是房子问题。我们一家六口人,政府只批准我们建130平方米的平房。旅游旺季把房间租出去后,一家六口人根本没有地方住,如果房子旧了,政府也不让翻修。还有山上没有学校,孙子将来读书不方便。但是住在这里钱多啊,也只好这样了,等将来赚够了钱再到城里买房子去。

问:现在景区对建房子管得严吗?

田某:管得很严,每辆车进出景区大门都得检查,查得很严的,不会同意进来一包水泥、一根钢材。但是到了晚上十二点以后,胆子大的人家就偷偷地往山上运材料翻建房屋。

四、时间:2010年4月20日

地点:武陵源区杨家界景区附近

调研对象:向某,男,41岁,轿夫,家住天子山镇向家坪村,二层青砖瓦房,建筑面积250平方米。家中目前共5口人,老婆在景区私人餐厅中做洗碗工,3个孩子(19岁女儿在湘水山庄做服务员,15岁女儿中学,7岁儿子小学),家庭年收入40 000元。

问:请问您每天做轿夫生意怎么样?

向某:没有以前好了,现在武陵源景区内有缆车、环保车、电梯,坐轿子的生意不如以前多,而且又辛苦!

问:为什么不开一个家庭旅馆或者农家乐,就不用那么辛苦赚钱了?

向某:我家住天子山镇向家坪村,位置很偏,游客都不去那里,办了家庭旅馆也没有客人来。不像袁家寨,地段好,位于在核心景区内,不仅可以偷偷开家庭旅馆,政府安排工作,每月给环保生活费补贴,还可以参加百龙电梯收入分红,真羡慕他们啊!自己家的地段不够好,只好在这里给别人抬轿子。但是抬轿子比种地要好得多,我家那里土地不多,土地贫瘠,也种不出什么东西,依靠种田根本养不活全家。

问:您每天收入怎样?

向某:抬一个客人可以赚30元,淡季时一天可以抬三四位客人,有的时候没有生意,旺季时一天可以抬七八位客人,收入还可以,但是辛苦啊!

问:天子山镇那里也有一个景区入口,为什么没有游客?

向某：游客基本上都是从张家界森林公园、索溪峪的吴家峪两个入口进的，那里公路条件好，有大型的停车场，从张家界市里沿张青公路到森林公园只要半小时，到吴家峪也只要四十分钟。吴家峪还有通往长沙、常德的高速公路。而天子山镇只有一条县级公路，破破烂烂的，公路又破又不安全，到市里去还要花两个多小时，谁愿意从天子山进来啊！

问：我看武陵源总体规划里不是早就提出要开发野鸡铺，发展天子山镇、中湖镇吗？武陵源环景外围道路到现在还没有动工？

向某：规划是规划，索溪峪、张家界那边的产出回报要快得多，政府和投资商肯定是先开发那边呐。我是希望环景外围道路尽快开通，特别是杨家界的索道建好后，可以吸引一部分游客过来，我就不用在这里抬轿子了。

五、时间：2010 年 4 月 20 日

地点：武陵源天子山核心景点贺龙广场

调研对象：李某，男，38 岁，原是天子山的村委干部，2001 年天子山老屋场拆迁户，安置索溪峪军地坪镇一套公寓房和湘水大市场二楼的门面。目前在贺龙广场附近摆摊卖烤烤山芋和羊肉串。

问：请问您是哪里人？

李某：我原是天子山老屋场的村委干部，2003 年景区大拆迁中被安置到武陵源区军地坪旅游镇，被安置到了一套住宅和索溪峪湘水大市场位于二层的门面，但是没有生意，又返回到天子山贺龙公园附近从事摆摊的生意。我现在的主业是上访户，副业是摆小摊。

问：有什么事情要上访？

李某：同样是在核心景区，为什么天子山的农户必须要搬迁下山，而袁家寨的农民可以不搬迁呢？这很不公平，搬下山后，发现还是不搬的好，所以又回来了。

问：为什么又回到景区？

李某：没有工作，无法养活自己，只能回到景区内摆摊。政府以前答应好解决工作，现在并没有兑现，工作都给了关系户，上次武陵源大酒店招聘工作人员，领导都把工作机会给了自己的亲戚了。

问：政府不是已经给您安置好商铺啦，干吗还回到景区摆摊？

李某：政府给我安置的商铺在湘水大市场的二楼门面，地段不好，没有生

意,不给导游回扣的话根本就不会有游客来。再说政府当初安置我的也只是房子,我家在景区内还有林地,政府都没有给补偿呢,政府要有说法!

问:在景区摆摊收入还可以吗?

李某:比山下生意好多了!不过我们在这里摆摊的机会也不会长久了。你看,那边正在建棚子,武陵源将来不准摆摊啦,各个景点要实行标准化摊位,招标承包,每个摊位每年要上缴3万到6万元。这么贵,我是承包不起啊,到时候只好去捣乱啦!

六、时间:2010年4月25日

地点:武陵源区索溪峪镇沙坪家庭旅馆村

调研对象:杜某,男,37岁,家中夫妻二人和两个孩子(15岁女儿,12岁儿子)共4口人,两层楼房,建筑面积约170平方米,房子出租,2009年家庭年收入15 000元。

问:请问您是哪年从哪儿搬迁到这里的?

杜某:我家以前是住在双星村的,1998年修建张青公路时被拆迁安置到沙坪。

问:现在来沙坪旅馆村住店的游客多吗?

杜某:现在不多。2000年以前,武陵源接待床位数仍处于供不应求的状态,那个时候家庭旅馆村生意还可以。2000年以后,宾馆竞争越来越激烈,沙坪家庭旅馆村由于户型先天不足,比如设备陈旧、装修老化,房间里没有卫生间,客人洗澡不方便,2003年后沙坪的家庭旅馆村生意越来越不好,我只好把房子出租了。

问:您家的房子租给谁的,您全家住在哪里?

杜某:我家房子租给私人杂技表演队,我们现在在外租房住。

问:方便问下您家的收入来源吗?

杜某:我家房子现在出租每年收入15 000元,我在外租房要花费5 000元,这样可以赚10 000元。另外我自己还可以在外面打打工,做做小生意,这样要比开家庭旅馆省心。

问:我刚才看了一下,私人杂技表演队人员比较杂,不怕把家里搞乱?

杜某:无所谓啦,游客又不来。我们这里很多户只好把房子租给像足浴店、发廊、影像店、药店等这些店家,有的还搞赌博呢,只有把房子租给这些人才有生意呀。

七、时间： 2010 年 4 月 25 日

地点：武陵源区军地坪镇高云商务社区

调研对象：张某，男，48 岁，武陵源核心景区水绕四门的家庭旅馆经营户，2003 年景区大拆迁中被安置到武陵源区军地坪旅游镇，三层楼房（还有一层是地下室），建筑面积约 1 554 平方米，经营家庭旅馆。

问： 您家家庭旅馆规模很大啊！

张某： 我原先在水绕四门景区的房子比这大多了，一个人就有 2 000 多平方米。这里是两个人合建，占地面积才 400 平方米，建筑面积大约有 1 500 平方米。

问： 现在生意好吗？

张某： 生意还是在水绕四门那里好，那个时候我有 100 多个床位都供不应求，生意比这里好多了，现在只是旺季时还可以。

问： 现在经营模式是怎样的？

张某： 现在搞的是商务中心，就是"公司＋农户＋旅行社"经营模式，这种模式把原先分散的经营户进行投资开发，统一规划、包装，并且通过引进旅游公司的管理，规范农户的接待服务，避免了不良竞争和损害游客利益的事发生，也有利于家庭旅馆的健康发展。

附录 E　武陵源风景区及其周边居民调查问卷 Ⅰ

（搬迁户）

　　您好！为了更好地了解武陵源环境保护状况和居民需求，进行武陵源及其周边居民居住情况问卷调查。占用您一小段宝贵的时间，请您回答以下的问题，谢谢您的配合。我们声明，我们无意收集您的私人信息，您的回答仅用于学术分析而不是商业或其他用途，非常感谢您能够耐心完成问卷。

一、基本情况

1. 您的年龄为：
   A）20 岁以下；　　　　　B）20～30 岁；　　　　　C）30～40 岁；
   D）30～40 岁；　　　　　E）40～50 岁；　　　　　F）50～60 岁；
   G）60 岁以上

2. 您的文化程度为：
   A）不识字；　　　　　　B）小学；　　　　　　　C）初中；
   D）高中；　　　　　　　E）中专；　　　　　　　F）大专；
   G）其他

3. 您从景区内搬迁出来有几年了：
   A）5 年以下；　　　　　B）5～10 年；　　　　　C）10 年以上

4. 搬迁之前您从事的工作是：
   A）务农；　　　　　　　B）在景区内经营家庭旅馆或饭店；
   C）在景区内打工；　　　D）抬轿子；
   E）运输；　　　　　　　F）其他

您现在从事的工作是：

A）景区外经营餐饮旅店服务；

B）导游行业；

C）政府安排工作（如清洁工、开环保车等）；

D）出售农产品或旅游纪念品；

E）抬轿子；

F）给别人打工；

G）其他

5. 直系亲属中从事与旅游相关工作有几人：

　A）1 人；　　　　　　　B）2 人；　　　　　　C）3 人；

　D）3 人以上；　　　　　E）0

6. 您家庭主要收入来源：

　A）旅游业；　　　　　B）部分来自旅游业；　　C）其他行业

7. 您家庭每月经济收入：

　A）1 000 元以下；　　　B）1 000～2 000 元；　　C）2 000～3 500 元；

　D）3 500～5 000 元；　　E）5 000～7 500 元；　　D）7 500 元以上

二、请您对搬迁后所带来的变化发表自己的看法：（在合适的项目打"√"）

	项　目	非常不同意	不同意	不同意也不反对	同意	非常同意
经济方面	收入增加了					
	就业机会增多了					
	搬迁出来后与游客接触机会减少					
	拆迁补偿款和住房安置到位					
	物价变贵,什么都要花钱买					
	生活和工作压力变大了					
	收入两极分化现象严重					
日常生活	安置新居的地点满意					
	看病就医更方便					
	上学读书更方便					
	购物更方便					
	改变自己的生活方式					

续　表

项　　目		非常不同意	不同意	不同意也不反对	同意	非常同意
文化教育	居民言谈举止比以前更礼貌					
	接触的人更多，增加了见识					
	社会治安状况和道德风气更好					
	邻里关系变得疏远					
	社区配备了图书文娱健身设施					
	传统风俗与技艺被破坏和淡忘					
其他	景区环境比以前好多了					
	关心了解相关的政策法规					
	社会保障制度完善					
	政府提供必要旅游服务技能培训					

三、住宅情况

1. 您安置的新宅建筑形式是：

　　A）平房；　　　　　　B）2～3层独立式住宅；　　C）2～3层联排式住宅；

　　D）4～6层公寓式楼房；　E）6层以上公寓

　　您希望新宅的建筑形式是：

　　A）平房；　　　　　　B）2～3层独立式住宅；　　C）2～3层联排式住宅；

　　D）4～6层公寓式楼房；　E）6层以上公寓；　　　F）无所谓

2. 您原先在景区内住宅的宅基地面积：

　　A）100平方米以下；　B）100～150平方米；　C）150～200平方米；

　　D）200～250平方米；　E）250～300平方米；　F）300平方米以上

　　新住宅的宅基地面积：

　　A）80平方米以下；　　B）80～120平方米；　　C）120～150平方米；

　　D）150～180平方米；　E）180～200平方米；　F）200平方米以上

　　新住宅的建筑面积：

　　A）100平方米以下；　B）100～150平方米；　C）150～200平方米；

　　D）200平方米以上

3. 您现在住宅主要房间有：（可多选）

A) 卧室；　　　　　　B) 堂屋(门厅)；　　　　C) 餐厅；

D) 厨房；　　　　　　E) 厕所；　　　　　　　F) 储藏间；

G) 阳台

4. 请问您对现居住的住宅不满意之处？（可多选）

A) 堂屋(门厅)小；　　B) 卧室小；　　　　　C) 卧室数量不够；

D) 餐厅小；　　　　　E) 厨房小；　　　　　F) 厕所使用不方便；

G) 其他

5. 您家住宅是否兼有其他使用：（可多选）

A) 部分出租；　　　　B) 家庭旅馆；　　　　C) 餐厅；

D) 商店；　　　　　　E) 手工作坊；　　　　F) 其他

6. 如果您家住宅兼有其他使用，主要原因是：

A) 没有其他生活来源；　B) 家中空余房间较多；　C) 可以增加家庭收入

7. 如果经营家庭旅馆，您家有几间客房？

A) 1~3 间；　　　　　　　　　　　　B) 4~6 间；

C) 6~8 间；　　　　　　　　　　　　D) 8 间以上

8. 客人在这里通常住几天

A) 1~2 天；　　　　　B) 3~4 天；　　　　　C) 4 天以上

9. 客人如何找到您家旅馆投宿：（可多选）

A) 听朋友介绍；　　　　　　　　　　B) 网上预订；

C) 进来观察后决定是否投宿；　　　　D) 其他

10. 客人对您家家庭旅馆的评价如何？

A) 非常满意；　　　　　　　　　　　B) 满意；

C) 不太满意；　　　　　　　　　　　D) 非常不满意

11. 如果没有兼有其他使用，您准备或者希望：

A) 目前很好，不准备兼有其他用途；　B) 家庭旅馆；

C) 餐厅；　　　　　　　　　　　　　D) 商店；

E) 手工作坊；　　　　　　　　　　　F) 出租；

G) 其他

12. 您对住宅改造或建设的意见和建议

附录 F 武陵源风景区及其周边居民调查问卷 Ⅱ

（隐蔽安置户和控制户）

您好！为了更好地了解武陵源环境保护状况和居民需求，进行武陵源及其周边居民居住情况问卷调查。占用您一小段宝贵的时间，请您回答以下的问题，谢谢您的配合。我们声明，我们无意收集您的私人信息，您的回答仅用于学术分析而不是商业或其他用途，非常感谢您能够耐心完成问卷。

一、基本情况

1. 您的年龄为：
   A) 20 岁以下；　　　　B) 20～30 岁；　　　　C) 30～40 岁；
   D) 30～40 岁；　　　　E) 40～50 岁；　　　　F) 50～60 岁；
   G) 60 岁以上

2. 您的文化程度为：
   A) 不识字；　　　　　B) 小学；　　　　　　C) 初中；
   D) 高中；　　　　　　E) 中专；　　　　　　F) 大专；
   G) 其他

3. 您家的房子在：
   A) 核心景区；　　　　B) 景区控制区；　　　　C) 景区外围

4. 您在此居住几年：
   A) 5 年以下；　　　　　　　　　　　　　　　B) 5～10 年；
   C) 10～20 年以上；　　　　　　　　　　　　D) 20 年以上

5. 您目前主要从事的工作是：

A）务农；　　　　　　　B）自己经营家庭旅馆或商店等；

C）在景区内作清洁工；　D）在景区内开环保车；

E）在景区内摆小摊；　　F）抬轿子；

G）给别人打工；　　　　H）其他

6. 直系亲属中从事旅游相关工作有几人：

A）1 人；　　　　　　　B）2 人；　　　　　　　C）3 人；

D）3 人以上；　　　　　E）0

7. 您家庭收入主要来源：

A）旅游业；　　　　　　B）部分来自旅游业；　　C）其他行业

8. 您家庭每月经济收入：

A）1 000 元以下；　　　B）1 000～2 000 元；　　C）2 000～3 500 元；

D）3 500～5 000 元；　　E）5 000～7 500 元；　　F）7 500 元以上

二、管理情况：

1. 武陵源风景区的成立，对您和您家人生活带来的变化（可多选）：

A）经济收入明显增加；

B）改变生产和生活方式；

C）交通比以前方便多了；

D）接触的人多了，见识也会增加了，言谈举止比以前礼貌了；

E）邻里关系变得比以前疏远，民族风俗与传统技艺被淡忘

2. 1999 年，《武陵源区世界自然遗产保护条例》正式实施，对您和您家人生活工作的影响比较大的方面（可多选）：

A）景区及周边限制土地利用，影响农业生产，经济补偿不到位；

B）景区内禁止开家庭旅馆和餐饮服务，限制第二产业发展，影响个人及家庭收入；

C）景区内限制农民宅基地的审批，禁止搭建房屋，翻新房，影响您的居住质量；

D）景区内禁止养家禽、乱扔垃圾、乱倒生活污水，对您的日常生活带来不便；

E）售票进出景区的管理规定，给您及家人探亲访友带来不便

3. 武陵源风景区旅游事业进一步发展，对您和您的家人生活工作的改善关系密切吗？

A）非常密切；　　　　　　　　　　　B）比较密切；

C）不密切；　　　　　　　　　　　　D）没什么关系

4. 武陵源风景区旅游事业进一步发展,您希望带来哪些好处(可多选):

　　A) 水更清,山更绿,环境更整洁;

　　B) 个人和家庭经济收入增加;

　　C) 获得更稳定的工作;

　　D) 有更大的发展空间;

　　E) 社会保障制度更完善;

　　F) 提供一些必要的旅游信息与旅游服务技能培训;

　　G) 从制度上确保保护区居民优先参与原则;

　　H) 社区公共文化设施更丰富

5. 您关心与己利益相关的政策法规吗?

　　A) 当然应该;　　　　　B) 应该;　　　　　C) 不知道;

　　D) 不应该;　　　　　E) 能随时

6. 您和家人应该为保护和改善景区自然环境承担一定的责任吗?

　　A) 当然应该;　　　　　B) 应该;　　　　　C) 不知道;

　　D) 不应该;　　　　　E) 毫不应该

三、住宅情况

1. 现有住宅宅基地面积:

　　A) 100 平方米以下;　　B) 100～150 平方米;　　C) 150～200 平方米;

　　D) 200～250 平方米;　　E) 250～300 平方米;　　F) 300 平方米以上

2. 现有住宅建筑面积:

　　A) 100 平方米以下;　　　　　　　　　　　　B) 100～150 平方米;

　　C) 150～200 平方米;　　　　　　　　　　　D) 200 平方米以上

3. 您家住房建筑形式是:

　　A) 平房;　　　　　B) 2～3 层独立式住宅;　C) 2～3 层联排式住宅;

　　D) 4～6 层公寓式楼房;　E) 6 层以上公寓

4. 您现在住宅主要房间有(可多选):

　　A) 卧室;　　　　　B) 堂屋(门厅);　　　　C) 餐厅;

　　D) 厨房;　　　　　E) 厕所;　　　　　　　F) 储藏间;

　　G) 阳台

5. 请问您对现居住的住宅不满意之处(可多选)?

　　A) 堂屋(门厅)小;　　B) 卧室小;　　　　　C) 卧室数量不够;

D）餐厅小；　　　　　　E）厨房小；　　　　　　F）厕所使用不方便；

G）其他

6. 您家住宅是否兼有其他使用（可多选）：

A）部分出租；　　　　　B）家庭旅馆；　　　　　C）餐厅；

D）商店；　　　　　　　E）手工作坊；　　　　　F）其他

7. 如果您家住宅兼有其他使用，主要原因是：

A）没有其他生活来源；　B）家中空余房间较多；　C）可以增加家庭收入

8. 如果经营家庭旅馆，您家有几间客房？

A）1～3 间；　　　　　　　　　　　　　　　B）4～6 间；

C）6～8 间；　　　　　　　　　　　　　　　D）8 间以上

9. 客人在这里通常住几天：

A）1～2 天；　　　　　　B）3～4 天；　　　　　C）4 天以上

10. 客人如何找到您家旅馆投宿（可多选）：

A）听朋友介绍；　　　　　　　　　　　　　B）网上预订；

C）进来观察后决定是否投宿；　　　　　　　D）其他

11. 客人对您家家庭旅馆的评价如何？

A）非常满意；　　　　　　　　　　　　　　B）满意；

C）不太满意；　　　　　　　　　　　　　　D）非常不满意

12. 如果没有兼有其他使用，您准备或希望：

A）目前很好，不准备兼有其他用途；　　　　B）家庭旅馆；

C）餐厅；　　　　　　　　　　　　　　　　D）商店；

E）手工作坊；　　　　　　　　　　　　　　F）出租；

G）其他

13. 您对住宅改造或建设的意见和建议

后 记

张家界是我的故乡。过去,那里很偏僻也很贫穷。1985年,同济大学招生老师来到大庸一中说:"张家界很美!我们希望培养城市规划和风景园林方向的人才,将来把张家界建设得更美丽!"然而,大学毕业之后,我并没有回到家乡。每年匆匆来回,惊喜地发现它的变化,它变得更美丽、更富裕!

2009年,在导师黄一如教授的指导下,确立了"以旅游产业为导向的农村住宅"为研究对象。其后,开始对自然遗产型景区及其周边地区农村居住环境进行了长达五年的关注和研究,在此过程中,得到了导师、朋友和同事给予的热情鼓励和无私帮助。

首先衷心地感谢导师黄一如教授,能够让我有这样一个机会来亲近故乡,更多地了解故乡。导师学识渊博、视野开阔、观察敏锐、剖析精辟,从选题、调研、定稿到修改,自始至终都得到导师悉心的指导和亲切的关怀。在写作中,由于年龄偏大,曾有过迷茫退却的时候,导师以其宽厚仁慈的胸怀、乐观豁达的生活态度鼓励我继续走下去。在此,对一直关心、教导和宽容我的导师表示深深的谢意!

其次感谢张家界市武陵源区规划局郑跃进副局长、武陵源区建筑规划设计院唐院长、张家界市规划局刘美云科长、张家界市建设局田丽娜科长、湘西自治州建设局王跃副局长等;感谢我的同窗好友:张家界市规划设计院田野军院长、长沙市规划局规划处李艳波处长、湖南省规划设计院李彩林院长、湖南省规划设计院肖云教授级高级规划师等。他们在本研究前期的调研工作中提供了宝贵的第一手资料,没有他们的帮助就不可能有本书的完成。

还要感谢同济大学建筑与城市规划学院的周静敏老师、陈易老师和贺永老师给予的无私帮助!

感谢在此过程中给予真挚关心和热心鼓励的所有同事和朋友们!

最后要感谢我的丈夫、父母和婆婆,感谢他们多年来以博大的宽容和难以言喻的耐心默默支持我的学业,他们所给予的理解和帮助是我顺利完成学业的保障。在此,祝他们身体健康,万事如意!

本书由同济大学浙江学院的罗兰副教授、同济大学建筑城规学院的黄一如教授担任著者。具体分工如下:罗兰副教授负责全文章节的撰写工作,黄一如教授负责论文框架的建构工作。

罗　兰

2020 年 1 月